材料燃烧性能与试验方法

杜建科　舒中俊　朱惠军等　编著

中国建材工业出版社

图书在版编目（CIP）数据

材料燃烧性能与试验方法／杜建科等编著 . —北京：
中国建材工业出版社，2013.8
ISBN 978-7-5160-0508-8

I.①材… II.①杜… III.①建筑材料-燃烧性能-研
究 IV.①TU502

中国版本图书馆 CIP 数据核字(2013)第 165452 号

内 容 提 要

全书试图从工程防火的实际出发，以最新颁布的建筑材料及制品燃烧性能分级
体系（GB 8624—2012）和测试方法为主线，系统介绍了材料的燃烧性能及其测试
方法的发展概况、与燃烧性能有关的基本测试技术、建筑材料和制品的燃烧性能分
级体系及其试验方法、国外在典型建筑材料和制品的燃烧性能试验以及交通运输火
灾试验领域的最新进展等。

本书能够满足国内材料防火安全的实际需要，可供广大建筑工程设计人员、施
工安装技术人员和工程监理人员、材料质量监督人员、消防领域相关技术人员、高
分子材料和建筑材料开发人员，以及相关专业的本科生和研究生参考使用。

材料燃烧性能与试验方法

杜建科　舒中俊　朱惠军等　编著

出版发行：中国建材工业出版社

地　　址：北京市西城区车公庄大街 6 号
邮　　编：100044
经　　销：全国各地新华书店
印　　刷：北京雁林吉兆印刷有限公司
开　　本：787mm×1092mm　　1/16
印　　张：14.5
字　　数：360 千字
版　　次：2013 年 8 月第 1 版
印　　次：2013 年 8 月第 1 次
定　　价：48.00 元

本社网址：www.jccbs.com.cn
本书如出现印装质量问题，由我社发行部负责调换。联系电话：(010)88386906

前　言

　　材料的燃烧性能包括材料的不燃性、引燃性、放热性、火焰蔓延性、产烟性和烟气毒性等特性。材料和制品的燃烧性能是防火材料设计和制造、工程防火安全设计、建设和监理以及火灾风险评估的基础，建立科学合理的材料和制品燃烧性能分级体系和测试方法是消防安全的重要前提。

　　随着人类防火安全意识的不断增强，消防工程与技术迅速发展，取得了大量研究成果，在此基础上世界各国和国际组织普遍制定了相应的材料和制品燃烧性能分级体系和测试方法，这些标准技术在为消防安全发挥巨大作用的同时，也成为外国产品进入本国市场的重要壁垒。为了减少因此而造成的人类共同财富的巨大损失，国际标准组织在材料和制品燃烧性能标准的统一化方面已经做了许多努力。了解和掌握这些技术标准，对于防火和耐火材料开发人员、建筑设计人员、工业产品设计和质量检验人员、工程建设和监督人员，以及消防执法人员都是非常必要的。

　　本书以最新颁布的建筑材料及制品的燃烧性能分级体系（GB 8624—2012）和标准测试方法为主线，系统介绍了材料的燃烧特性及其测试方法的发展概况、与燃烧性能有关的基本测试技术、建筑材料及制品的燃烧性能分级和标准试验方法、国外在部分典型建筑材料和制品的燃烧性能试验以及交通运输火灾试验领域的最新进展。目的是让读者在系统掌握我国材料燃烧性能分级体系和基本标准测试方法的同时，了解主要工业国家和国际组织相关的燃烧试验方法发展现状，把握该领域的发展方向。

　　全书由杜建科博士组织编写。其中，第1、2、3章由中国人民武装警察部队学院消防工程系杜建科撰写，第4章由湖北消防总队朱惠军、朱华、张新昌撰写，第5章由中国人民武装警察部队学院消防工程系舒中俊撰写，第6章由湖北消防总队宜昌支队李静波撰写。内容组织上力求能够反映本领域的国内外最新成果和发展动态，但限于编者的能力和时间紧迫，难免存在不少错误和问题，敬请批评指正。

　　本书在编写过程中参考了大量文献，无法一一列出，敬请谅解并表示衷心感谢。在本书的编写和出版过程中，得到中国建材工业出版社的李杰和武警学院训练部王学谦、岳庚吉等同志的大力支持和帮助，在此同时表示感谢。

编者

2013 年 5 月

目 录

1

中国建材工业出版社
China Building Materials Press

我们提供

图书出版、图书广告宣传、企业/个人定向出版、设计业务、企业内刊等外包、代选代购图书、团体用书、会议、培训，其他深度合作等优质高效服务。

编辑部
010-68343948

图书广告
010-68361706

出版咨询
010-68343948

图书销售
010-68001605

设计业务
010-88376510转1008

邮箱：jccbs-zbs@163.com　　　网址：www.jccbs.com.cn

发展出版传媒　　服务经济建设
传播科技进步　　满足社会需求

1 材料燃烧性能概述

1.1 材料的燃烧

1.1.1 材料的燃烧现象

燃烧或火是由于升温或自由基引发的速率失去控制的放热化学反应。发生燃烧时必须同时具备四个条件，即可燃物、助燃物、火源和自由基连锁反应，并要满足一定的数量要求和发生相互作用。

火灾是失去控制的火蔓延所形成的一种灾害性燃烧现象，是人类社会遇到的极具毁灭性的灾害之一。火灾的直接损失远超过地震，仅次于干旱和洪涝灾害，火灾发生的频率居各灾种之首。火灾对人类的影响是否会成为社会问题取决于一个国家的意识形态和经济基础，对火灾预防和控制的重视程度取决于一个国家的风险意识和社会价值观，对消防安全的投入依赖于风险认知水平。可靠的风险分析必须建立在完整的统计数据之上。

从消防角度来看，高温下不同材料可能发生各种变化：

与空气中的氧迅速反应，引发燃烧、产生火焰、释放热量，提高自身和环境温度，成为新的火源；

机械强度下降或者结构破坏，造成垮塌、裂缝、软化或熔化等现象，失去原有的支承或防护功能，导致着火范围扩大；

将着火区的热量传导向未着火区，使后者的温度逐渐升高，最后达到材料的燃点而起火或引燃其他物体；

材料发生化学变化分解或与空气中的成分发生化学反应而放出各种气体（烟气），烟气中存在刺激性、窒息性或有毒成分，使人失去自护能力、昏迷甚至死亡。

为保障某一系统的消防安全，设计、建（制）造时应尽可能选择不燃或阻燃材料，为此必须首先了解材料的燃烧性能。

所谓材料的燃烧性能，是指材料对火反应的能力。即材料和（或）制品遇火燃烧时所发生的一切物理、化学变化，具体包括吸热、热解、着火燃烧、火焰蔓延、熄灭等多个方面。材料对火的反应特性反映了火灾初始阶段（即轰燃前阶段）材料表现出的燃烧行为。

材料的燃烧性能和构件的耐火极限是决定火灾危害大小的重要因素之一。

1.1.2 材料的易燃性

易燃性（flammability）是指规定条件下材料或制品发生有焰燃烧的能力（ISO FDIS 13943—2008 "Fire safety-Vocabulary"）。具体指材料被引燃、随后的燃烧和放热程度、火蔓延倾向、气化和燃烧过程中烟气及毒性燃烧产物的生成速率等。

为了全面评定材料的易燃性，必须建立一个能反映材料在真实火灾条件下的火灾危险性参考场景，同时确定适当的试验条件，找出能准确反映材料在火灾危险情况下的性能参数，这是材料燃烧性能测试技术中必须解决的问题。

以建筑材料和制品的燃烧性能分级所用的试验方法为例。参考火灾场景为室内火灾，即建筑制品在小火焰的作用下被引燃，火焰逐渐蔓延传播，最终引起整个房间的轰燃。火灾增长过程包括三个阶段的火灾场景。第一阶段是引燃建筑制品的起火阶段，即小火焰接触到制品的局部区域。用于模拟人员不慎将烟头、火柴等小火源作用于建筑材料上引起的局部燃烧。第二阶段是火灾从小火源逐渐扩大的发展阶段。这一阶段火源不断变大，房间温度逐渐升高，火源开始对临近材料产生辐射作用。在燃烧性能分级体系中，用房间角落处单一火源模拟火灾过程中角落火源对相邻制品表面的热辐射引发的燃烧过程。根据建筑制品或房间中可燃物的燃烧性能，这一阶段的火灾增长极可能非常迅速。第三阶段时火灾已经发展起来，火焰甚至已经蔓延到房间的顶棚并在其下方形成热烟气层，火焰通过门窗开始向邻近房间或走廊的铺地材料辐射传热。这一阶段是火灾增长过程中发展最快的阶段，如果可燃物数量充足且通风条件良好，火灾将迅速增长而引发整个房间的轰燃。轰燃发生后，所有可燃制品均开始燃烧，火灾进入不可逆发展阶段。在上述火灾发生、发展和轰燃的整个过程中，找出对火灾形成和发展起决定作用的燃烧性能参数，建立能准确反映材料易燃性的方法，正是做好建筑材料和制品易燃性评价工作的前提条件。

全面评价材料的燃烧性能通常需要多组试验数据，必要时还需结合其他分析或模化手段。

1.2 材料的燃烧性能

多种燃烧性能参数会影响材料的燃烧性能，一般通过小型试验直接测量或经进一步计算获得材料的燃烧性能数据。

1.2.1 引燃性

根据火灾的发展过程，首先考虑材料和制品的引燃性。引燃性主要用于测试特定火灾条件下材料被引燃的难易程度。材料的引燃抗力是决定易燃性的主要因素。如果无法引燃，就不存在火灾危险性。当然，某些环境条件下持久气化或阴燃也会威胁到生命安全。

从生命安全的角度出发，最受关注的问题包括：在一定的热暴露下，材料或构件能否被引燃，需要多长时间引燃？我们无法仅仅依据材料的化学组成或结构回答这一问题，因为引燃发生在气相，会受几何和环境因素的影响。已经建立几种在不同热暴露条件下测定材料引燃性的方法，一般涉及多种辐射加热形式。大部分引燃试验使用引火源（火焰、火花、热导线等）诱导引燃过程的发生。除了自然着火外，已燃物品产生的火花或灰烬可作为引火源引发火灾，这种引燃模式与室内火灾密切相关。这里主要讨论高温固体的引燃着火。

固体引燃过程中会发生一系列物理和化学变化。通常可分为三个阶段，即简单升温（物理变化）、热分解和气体混合物开始发生气相反应。在升温阶段，升温速率主要取决于施加的热流量、对环境的热损失和材料的热物理性质，其次是相变潜热、辐射源和材料的光谱特征。升温阶段结束后，表面附近开始出现热解区，并缓慢向材料内部发展。材料分解（热解）的速率由分解反应动力学和吸热或放热性质决定。固体材料的气化部分（热解产物）从固体表面流出后进入气相形成燃料-氧化剂混合物。闪燃时点火器附近燃料浓度近似等于易燃下限，预混火焰从点火器周围经易燃混合物向固体表面蔓延。如果热解产生挥发分的速率足以维持燃烧，扩散火焰将稳定在燃料表面，此即为材料的"燃点"，此时材料被引燃。虽然多数情况下闪点出现后很快就到达燃点，但在某些情况下（特别是氧浓度较低或流速加快）可能只出现闪燃而不发生持续燃烧。

　　显然，上述固相和气相现象均与引燃过程有关。因为材料的组成极其复杂，引燃时的实际热物理过程也相当复杂。例如，材料中可能含有吸热组分、成炭或膨胀促进剂、自由基销毁剂等。此外，非均质性（例如木材、复合材料）或各向异性可能影响固体中的热质传递过程。完整地模拟这些物理过程是比较困难的，虽然已经有人做过尝试，但多数简化的理论分析方法仍以固相作为研究对象，并以某些固相临界条件判断是否能够引燃，例如临界表面温度或临界热解速率。

　　引燃的基本判据是挥发分（热解产物）的临界质量流量（critical mass flow of volatiles），即热解产物燃烧释放的热量足以补充初生火焰传递给材料表面的热损失，能够使火焰温度维持在熄火温度以上时的挥发分最低质量流量。虽然通过试验确定临界质量流量极其困难，但实验发现燃料种类一定时，燃点附近材料受到的辐射热变化时质量流量变化不大。在火灾环境下，氧浓度增大时临界质量流量稍有下降。

　　鉴于测定引燃的气相过程或临界质量流量相当困难，绝大多数理论分析方法将临界表面温度作为引燃判据，通常称为引燃温度（ignition temperature，T_{ig}）。根据 ASTM D 1929 "Standard Test Method for Determining Ignition Temperature of Plastics" 测量的部分材料引燃温度见表 1.1。虽然通常认为材料的引燃温度为一常数，但没有理论能够支持这一说法，因为引燃实际上是一个气相过程。试验表明，热流量增大时冷杉的 T_{ig} 降低，但对于常见聚合物来说 T_{ig} 随热流量增大而增大，这点与数值模拟结果一致。不过，通常引燃温度随固体表面附近氧浓度的下降或流速的加快而增大。由于热解速率对表面温度的变化非常敏感，除极端条件（例如环境氧浓度或流速变化很大）外，引燃通常发生在极窄的表面温度范围内。正因为如此，根据惰性固体加热过程提出的热引燃理论以引燃温度为判据确定引燃时间的方法是可行的。

表 1.1　部分材料的引燃温度

材　料	引燃温度(℃)	材　料	引燃温度(℃)
聚四氟乙烯	560	PU(硬质泡沫)	310
尼龙 6	420	聚乙烯	340
ABS	390	聚丙烯	320
聚苯乙烯	350	硝酸纤维	130
PVC(硬质)	390	松木	240
PVC(软质)	330	纸张	230
PMMA	300		

　　为了全面描述固体的引燃过程，提出了引燃时间（time to ignition，或延迟着火时间 ignition delay time，t_{ig}）的概念，定义为表面温度达到引燃温度所需的时间。研究表明，环境氧浓度对引燃时间的影响不大。例如，氧浓度从 18% 提高到 25% 时，PMMA 的引燃时间

变化不大。引燃时间可通过模拟固体升温至引燃温度所需时间来确定。

不考虑材料进一步热解的情况下，简单引燃过程可通过一维非稳态导热方程分析。

$$\rho c \frac{\partial T(x,t)}{\partial t} = k \frac{\partial^2 T(x,t)}{\partial x^2} \tag{1.1a}$$

式中，ρ 和 c 为材料的密度和热容；k 为热导率；x 为空间坐标。

则引燃过程分析转化为在适当的边界条件下解方程（1.1a）确定 t_{ig} 的过程。

边界条件是材料表面传导的热量等于材料表面接收的净热流量，即

$$-k \frac{\partial T(0,t)}{\partial x} = \dot{q}''_{net}(t) \tag{1.1b}$$

另一边界条件是传给表面的热量 $\dot{q}''_{net}$ 由外热源 $\dot{q}''_e$、对流 $\dot{q}''_{conv}$ 和辐射热损 $\dot{q}''_{rr}$ 组成。即

$$\dot{q}''_{net} = \alpha \dot{q}''_e - \dot{q}''_{conv} - \dot{q}''_{rr} \tag{1.2}$$

式中，α 为表面辐射吸收率。

对于热薄型固体，通常认为在其厚度范围内温度相同，可利用方程（1.1a）的集总热容形式。当外部热源的热流量远大于对流和辐射热损时，传给材料的净热流量近似为常数 $\alpha \dot{q}''_e$，则热薄型材料引燃时间可由下式确定，即

$$t_{ig} = \rho c \delta \frac{T_{ig} - T_\infty}{\alpha \dot{q}''_e} \tag{1.3}$$

式中，δ 为材料厚度；T_∞ 为环境温度，同时等于固体内部温度。

通常，厚度小于 1mm 的物体可看作热薄型固体，例如一张纸、布、塑料薄膜；但非隔热基材上的薄涂层或多层材料通常不是热薄型材料，因为基材的导热作用使多层材料产生与厚型材料类似的热传导现象。

实际材料多数是"热厚型"的，其内部温度分布不均匀，所以分析过程会复杂一些。假定外热源强度远大于热损，则根据方程（1.1a）得热厚型材料的引燃时间为

$$t_{ig} = \frac{\pi}{4} k \rho c \left(\frac{T_{ig} - T_\infty}{\alpha \dot{q}''_e} \right)^2 \tag{1.4a}$$

式中，$k\rho c$ 为材料的热惯性。

适用条件是 $t_{ig} \ll k\rho c / h_T^2$。$h_T$ 为总传热系数，包括对流散热和线性近似后的表面辐射热。

在低辐射热流量下，不能忽视表面热损，则

$$t_{ig} = \frac{k\rho c}{\pi h_T^2} \left[1 - \frac{h_T(T_{ig} - T_\infty)}{\alpha \dot{q}''_e} \right]^2 \tag{1.4b}$$

适用条件为 $t_{ig} \gg k\rho c / h_T^2$。

在氧浓度较高和流速较慢而气相化学反应速度较快的情况下，上述方程与试验结果的一致性非常好。若气相燃烧反应较慢，计算引燃时间时还必须考虑气相诱导时间的影响。

假定上述方程中 $t_{ig} \to \infty$，则已知总传热系数时，实际引燃温度可利用引燃时的临界热流量进行估算：

$$T_{ig} = T_\infty + \alpha \dot{q}''_{cr} / h_T \tag{1.5}$$

式中，$\dot{q}''_{cr}$ 是指引燃时间趋于无限长时引燃热流量 $\dot{q}''_e$ 的临界值。

通过上述分析可以看出，与引燃过程有关的材料基本火灾性能包括引燃温度 T_{ig}、热惯性 $k\rho c$ 和临界热流量 $\dot{q}''_{cr}$。材料的热惯性可通过试验绘制 $t_{ig}^{-1/2}$ 对 $\dot{q}''_e$ 的曲线确定（$\dot{q}''_e \gg \dot{q}''_{cr}$

时）。热惯性是在不考虑热损或经线性近似得到总传热系数的前提下，由惰性加热方程得到的表观值，当然也未考虑材料的吸热分解反应（通常会发生热解反应），所以与材料的实际 k、ρ、c（与温度有关）之间存在一定差别。此外，表观热惯性不是材料的固有性质，会受环境条件、试验装置和数据处理技术等影响。尽管如此，利用特定条件下的易燃性试验结果可对材料进行易燃性分级，但无法据此推测环境条件差别较大时体系的实际火灾场景。

1.2.2 质量燃烧速率和热释放速率

1.2.2.1 质量燃烧速率

质量燃烧速率（mass burning rate，$\dot{m}''$）是指单位时间单位面积固体材料的热解质量。质量燃烧速率决定火灾时的热释放速率（heat release rate，HRR）和燃烧产物的质量，是一个重要的火灾性能参数。在稳态燃烧阶段，可利用材料表面吸收的净热量 $\dot{q}''_{net}$ 和材料的有效汽化热（effective heat of gasification，ΔH_g）计算质量燃烧速率。即

$$\dot{m}'' = \frac{\dot{q}''_{net}}{\Delta H_g} \tag{1.6}$$

通常燃烧条件会影响有效气化热的大小，考虑火焰本身的对流 $\dot{q}''_{fc}$ 和辐射热反馈 $\dot{q}''_{fr}$ 时，可将净热流量定义为

$$\dot{q}''_{net} = \alpha \dot{q}''_e + \dot{q}''_{fc} + \dot{q}''_{fr} - \dot{q}''_{rr} \tag{1.7}$$

这里假定通过热导传向材料内部的热量明显小于材料表面吸收的热量，显然这一假定在某些情况下是不成立的。$\dot{q}''_e$ 由远处的火焰、热气层或室内表面产生；$\dot{q}''_{rr}$ 主要取决于燃烧材料的表面温度，通常在 $500 \sim 700℃$ 之间。火焰辐射热 $\dot{q}''_{fr}$ 和对流换热 $\dot{q}''_{fc}$ 的大小则由材料的绝热火焰温度、成炭性、实际尺寸及其与重力之间的相对取向有关。火势增大到一定程度时，火焰传回到材料表面的辐射热大于对流传热量。

1.2.2.2 热释放速率

单位面积的热释放速率 Q'_{HRR}（heat release rate，HRR）是火灾危险性的重要标志，它决定了火灾增长速度。$HRR_总$ 与卷吸的空气质量（产烟量）、羽流温度和速度以及是否发生轰燃有关。单位面积的热释放速率 Q'_{HRR} 是质量燃烧速率与燃烧热 ΔH_c 的乘积。

$$Q'_{HRR} = \dot{m}'' \Delta H_c \tag{1.8}$$

ΔH_c 是实际火灾条件下消耗单位质量燃料时释放的热量，等于理论燃烧热 ΔH_T 与燃烧效率（combustion efficiency，χ）的乘积，即

$$\Delta H_c = \chi \Delta H_T \tag{1.9}$$

通风良好时纯燃料的 χ 值接近 1，但通风受限时 χ 可降至 0.4。

因此，单位面积的热释放速率 HRR 为

$$Q'_{HRR} = \frac{\Delta H_c}{\Delta H_g} \dot{q}''_{net} \tag{1.10}$$

即热释放速率与燃烧热和材料吸收的净热成正比，与气化热成反比。部分可燃物的热释放速率见表 1.2。

$\Delta H_c / \Delta H_g$ 称为热释放参数（heat release parameter）或可燃性比（combustibility ratio），是净传热速率恒定时决定稳态热释放速率的火灾性能参数，也是影响质量传递或

"B"数（即释放的化学能与单位质量燃料蒸发所需能量的比值）的重要因素。

表 1.2　部分可燃物的热释放速率

可燃物	热释放速率	可燃物	热释放速率
燃烧的烟头	5W	$1m^2$ 汽油	2.5MW
普通灯泡	60W	3m 的木垛火	7MW
正常状态的人	100W	$2m^2 \times 4.9m$ 纸装的聚苯乙烯瓶燃烧	30～40MW
废纸篓燃烧	100kW	核电站输出功率	500～1000MW

1.2.3　火焰传播速率

材料支持火焰传播的能力是影响火灾危险性的重要因素，它会通过扩大燃烧区影响总热释放速率。火焰传播可看做材料未燃部分的引燃速度和已着火部分持续燃烧速度相互竞争的结果。

火焰传播速率（flame spread rate，V）定义为固体热解前沿的加热长度 l 与引燃时间 t_{ig} 之比

$$V = \frac{l}{t_{ig}} \tag{1.11}$$

根据 t_{ig} 计算式，有

热薄型
$$V = \frac{(\dot{q}''_e + \dot{q}''_{fc} + \dot{q}''_{fr} - \dot{q}''_{rr})l}{\rho c \delta (T_{ig} - T_s)} \tag{1.12a}$$

热厚型
$$V = \frac{4}{\pi} \frac{(\dot{q}''_e + \dot{q}''_{fc} + \dot{q}''_{fr} - \dot{q}''_{rr})^2 l}{k\rho c (T_{ig} - T_s)^2} \tag{1.12b}$$

式中，T_s 为材料表面的初始温度；在火焰传播过程中，大多数材料可以看作黑体，$\alpha = 1$。

如果气相反应速度很快，则影响引燃和火焰传播的主要因素必然相同。热流量的大小和火焰传播区的特征长度 l 取决于火焰传播过程的几何因素和环境条件。

固体火焰传播有两种模式，即顺风（wind aided）火焰传播和逆风（opposed flow）火焰传播。逆风火焰传播是指火焰传播方向与空气流动方向相反，而顺风火焰传播时火焰传播方向与空气流动方向相同。火场的空气流动通常由燃烧过程引起，顺风火焰传播包括火焰在垂直表面的向上传播或火焰在吊顶上的辐射传播，逆风火焰传播包括火焰在垂直表面的向下或横向传播和火焰在地板上的辐射传播。由于顺风火焰传播过程中材料表面暴露在强热流中的面积比逆风火焰传播时大，通常火焰的顺风传播速率比逆风传播速率大 1～2 个数量级，所以顺风火焰传播比逆风火焰传播的火灾危险性大得多。

1.2.3.1　逆风火焰传播

对于向下或逆风火焰传播过程，火焰传播方向与周围空气的流动方向相反，除非火焰与加热区之间的辐射形状系数（radiation view factor）较大（例如水平火焰传播），否则加热区的长度尺度（l）一般不超过几个毫米。

对于平板上的逆风火焰传播，方程（1.7）中的对流部分近似为

$$\dot{q}''_{fc} = C_1 (k_g \rho_g c_{pg} V_g)^{1/2} (T_f - T_{ig}) \tag{1.13}$$

对流加热区的长度近似与边界层厚度成正比。

$$l \propto \delta Re_\delta^{-1/2} = C_2 V_g^{-1/2} \tag{1.14}$$

式中，δ 为系统的特征长度，V_g 为空气流速，C_2 为常数。

则火焰传播速率

热薄型 $$V = \frac{[C_3(k_g\rho_g c_{pg})^{1/2}(T_f - T_{ig}) + (\dot{q}''_e + \dot{q}''_{fr} - \dot{q}''_{rr})l]}{\rho c \delta(T_{ig} - T_s)} \tag{1.15a}$$

热厚型 $$V = \frac{4}{\pi} \frac{[C_3(k_g\rho_g c_{pg})^{1/2}(T_f - T_{ig})V_g^{1/4} + (\dot{q}''_e + \dot{q}''_{fr} - \dot{q}''_{rr})l^{1/2}]^2}{k\rho c(T_{ig} - T_s)^2} \tag{1.15b}$$

式中，C_3 为常数，可通过修正试验结果与理论值间的差别确定。

上述方程适用于气相反应速度很快的情况。否则，需考虑诱导时间的影响。

1.2.3.2 火焰向上传播

火焰向上传播是顺风传播的一个特例，因为火场浮力决定了氧化剂的流速。这是火势蔓延的主要方式。

火焰向上传播的速率比逆风传播快，是由于加热区的长度尺度 l 可能达到几十厘米甚至几米。

对于顺风火焰传播，l 近似等于火焰长度 l_f。其中，层流火焰的长度由质量流量决定，湍流火焰的长度与单位面积的热释放速率和燃烧区（热解区）的高度 l_p 有关，即

$$l = l_f \propto (l_p Q''_{HRR})^n \tag{1.16}$$

对于垂直壁面的湍流燃烧，指数 n 约为 2/3。

将上式代入方程（1.12），则火焰向上传播速率为

热薄型 $$V \propto \frac{(\dot{q}''_e + \dot{q}''_{fc} + \dot{q}''_{fr} - \dot{q}''_{rr})(l_p Q''_{HRR})^{2/3}}{\rho c \delta(T_{ig} - T_s)} \tag{1.17a}$$

热厚型 $$V \propto \frac{4}{\pi} \frac{(\dot{q}''_e + \dot{q}''_{fc} + \dot{q}''_{fr} - \dot{q}''_{rr})^2(l_p Q''_{HRR})^{2/3}}{k\rho c(T_{ig} - T_s)^2} \tag{1.17b}$$

显然，因热解区的高度不断增加，火焰向上传播为加速过程。

考虑到稳态燃烧时，Q''_{HRR} 正比于净热流量和热释放参数 $\Delta H_c/\Delta H_g$ 的乘积，则火焰向上传播速率主要由热释放参数、火焰和热解区长度及火焰热流量决定。

火焰经对流反馈到材料表面的热流量 $\dot{q}''_{fc}$ 与火焰温度和火势大小有关。随着火势的增大，$\dot{q}''_{fr}$ 逐渐增大，$\dot{q}''_{fc}$ 的影响逐渐变小。

火焰辐射强度不仅与火势大小有关，还与绝热火焰温度和燃料的成炭性有关。

为了简化计算过程，有时将式（1.17a）、式（1.17b）中的分子合并为火焰传播指数（flame spread parameter），其中薄型材料用 ϕ 表示，厚型材料用 Φ 表示。

可通过试验方法估算 ϕ 或 Φ 的数值，即

热薄型 $$V = \frac{\phi}{\rho c \delta(T_{ig} - T_s)} \tag{1.18a}$$

热厚型 $$V = \frac{\Phi}{k\rho c(T_{ig} - T_s)^2} \tag{1.18b}$$

火焰传播指数可用于材料的易燃性分级。显然，热惯性、引燃温度和火焰传播系数共同决定火焰传播。

注意：火焰向上传播时，火焰传播指数是时间的函数；但火焰横向传播时，火焰传播指数为一常数。

1.2.4 烟气及其毒性

烟气是指材料在高温分解或燃烧时形成的固体颗粒、液体颗粒和气体混合物，与卷吸或扩散进来的空气形成的气溶胶。烟气不仅包括燃烧产物，还包括混入燃烧产物中的空气。随着烟气中混入空气的增多，烟气的体积不断增大，燃烧产物浓度逐渐降低。烟气的生成是衡量材料火灾危害性的一个重要指标，它对环境的影响包括能见度、燃烧产物的毒性及其对结构、设备和物品的其他非热危害等。

非热危害（nonthermal hazards）是指除直接暴露在火灾产生的热中所受的灾害以外的其他危害。除能见度、燃烧产物的毒性外，非热危害还包括使物品褪色、产生刺激性气味、腐蚀物品、改变电导率和其他一些由于烟气在固体表面沉积所产生的影响。

非热危害是火灾中人员死亡的主要原因。火灾烟气对人员的主要非热危害包括能见度不足导致发现疏散路线的能力下降，因吸入毒性气体产生窒息，造成意识模糊、行动能力丧失甚至死亡等。

与非热危害有关的财产损失在火灾事故中非常普遍，往往比直接受热灾害产生的财产损失大几倍，建筑内安装有电子敏感设备（例如电子通信中心或洁净房间）或存放有敏感产品（例如药物或食品）时尤其如此。

1.2.4.1 能见度

烟气浓度较低时，不一定能使人中毒或丧失行动能力，其危害主要是阻挡视线。对于建筑物内部的人员，烟气的遮光性主要表现在影响能见度和寻找路线方面。人们在烟气中会迷失方向，看不到出口标志或疏散标志。烟气浓度增大时，火场人员的疏散速度必然下降，会延长人员在火场的滞留时间。对于消防人员来说，烟气遮光性将增加发现火源的难度，同样也会使他们在建筑中迷失方向。英国标准 BSDD 240《建筑火灾安全工程》建议，大空间内能见度小于 10m 为达到危险状态的判据。小空间范围内，Babrauskas 认为如果人熟悉逃跑路径，逃跑只需 1.6m 的能见度。

按照 Bouguer 定律，烟气的遮光性可表示为

$$\frac{I_\lambda}{I_\lambda^0} = \exp(-kL) \tag{1.19}$$

式中，I_λ 为穿过烟气层的透射光强度；I_λ^0 为入射光强度；k 为消光系数；L 为烟气层厚度，m。

用于描述烟气遮光性的另一种方法是质量光密度，它与特定的消光系数有关。质量光密度定义为

$$D_m = \frac{DV}{m_f} \tag{1.20}$$

式中，D_m 是烟气的质量光密度，m^2/g，用于表示单位质量燃料燃烧所释放烟气的遮光性；D 是烟气层光密度，m^{-1}；V 为烟气的体积，m^3；m_f 为燃料燃烧时损失的质量，g。

表 1.3 中给出了部分典型材料的质量光密度。

表 1.3　小型燃烧试验中发烟材料富氧燃烧和热解时的质量光密度

材料	燃烧 D_m (m²/g)	热解 D_m (m²/g)	材料	燃烧 D_m (m²/g)	热解 D_m (m²/g)
胶合板	0.17	0.29	尼龙	0.25	—
黄杉	—	0.28	聚乙烯	0.29	—
聚甲基丙烯酸甲酯	0.07～0.11	0.15	聚丙烯	0.53	—

也可用烟气的质量光密度和烟气中燃料的有效质量分数计算烟气光密度，即

$$D=\frac{D_m m_f}{V}=D_m\rho Y_f \tag{1.21}$$

式中，Y_f 为混合气中燃料的等效质量分数。

光密度与遮光性间的关系为

$$\frac{I}{I_0}=10^{-D_m\rho Y_f L}=10^{-DL} \tag{1.22}$$

消光系数 k 与光密度 D 的关系为 $k=2.303D$。烟气生成指数可表示为烟气质量分数与燃料质量分数之比。

$$f_s=\frac{Y_s}{Y_f}=\frac{2.303D_m}{\sigma_s} \tag{1.23}$$

若假定可视距离 L_{vis} 与烟气层的光密度成反比，即

$$L_{vis}=\frac{C}{D} \tag{1.24}$$

式中，C 为与照度有关的常数。

有研究表明，发光标志的能见度是反光标志能见度的 2～4 倍。

这样，可根据计算得到的烟气光密度估算烟气的能见度。

1.2.4.2　燃烧产物的毒性

人在燃烧产物浓度较高的火场停留时间较长时，可能因吸入毒性气体产生窒息，造成意识模糊、行动能力丧失甚至死亡。使人丧失行动能力或死亡的燃烧产物浓度与暴露时间成反比，具体剂量大小取决于烟气层中某种成分的毒性和多种成分的共同作用，以及受害者的敏感性。

刺鼻性烟气引起的呼吸道刺激或损害也是重要的，但相对要小一些。火灾现场的刺激物包括 HF、HCl、HBr、NO_2、H_3PO_4、SO_2、CH_2CHCHO 丙烯醛和 HCHO。

在建筑火灾中，CO 是引发人员死亡的主要原因。有统计表明，火场死亡人员中 40% 与吸入过量的 CO 有关，所以通常将 CO 作为主要毒性物质。但火场废气中的 HCN 也应引起足够的重视。

（1）CO

在建筑火灾中，由于生成的可燃性蒸气与完全燃烧所需的供气能力不匹配，导致燃烧不完全而生成大量 CO。建筑火灾中 CO 的生成和输送主要受燃烧方式（阴燃或明火燃烧）和通风情况（特别是明火燃烧）的影响，其他影响因素还有温度、压力、燃料类型和形状等。

火场 CO 的生成速率与生成因子 y_i 和材料的质量损失速率 $\dot{m}''$ 有关，可表示为

$$\dot{m}''_i=y_i\dot{m}'' \tag{1.25}$$

在明火燃烧中，CO 的生成因子与通风因子、烟气温度和混入烟气的新鲜空气有关。在工程应用方面，Gottuk 和 Lattimer 建议室内火灾中明火燃烧的 CO 生成因子可表示为

$$y_i = \begin{cases} 0 & \Phi < 0.5 \\ 0.2\Phi - 0.1 & 0.5 \leqslant \Phi \leqslant 1.5 \\ 0.2 & \Phi > 1.5 \end{cases} \tag{1.26}$$

式中，Φ 为通风因子，指理论空气需要量与实际空气量之比。通常封闭空间中通风量为烧料完全燃烧所需空气量的 2 倍时，CO 生成因子对 CO 的生成没有影响。也有研究发现，CO 生成因子与通风因子成正比，通风因子为 1.5 时 CO 的生成率达到最大，为 0.2g（CO）/g（材料）；通风因子大于 1.5 时，单位质量材料燃烧时生成的 CO 量几乎保持不变。总之，CO 的生成量随火灾时通风条件的变差而增大。CO 中毒是一个缓慢的剂量积累过程。

（2）HCN

含氮聚合物燃烧时可能生成 HCN，它是一种毒性作用极快的物质，其毒性约为 CO 的 25 倍，可使人体缺氧、窒息并迅速致死。HCN 中毒非常迅速，完全取决于火场烟气中 HCN 的瞬时浓度。表 1.4 给出了 HCN 对人的毒害作用。虽然 HCN 的含量低，但通常与含量较高的 CO 同时存在，对火灾中的其他气体的毒性有协同作用。

表 1.4　HCN 对人的毒性作用

HCN 浓度		毒性作用
mg/m³	$\times 10^{-6}$	
5~20	4.5~18	2~4h 可使部分接触者发生头痛、恶心、晕眩、呕吐、心悸
20~50	18~45	2~4h 可使所有接触者发生头痛、恶心、晕眩、呕吐、心悸
100	90	数分钟可使接触者出现上述症状，吸入 1h 可致死
200	181	吸入 10min 即可发生死亡
550	>498	吸入后很快死亡

（3）CO_2

CO_2 是火灾现场普遍存在的气体，尤其是在通风良好的场所。CO_2 的毒性较小，但它可刺激人的呼吸。CO_2 浓度为 2% 时人会有不适感，3% 时会迫使肺部加倍换气，5% 时人的呼吸不可忍耐，7%~10% 时数分钟内就会意识不清，出现紫斑而死亡，见表 1.5。

表 1.5　CO_2 对人的作用

CO_2 浓度（%）	症状	CO_2 浓度（%）	症状
0.55	暴露 6h 无任何症状	5	呼吸不可忍耐，30min 产生中毒症状
1~2	有不适感	6	呼吸急促，呈困难状态
3	呼吸中枢受刺激，呼吸和脉搏加快，血压上升	7~10	数分钟呈意识不清，出现紫斑，死亡
4	头痛、晕眩、耳鸣、心悸		

部分材料在空气中燃烧时的气体产物见表 1.6。

表 1.6 空气中部分材料燃烧时的气体产物

材　料	燃烧产物（聚合物）($mg \cdot g^{-1}$)									
	CO_2	CO	COS	SO_2	N_2O	NH_3	HCN	CH_4	C_2H_4	C_2H_2
聚乙烯	502	195						65	187	10
聚苯乙烯	590	207						7		
尼龙-6,6	563	194				4	26	39		
聚丙烯酰胺	783	173				32	21	20		
聚丙烯腈	630	132					59	8		
聚氨基甲酸酯	625	160					11	17	37	6
聚苯撑硫化物	892	219	3	451						
环氧树脂	961	228					3	33	5	6
脲-甲醛树脂	980	80					22			
三聚氰胺-甲醛树脂	702	190			27	136	59			
雪松	1397	66						2	1	

1.3　材料燃烧性能试验方法简介

1.3.1　标准知识

标准是为了在一定的范围内获得最佳秩序，经协商一致制定并由公认机构批准，共同使用和重复使用的一种规范性文件。标准制定应以科学、技术和经验的综合成果为基础，以促进最佳的共同效益为目的。

当今世界各国、地区和企业间的经济竞争在很大程度上表现为标准的竞争。国家标准作为国际贸易游戏规则的一部分和产品质量仲裁的重要准则，一些区域和国家特别是发达国家正千方百计地在国际标准化活动中取得领导权、发言权，标准的竞争已成为国际经济竞争的重要组成部分。一个国家的高新技术要想占领全球市场，实现该项技术的标准化是一个重要环节；只有通过标准化，高新技术才能实现产业化。因此，标准对高新技术的推广起着举足轻重的作用，能够主导高新技术的发展。

国际标准化组织（International Organization for Standardization，ISO）是世界上最大的非政府性标准化专门机构，它在国际标准化中占主导地位。ISO 的目的和宗旨是在世界范围内促进标准化工作的发展，以促进国际物资交流和互助，扩大在知识、科学、技术和经济方面的合作。ISO 的主要活动是制定国际标准，协调世界范围内的标准化工作，组织各成员国和技术委员会进行情报交流，以及与其他国际性组织进行合作，共同研究有关标准化问题。随着国际贸易的发展，对国际标准的要求日益提高，ISO 的作用也日趋扩大，世界上许多国家对 ISO 的作用日益重视。

国际电工委员会（International Electrotechnical Commission，IEC）是世界上成立最早的非政府性国际电工标准化机构，是联合国经社理事会（ECOSOC）的甲级咨询组织。目前

IEC成员国包括了绝大多数的工业发达国家及部分发展中国家。这些国家拥有世界人口的80%，其生产和消耗的电能占全世界的95%，制造和使用的电气、电子产品占全世界产量的90%。IEC的宗旨是促进电工标准的国际统一，加强电气、电子工程领域中标准化及有关方面的国际合作，增进国际间的相互了解。

美国利用其强大的经济实力、先进的技术水平，在已取得的国际标准化竞争成果的基础上，全力争夺国际标准化领域的制高点，目的是使国际标准能反映美国的技术水平。

欧盟在高新技术的标准化方面同样发挥着重要作用，其技术法规主要以条例（regulation）、指令（directive）和决定（decision）三种法律文件发布。条例是具有普遍适用性、全面约束力和直接适用性的技术法规，适用于欧盟的所有法律主体，要求成员国全面、彻底地实施，直接对成员国的自然人和法人产生法律效力。指令不具有全面约束力，成员国可自行选择采用何种形式和方法达到指令规定的目标。决定可针对特定成员国或所有成员国发布，也可针对特定的企业或个人发布，特点是对发布对象具有全面约束力，但只具有特定的适用性，不具有普遍适用性。技术法规只规定有关安全、健康、消费者权益以及可持续发展的基本要求，详细的技术规范和定量指标则由相关的协调标准规定。如果产品满足了某一协调标准，可认为该产品符合相关指令规定的基本要求。

我国标准分为国家标准、行业标准、地方标准和企业标准，并将国家标准分为强制性标准（GB）和推荐性标准（GB/T）两类。按照标准化对象，将标准分为技术标准、管理标准和工作标准三大类。技术标准是针对标准化领域中需要协调统一的技术事项制定的标准，包括基础标准、产品标准、工艺标准、检测试验方法标准以及安全、卫生、环保标准等，例如GB/T 14402《建筑材料及制品的燃烧性能 燃烧热值的测定》。管理标准是对标准化领域中需要协调统一的管理事项所制定的标准，例如GB/T 1.1—2009《标准化工作导则 第1部分：标准的结构和编写》。工作标准是对工作的责任、权利、范围、质量要求、程序、效果、检查方法、考核办法所制定的标准，例如GA/T 812—2008《火灾原因调查指南》。

国家标准编写与制修订程序包括预阶段、立项阶段、起草阶段、征求意见阶段、审查阶段、报批阶段、出版阶段、复审阶段、废止阶段等。其中，预阶段在研究论证的基础上提出制定项目建议；立项阶段对项目建议进行必要的可行性分析和充分论证；起草阶段编写标准草案（征求意见稿）、编制说明；征求意见阶段对标准草案广泛征求意见；审查阶段对送审稿进行会审或函审，再根据提出的意见进行修改形成报批稿；批准阶段为国务院标准化行政主管部门对报批稿及相关工作文件进行程序审核和协调的过程；出版阶段为国家标准的出版机构将报批稿进行编辑性修改，出版为国家标准的过程；复审阶段对国家标准的适用性进行评估，提出修改、修订、继续有效或废止决定的过程；对于复审后确定为无存在必要的标准，公告予以废止。

部分重要国际组织或国家的标准代号见表1.7。

表1.7 部分重要国际组织、国家或机构的标准代号

代　号	组织或机构的名称	中文名称
ISO	International Organization for Standardization	国际标准化组织
IEC	International Electrotechnical Commission	国际电工委员会
ANSI	American National Standards Institute	美国国家标准学会

代　号	组织或机构的名称	中文名称
ASTM	American Society for Testing and Materials	美国材料与试验协会
NFPA	National Fire Protection Association	美国消防协会
API	American Petroleum Institute	美国石油学会
CPSC	Consumer Product Safety Committee	美国消费品安全协会
UL	Underwriters Laboratories Inc.	美国保险商实验室
EN	European standards	欧洲标准
BSI	British Standards Institution	英国标准学会
DIN	Deutsches Institut fur Normung	德国标准化学会
AFNOR	Association Francaise de Normalisation	法国标准化协会
JIS	Japanese Industrial Standards Committee	日本工业标准调查会
JPI	Japan Petroleum Institute	日本石油学会

1.3.2　材料燃烧性能试验的基本要求

在火灾发展的各阶段，会释放出热量和烟气，产生热危害和非热危害，对生命和财产造成损失。产生上述危害的原因在于使用了可燃材料和制品，这些材料和制品以各种方式广泛应用于住宅、企事业单位、公共建筑和其他领域。

试验的目的是定量测量材料的多种燃烧性能参数，同时能够将试验结果与大型试验结果或真实火灾建立联系，为预测材料的火灾危险性提供定量依据。为此，在进行燃烧性能测试时最好能够满足以下几个条件，即应能改变试验条件（例如更换试件方向）以模拟多种火灾场景；应能检测制品的燃烧性能，并尽可能反映材料的实际使用情况；再现性好，即试验结果的分布范围足够窄，便于依据试验结果选用合适的材料；耗时少、易于操作，受过专门训练的人员能够顺利完成操作；费用低、经济实用。

实际开发的试验方法一般无法完全满足上述要求，通常只是各方面达到均衡的折中方法。

目前已经发展出两类标准试验方法，一类是符合特定法规或强制性条款的测试方法，通常制品以其实际使用形态在确定的火灾条件下完成测试；另一类是小型标准试验方法，对材料的各种火灾特性进行简单测量，试验结果能够为性能化消防规范提供基础数据。

1.3.3　各种燃烧性能参数的测试方法

1.3.3.1　引燃性

材料的引燃与点火源所提供的能量、供氧量及施加点火源的时间、位置等多种因素有关。用热能引燃主要通过提高混气的温度实现，而以化学能引燃则通过加入能产生活性自由基的物质引发燃烧。此处热能又可分为化学热能（例如火焰）、电热能（例如电热丝或电热棒）和机械热能（例如摩擦生热）等类型。

采用适当的方法，可以模拟材料从火灾发生到轰燃过程的各阶段被引燃的倾向，用以确定材料在低能量点火源（无辐射热源，例如小火焰）下是否会引发火灾，在高强度辐射热源下是否会使小火发展为轰燃。多种引燃试验能够测定材料的引燃性，用于表征一定种类材料对点火源的反应，同时给出定量指标，但每种方法都有一定的局限性，只适用特定场所，同时无法模拟各种引燃机理。

引燃试验中的控制因素包括点火源类型、空气流速（从静止到高流速）、待测材料的初温、试件相对于点火源的位置（多数为垂直放置）等。

低能量点火源引燃试验的火源是一个小火焰，类似于火柴的燃烧。建筑制品在这种火源作用下一般不会快速蔓延，但如果建筑材料的阻燃性能差，例如化纤布料、普通泡沫材料等，在小火焰作用下仍能迅速燃烧起来，可能对建筑物产生火灾隐患，这在消防规范中是严格禁止的。典型的低能量点火源引燃试验方法是 GB/T 8626《建筑材料可燃性试验方法》中所规定的方法，能反映材料在没有外部辐射热源作用下被小火焰直接引燃的难易程度，属于建筑材料和制品燃烧性能分级方法中的基本试验方法之一。常见低能量点火源引燃试验方法见表1.8。

表1.8　常见低能量点火源引燃试验方法

标准编号	名　称	点火源类别	适用范围
GB/T 8626	建筑材料可燃性试验方法	小火焰	建筑材料
GB/T 8332	泡沫塑料燃烧性能试验方法　水平燃烧法	小火焰	泡沫材料
GB/T 8333	硬质泡沫塑料燃烧性能试验方法　垂直燃烧法	小火焰	泡沫材料
GB/T 5455	纺织品　燃烧性能试验　垂直法	小火焰	织物
GB/T 2408	塑料　燃烧性能的测定　水平法和垂直法	小火焰	塑料
GB 17927	软体家具　床垫和沙发　抗引燃特性的评定	小火焰	软体家具及床上用品
IMO A.652	船用软垫家具着火试验方法	小火焰	软体家具及床上用品
IMO A.688	船用床上用品着火试验方法	烟头	软体家具及床上用品

除低能量点火源的作用外，在建筑火灾中制品经常受到火焰、热烟气和高温壁面的辐射作用，此时制品更易被引燃。GB/T 14523《对火反应试验　建筑制品在辐射热源下的着火性试验方法》用于评价建筑材料在不同辐射热源作用下被引燃的难易程度。该方法以锥形加热器作为辐射热源，通过改变加热管的电流可控制辐照度。辐照度是指照射到制品表面某点附近微元面上的热流量与该微元面的面积之比。引燃材料所需的最低辐照度，可通过测试不同辐照度下材料表面是否被引燃获得。类似的加热装置包括锥形量热计（ISO 5660）、烟密度单室试验装置（ISO 5659、ASTM E 662 等）中的锥形加热器。NIBS 试验装置（ASTM E 1678）也可以测定材料的引燃性，该装置以辐射灯为热源，测试材料在辐射热下被电火花引燃的难易程度。

此外，ISO 5658 或 IMO A.653 还规定了被测制品引燃热度的试验方法，引燃热度等于辐射热流量与时间的乘积，同样可用于表示一种材料在特定试验条件下被引燃的难易程度。试验时辐射板在被测制品表面形成有梯度变化的辐射场，在制品一端表面施加一个小火焰，观测辐射条件下制品被引燃的难易程度及其火焰传播特性。引燃热度以距试样热端 150mm 的辐射热流量与试验开始后火焰传播到 150mm 处所需时间的乘积表示。

必须强调的是，不燃性试验方法也属于引燃性试验，因为该方法强调的是材料的可燃危险性而不是不燃安全性，试验结果可用于区别可燃材料和不燃材料，但部分含少量有机物的无机物（例如含合成树脂的无机物纤维垫）也有可能无法通过不燃性试验。

表 1.9 给出了依据 ASTM E 1354 （Standard test method for heat and visible smoke release rates for materials and products using an oxygen consumption calorimeter）和 ASTM E 2058 （Standard test methods for measurement of synthetic polymer material flammability using a fire propagation apparatus）试验测定的 CHF（临界辐射流量）和 TRP（材料热反应参数，用于表示材料的抗火性）数据，抗引燃能力强时，CHF 和 TRP 值较高。

表 1.9 部分材料的 CHF 和 TRP 数据

材料$(kW \cdot s^{1/2}/m^2)$	ASTM E 2058		ASTM E 1354	
	CHF (kW/m^2)	TRP $(kW \cdot s^{1/2}/m^2)$	CHF (kW/m^2)	TRP $(kW \cdot s^{1/2}/m^2)$
普通材料				
棉纸	10	95		
报纸	10	108		
木材(红橡树)	10	134		
波状纸板	10	152		
木材(花旗松,经阻燃处理,FR)	10	251		222
羊毛				232
聚乙烯(PE)	15	454		526
交联聚乙烯(XLPE)				385
聚丙烯(PP)	15	288		291
PP/玻璃纤维				377
聚甲基丙烯酸甲酯(PMMA)	10	274		222
聚甲醛(POM)	10	250		357
聚苯乙烯(PS)	20	146		556
阻燃 PS				667
泡沫 PS			20	168
阻燃泡沫 PS			20	221
尼龙 6				379
聚对苯二甲酸丁二醇酯(PBT)	20	154		588
(丙烯腈-丁二烯-苯乙烯)三元共聚物(ABS)	10	174		317
阻燃 ABS				556
ABS-PVC				357
乙烯基热塑性弹性体			20	294
聚氨酯泡沫(PU)				76
热塑性阻燃弹性体				500
EPDM/苯乙烯-丙烯腈(SAN)				417
异苯二甲酸聚酯				296
聚乙烯酯				263
环氧树脂				457
阻燃丙烯酸嵌板				233

续表

材料(kW·s$^{1/2}$/m^2)	ASTM E 2058		ASTM E 1354	
	CHF (kW/m^2)	*TRP* (kW·s$^{1/2}$/m^2)	*CHF* (kW/m^2)	*TRP* (kW·s$^{1/2}$/m^2)
高温材料				
聚砜(PSF)	30	469		
聚醚醚酮(PEEK)	30	550		
聚碳酸酯(PC)	20	357		370
聚苯醚,聚苯乙烯改性PPO(PPO/PS)				455
卤化材料				
软质聚氯乙烯(PVC)	10	215		
硬质PVC(LOI 50%)			25	388
氯化PVC-1(CPVC-1)	40	435		
ABS-软质PVC	19	73		
乙烯-三氟氯乙烯(ECTFE)	38	450		
聚三氟氯乙烯(PCTFE)	30	460		
乙烯-四氟乙烯(ETFE)	25	481		
聚偏氟乙烯(PVDF)	40	506		
聚四氟乙烯(PTFE)	50	654		
全氟乙烯丙烯共聚物(FEP)	50	680		
尼龙/玻璃纤维				359
纤维复合材料				
聚酯/玻璃纤维			20	256
异苯二甲酸聚酯/玻璃纤维(77%)				426
聚乙烯酯/玻璃纤维(69%)		15		444
环氧树脂/玻璃纤维(69%)	10	410		388
环氧树脂/石墨纤维	24	667		554
氰酸酯/玻璃纤维				302
氰酸酯/石墨纤维	20	1000		
酚醛/玻璃纤维	20	610		
酚醛/凯夫拉尔纤维	15	403		
丙烯酸/玻璃纤维				180
聚苯硫醚/玻璃纤维	20	909		
环氧树脂/酚醛/玻璃纤维	20	1250		
聚苯醚(PPO)/玻璃纤维				435
聚苯硫醚(PPS)/玻璃纤维			25	588
PPS/石墨纤维			25	510
聚芳砜/石墨纤维			25	360
聚醚砜/石墨纤维			25	352
聚醚醚酮/玻璃纤维(30%)			20	301
聚醚醚酮/石墨纤维				514
聚醚醚酮(PEEK)/玻璃纤维			25	710

续表

材料(kW·s$^{1/2}$/m^2)	ASTM E 2058		ASTM E 1354	
	CHF (kW/m^2)	*TRP* (kW·s$^{1/2}$/m^2)	*CHF* (kW/m^2)	*TRP* (kW·s$^{1/2}$/m^2)
双马来酰亚胺(BMI)/石墨纤维			25	515
酚醛/玻璃纤维			25	382
酚醛/石墨纤维			25	398
酚醛/PE纤维				267
酚醛/芳香尼龙纤维				278
聚酰亚胺/玻璃纤维			25	844

1.3.3.2 火焰传播

在材料燃烧性能试验中，主要考虑火焰传播的范围和速度。材料表面火焰传播的范围越大，表明材料在火灾条件下的损毁越严重，即材料在高温下受热分解程度越大，火灾扩展的区域越大。所以，材料对火反应试验中，通常用材料的损毁长度或燃烧剩余长度（包括炭化高度）表示其燃烧性能，例如 GB/T 8625、GB/T 8332、GB/T 5455、GB/T 8333、IEC 66132 等。但在建筑火灾中，火焰在材料表面的传播速度比火焰传播范围更重要，火焰传播越缓慢，火灾发展到危险阶段的时间越长，人们越容易发现火情，火灾也越容易及时扑救，同时也可以为火场人员争取更多的逃生时间。有时，传播火焰的材料本身火灾危险性不大，但火灾所能波及的材料造成的损失却十分严重；火焰传播速率越快，越易使火灾波及邻近可燃物而使火灾扩大。

有多种测定材料表面火焰传播速率的方法，但一般都只适用于一定种类的材料。对于易燃材料，宜采用低强度的火焰作为点火源；对于难燃性材料，则除点火源外，还需采用其他热源（例如辐射热源）加强火焰传播。有些火焰传播试验还必须考虑火焰本身的对流和辐射传热问题。

试验过程中，待测材料与点火源的相对方向是重要影响因素，只有在少数试验中试件可在 360° 范围内改变。试件的表面取向不同则试验结果各异。例如同一种材料作为墙壁或地板、吊顶试验时，其表面火焰传播速率可能差别极大，就是由于材料表面取向不同造成的，而且不同试验方法（按规定的表面取向）结果的相关性可能很差甚至毫无相关性。改变试验时的空气流动方向，会使试验结果的定量表示更加困难。同样，燃烧气体产物的方向（与试件的相对位置有关）也会显著影响火焰传播。当燃烧气体产物离开表面扩散时，可使表面冷却；而燃烧气体产物沿试件表面扩散时，有助于火焰传播；当燃烧气体产物扩散到试件内部时，可引发试件下层材料的燃烧，使材料的燃烧向内部传播；当燃烧气体产物沿燃料背面移动时，则可能使火焰熄灭。

设计测定火焰传播速率试验方法时，必须考虑上述各种因素。各种试验方法的差别就在于适用于不同材料（塑料、泡沫塑料、纺织品、涂料等），且点火源的种类、点火源作用时间、试件的尺寸及放置方向等不同。

在 GB/T 11785 中，要求记录火焰传播每 50mm 时对应的时间和每隔 10min 火焰传播的距离，以确定 *HF*-10、*HF*-20 和 *HF*-30 的值，即用试验开始后 10min、20min 和 30min 的火焰传播距离计算火焰传播速度。

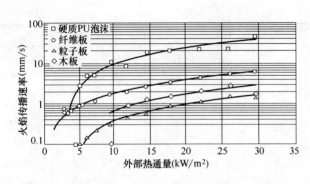

图 1.1　依据 ISO 5658 测得的火焰传播速率曲线

在 ISO 5658（ASTM E 1321）中，以持续燃烧平均热度表征火焰在材料表面的传播特性。试验中以燃烧甲烷的微孔陶瓷板作为辐射热源，被测材料与辐射板成 30°，在点火源的作用下测试火焰在材料表面横向传播的性能。从点火开始，以火焰传播到几个特定位置的时间与该位置的辐射流量乘积的平均值表示持续燃烧平均热度。制品表面辐射流量越大，材料分解越快，火焰传播速度也越快。反之，则相反。所以火焰传播速度是在不同辐射热流量作用下材料燃烧性能的综合体现。该试验中另一个重要参数是熄火临界辐射热流量，用来表示在试验条件下制品表面维持火焰传播所需的最小辐射热流量。图 1.1 给出了用 ISO 5658 法测定部分制品（基本特征见表 1.10）时得到的火焰传播速率曲线，表 1.11 给出了利用 ASTM E 1321 测得的部分材料和制品的引燃性和火焰传播特性数据，其中 Φ 为火焰传播指数。

表 1.10　图 1.1 中所用建筑制品的基本特征

编号	制　　品	厚度（mm）	密度（kg/m³）	编号	制　　品	厚度（mm）	密度（kg/m³）
1	隔热纤维板	13	250	8	覆盖矿棉的墙壁织物	50	100
2	中密度纤维板	12	600	9	饰面为三聚氰胺的粒子板	1.2	810
3	粒子板	10	750	10	聚苯乙烯泡沫(PS)	50	20
4	石膏纸板	13	700	11	硬质聚氨酯(PUR)泡沫	30	30
5	覆盖石膏纸板的 PVC	0.70	240	12	木板(云杉)	11	530
6	石膏纸板上的墙壁纸	0.60	200	13	覆盖粒子板的墙壁板	0.60	200
7	覆盖石膏纸板织物	0.70	370				

表 1.11　部分材料和制品的引燃性和火焰传播特性数据

材　　料	T_{ig}（℃）	$k\rho c$ [kW²·s/(m⁴·K²)]	Φ（m·K²/s）	$T_{s\cdot min}$（℃）	$\Phi/k\rho c$（m·K²/s）	V（mm/s）
合成材料						
聚异氰尿酸酯泡沫(5.1cm)	445	0.02	4.9	275	245	36.4
聚氨酯泡沫(2.5cm)	435	0.03	4.0	215	133	20.3
软质聚氨酯泡沫(2.5cm)	390	0.32	11.7	120	37	6.2
G 型 PMMA(1.3cm)	378	1.02	14.4	90	14	2.5
PMMA 浇铸料(1.6mm)	278	0.73	5.4	120	7	1.8
聚碳酸酯(1.5mm)	528	1.16	14.7	455	13	1.6
地毯						
地毯(丙烯酸纤维)	300	0.42	9.9	165	24	5.3
地毯(未加工羊毛)	435	0.25	7.3	335	29	4.4
地毯(尼龙羊毛混合)	412	0.68	11.1	265	16	2.6
地毯(粗羊毛)	465	0.11	1.8	450	16	2.3
地毯(加工的羊毛)	455	0.24	0.8	365	3	0.5

材　料	T_{ig} (℃)	$k\rho c$ [kW^2・s /(m^4・K^2)]	Φ (m・K^2/s)	$T_{s・min}$ (℃)	$\Phi/k\rho c$ (m・K^2/s)	V (mm/s)
天然材料						
光面胶合板(1.3cm)	390	0.54	12.9	120	24	4.1
普通石膏板(1.3mm)	565	0.45	14.4	425	32	3.7
阻燃石膏板(1.3cm)	510	0.40	9.2	300	23	3.0
光面胶合板(6.4mm)	390	0.46	7.4	170	16	2.7
玻璃纤维墙壁板	445	0.50	9.0	415	18	2.7
花旗松粒子板(1.3cm)	382	0.94	12.7	210	14	2.4
硬质纤维板(3.2mm)	365	0.88	10.9	40	12	2.3
硬质纤维板(硝化纤维素涂料)	400	0.79	9.8	180	12	2.1
沥青墙壁板	378	0.70	5.3	140	8	1.3
隔热纤维板	355	0.46	2.2	210	5	0.9
粗粒子板(1.3cm)	412	0.93	4.2	275	5	0.7
硬质纤维板(6.4mm)	298	1.87	4.5	170	2	0.5
硬质纤维板(光泽涂料)	400	1.22	3.5	320	3	0.5
石膏板、墙壁纸(S142M)	412	0.57	0.79	240	1	0.2

1.3.3.3　热释放速率（HRR）

　　从火灾发展的角度来说，材料燃烧时的热释放速率是最重要的火灾性能，通常根据耗氧原理测定热释放速率。耗氧原理是指消耗单位质量的氧气产生恒定的热释放量，即每消耗1kg 氧气约放出 13.1×10^3 kJ 的热量，误差在 5% 以内。这样，通过精确测定某种物质燃烧产生的烟气流量及组分浓度，可计算其热释放速率，称之为耗氧原理量热法，它已经广泛应用于建筑火灾试验中。

　　物质燃烧不同阶段的释热速率各不相同，通常测定最大热释放速率和平均热释放速率。在以耗氧原理测定建筑材料燃烧性能的试验方法中，典型代表有 GB/T 25207—2010 墙角火试验（ISO 9705）、GB/T 20284 SBI 试验（EN 13823）和 GB/T 16172—2007 锥形量热计试验（ISO 5660），分别代表大、中、小三种规格的试验。

　　ASTM 提出的测定材料热释放速率的相关标准试验装置包括 ASTM E 906（OSU-HRR 试验装置）、ASTM E 2058（火传播试验装置）、ASTM E 1354 和 ISO 5660，表 1.12 对这三种装置进行了简要说明。表 1.13～表 1.15 列举了部分材料热释放速率数据。

表 1.12　用于测定材料燃烧性能的 ASTM 试验装置

设计/试验条件	ASTM 试验装置		
	E 906	E 2058	E 1354
气流	协流	协流/自然流动	自然流动
氧气浓度(%)	21	0～60	21
协流速率(m/s)	0.49	0～0.146	自然速率
表面加热器	碳化硅	钨-石英	电热线圈
外部热通量(kW/m^2)	0～100	0～65	0～100

续表

设计/试验条件	ASTM 试验装置		
	E 906	E 2058	E 1354
取样管道流量(m³/s)	0.04	0.035~0.0364	0.012~0.035
试样(水平)(mm)	110×150	100×100	100×100
试样(垂直)(mm)	150×150	100×600	100×100
点火源	引燃火焰	引燃火焰	火花塞
通风控制	否	是	否
采用 O_2 进行火焰辐射模拟	否	是	否
热释放容量(kW)	8	50	8
着火时间	是	是	是
汽化速率	否	是	是
化合物的释放速率	是	是	是
烟气引起的光衰减	是	是	是
气相腐蚀	否	是	否
火焰传播	否	是	否
化学热释放速率	是	是	是
传导热释放速率	是	是	是
辐射热释放速率	否	是	否
灭火-水、Halon 和两者交替使用	否	是	否

表 1.13　利用 ASTM E 1354 测定的热释放速率峰值

材　　料	化学热释放速率峰值(kW/m²)								$(\Delta H_{ch}/\Delta H_g)$[①] (kJ/kJ)
	外部热通量(kW/m²)								
	20	25	30	40	50	70	75	100	
普通材料									
高密度聚乙烯(HDPE)	453		866	944	1133				21
聚乙烯(PE)	913			1408		2375			37
聚丙烯(PP)	377		693	1095	1304				32
PP/ 玻璃纤维(1082)		187			361		484	432	6
聚苯乙烯(PS)	723			1101		1555			17
尼龙 6	593		802	863	1272				21
尼龙/玻璃纤维(1077)		67			96		116	135	1
聚甲醛(POM)	290			360		566			6
聚甲基丙烯酸甲酯(PMMA)	409			665		988			12
聚对苯二甲酸丁二醇酯(PBT)	850			1313		1984			23
丙烯腈-丁二烯-苯乙烯三元共聚物(ABS)	683		947	994	1147				14
阻燃 ABS	224			402		409			4
ABS-PVC	224			291		409			4
乙烯基热塑性弹性体	19			77		120			2
聚氨酯(PU)泡沫	290			710		1221			19
EPDM/苯乙烯丙烯酯(SAN)	737			956		1215			10
聚酯/玻璃纤维(30%)	NI			167	231				6

续表

材料	化学热释放速率峰值(kW/m²)								$(\Delta H_{ch}$ $/\Delta H_g)$[①] (kJ/kJ)
	外部热通量(kW/m²)								
	20	25	30	40	50	70	75	100	
异苯二甲酸聚酯	582		861	985	985				20
异苯二甲酸聚酯/玻璃纤维(77%)	173		170	205	198				2
聚乙烯酯	341		471	534	755				13
聚乙烯酯/玻璃纤维(69%)	251		230	253	222				2
环氧树脂	392		453	560	706				11
环氧树脂/玻璃纤维		159			294		191	335	2
环氧树脂/石墨纤维		164			189		242	242	2
氰酸盐/玻璃纤维		121			130		196	226	2
丙烯酸酯阻燃板	117			176		242			3
高温材料									
聚碳酸酯(PC)	16			429	342				21
交联聚乙烯(XLPE)	88			192	268				5
聚苯乙烯改性聚苯醚(PPO-PS)	219			265	301				2
PPO/玻璃纤维	154			276	386				6
聚苯硫醚(PPS)/玻璃纤维		NI			52		71	183	3
PPS/石墨纤维		NI			94		66	126	1
聚醚砜/石墨纤维		NI			24		47	60	1
多芳基砜/石墨纤维		NI			11		41	65	0.3
聚醚醚酮,PEEK/玻璃纤维(30%)		NI		35	109				7
PEEK/石墨纤维		NI			14		54	85	1
双马来酰亚胺,BMI/石墨纤维		128			176		245	285	2
酚醛/玻璃纤维		NI			66		102	122	1
酚醛/石墨纤维		NI			71		87	101	1
酚醛/PE纤维		NI			98		141	234	3
酚醛/芳香尼龙纤维		NI			51		93	104	1
酚醛隔热泡沫				17	19		29		1
聚酰亚胺/玻璃纤维		NI			40		78	85	1
木材									
花旗松	237			221	196				—
铁杉	233		218	236	243				
织物									
羊毛	212		261	307	286				5
丙烯酸纤维	300		358	346	343				6
卤化材料									
软质PVC-3(LOI 25%)	126		148	240	250				5
阻燃级软质PVC-(Sb₂O₃)4(LOI 30%)	89		137	189	185				5
阻燃软质PVC-(三芳基磷酸酯)5(LOI 34%)	96		150	185	176				5
硬质PVC	40			175		191			3
氯化PVC(CPVC)	25			84	93				1

① 热释放率对外部热通量线性关系的斜率。

表 1.14　利用 ASTM E 1354 测定的材料燃烧平均有效（化学）热值和产烟量

材　　料	ΔH_{ch}[①] (MJ/kg)	y_{sm} (g/g)	材　　料	ΔH_{ch}[①] (MJ/kg)	y_{sm} (g/g)
普通材料			高温材料		
高密度聚乙烯（HDPE）	40.0	0.035	聚碳酸酯（PC）	21.9	0.098
聚乙烯（PE）	43.4	0.027	交联聚乙烯（XLPE）	23.8	0.026
聚丙烯（PP）	44.0	0.046	聚苯醚（PPO）/聚苯乙烯（PS）	23.1	0.162
PP/玻璃纤维	NR	0.105	PPO/玻璃纤维	25.4	0.133
聚苯乙烯（PS）	35.8	0.085	聚苯硫醚（PPS）/玻璃纤维	NR	0.063
PS-FR	13.8	0.144	PPS/石墨纤维	NR	0.075
PS 泡沫	27.7	0.128	聚芳砜/石墨纤维	NR	0.019
PS 泡沫-FR	26.7	0.136	聚醚砜/石墨纤维	NR	0.014
尼龙 6	28.8	0.011	聚醚醚酮，PEEK/玻璃纤维（30%）	20.5	0.042
尼龙/玻璃纤维	NR	0.089	PEEK/石墨纤维	NR	0.025
聚甲醛（POM）	13.4	0.002	双马来酰亚胺，BMI/石墨纤维	NR	0.077
聚甲基丙烯酸甲酯（PMMA）	24.2	0.010	酚醛/玻璃纤维（45%）	22.0	0.026
聚对苯二甲酸丁二醇酯（PBT）	20.9	0.066	酚醛/石墨纤维	NR	0.039
丙烯腈-丁二烯-苯乙烯（ABS）	30.0	0.105	酚醛/PE 纤维	NR	0.054
ABS	29.4	0.066	酚醛/芳香尼龙纤维	NR	0.024
ABS-FR	11.7	0.132	酚醛隔热泡沫	10.0	0.026
ABS-PVC	17.6	0.124	聚酰亚胺/玻璃纤维	NR	0.014
乙烯基热塑性弹性体	6.4	0.056	木材		
聚氨酯（PU）泡沫	18.4	0.054	花旗松	14.7	0.010
热塑性 PU-FR	19.6	0.068	铁杉	13.3	0.015
EPDM/苯乙烯-丙烯酯（SAN）	29.0	0.116	织物		
聚酯/玻璃纤维（30%）	16.0	0.049	羊毛	19.5	0.017
异苯二甲酸聚酯	23.3	0.080	丙烯酸纤维	27.5	0.038
异苯二甲酸聚酯/玻璃纤维（77%）	27.0	0.032	卤化材料		
聚乙烯酯	22.0	0.076	软质 PVC（LOI 25%）	11.3	0.099
聚乙烯酯/玻璃纤维（69%）	26.0	0.079	软质 PVC-FR(Sb$_2$O$_3$)-4(LOI 30%)	10.3	0.078
环氧树脂	25.0	0.106	软质 PVC-FR（三芳基磷酸酯）-5（LOI 34%）	10.8	0.098
环氧树脂/玻璃纤维（69%）	27.5	0.056			
环氧树脂/石墨纤维	NR	0.049	硬质 PVC	8.9	0.103
氰酸酯/玻璃纤维	NR	0.103	氯化 PVC（CPVC）	5.8	0.003
丙烯酸/玻璃纤维	17.5	0.016			
丙烯酸酯（FR）	10.2	0.095			

① $y_{sm}(g/g)=0.0994\times$（平均衰减面积）$\times10^{-3}$。

表 1.15　利用 ASTM E 2058 测定材料燃烧时热释放速率和化合物释放速率峰值

材料(kW/m^2)	释放速率[①]				热量 (kW/m^2)
	化合物[$g/(m^2 \cdot s)$]				
	CO	CO_2	HC[②]	烟	
尼龙 6	0.40	22.5	<0.01	0.66	301
聚氯乙烯(PVC)	1.42	37.3	0.21	3.08	527
聚丙烯(PP)	1.00	66.2	0.08	2.09	926
聚乙烯(PE)	2.34	91.4	0.57	2.04	1296
高密度聚乙烯(HDPE)	3.95	93.1	1.40	2.52	1341
三元乙丙橡胶(EPDM)	0.60	18.0	0.01	0.91	242
聚苯乙烯(PS)	0.64	28.1	0.07	2.34	381
聚对苯二甲酸乙二醇酯(PET)	0.27	9.42	0.02	0.44	125
丙烯腈-丁二烯-苯乙烯(ABS)PVC	0.60	11.5	0.03	1.08	158
聚碳酸酯(PC)	1.26	44.7	0.08	3.29	486
天然橡胶	0.79	29.2	0.05	3.34	396
棉/聚酯	0.53	36.3	0.03	1.51	488
片状模塑料	0.61	25.5	0.03	2.26	345

① 标准大气压下，表面热通量为 $50kW/m^2$ 时，在 ASTM E 2058 装置内燃烧。

② HC——全部碳氢化合物。

1.3.3.4　生烟性及烟气毒性

（1）生烟性

材料燃烧时的生烟性属于二次燃烧效应，它是指与火灾伴生、但并不属于火焰所显示燃烧过程的现象。除生烟性外，还包括燃烧产物的腐蚀性和毒性、有焰燃烧和阴燃产生的熔滴等现象。

火灾中材料燃烧时的生烟性与火灾规模、单位质量物质的生烟性、火焰传播速度、通风条件、燃烧温度等一系列因素有关，其中部分因素不仅影响生烟性，同时会影响烟的特征。因此，火灾中烟的形成是一个不可再现的过程，定量描述这一过程非常困难。

测定生烟性的方法最好是基于人眼对烟的感知和烟对可见度的影响。目前市场上已经开发出一些用于测量烟密度的光度计，其光敏元件的波长范围与人眼的可视波长范围相同，测量结果可用于指导人们选用低生烟性材料，以便在火灾时降低烟气对能见度的影响，增加逃生时间，提高防火安全水平。

光学法测量烟密度的理论依据是光透过一个充满烟尘的空间时，由于烟质点的吸收和散射作用，使光的强度降低。光衰减的程度与烟质点的大小和形状、折射率以及光的波长和入射角有关。利用消光法开发的各种生烟性测试设备，在设备结构和操作条件等方面各不相同，所以测试结果有时差别很大。根据测试系统是否密闭，具体测试方法可分为静态法和动态法，前者使材料燃烧生成的全部烟气处于一密闭系统中进行测试，后者的烟密度测量是在烟从设备中流出时完成的。静态法可用于模拟密封空间的生烟性，动态法则类似于火灾时疏散路线上的生烟状况。动态法中试件通常水平放置，静态法中试件可水平或垂直放置。部分光学法测定材料生烟性的方法及其对比见表 1.16 和表 1.17。

表 1.16 部分测定材料生烟性的光学方法

方 法	光径位置	光径长 (mm)	分类	试样位置	提供能量方式	测试条件	应用领域
GB 8323		914	S	V	R+F	SM+FL	B,E,T
ASTM E 662(NBS 烟箱)	V	914	S	V	R+F	SM+FL	B,AV,E
ASTM D 2843(XP2 烟箱)	H	308	S	H	F	FL	B
DIN E 53437		320	D	H	R	SM	B
NF T 51-073	H	100	D	H	R	SM	—
DIN 4102	H	500	D	V	F	FL	B
NEN 3838	H	220	D	V	R+F	FL	B
NT 火 004	H	230	D	H+V	F	FL	B
NT 火 007	H	430	D	30°	F	FL	B
ASTM E 84	H	914	D	H	F	FL	B
AS/NZS 1530.3	H	305	D	V	R	SM	B
JIS A 1321	H	250	D	V	R+F	FL	B
JIS D 1201	80°	500	D	H+V	F	FL	A
DB 烟试验	H	160	D	V	F	FL	RV
ISO 烟箱	H	360	S	H	R	SM	B
改进的 NBS 烟箱	V	914	S	H	R	SM	—
GOST 12.1.017	V	800	S	45°角	R	SM+FL	S

注：H—水平，V—垂直，S—静态，D—动态，R—辐射板，F—明火，SM—阴燃，FL—有焰燃烧，B—建材业，
T—运输业，AV—航空业，S—造船业，A—汽车业，RV—铁路车辆业，E—电气业。

表 1.17 几种材料生烟性光学测定方法之间的对比

方 法	试样规格（mm）	燃烧方式	试验箱容积（mm³）	特 点	生烟性表达方式
美国 ASTM D 2843	25.4×25.4×6.4	丙烷火焰	300×300×790	测定生烟性，采用水平安装的平行光束	测定累积烟光吸收率：$\dfrac{I_0-I}{I_0}\times100$，绘制曲线，曲线最高点为最大烟密度，曲线下的面积为生烟量
中国 GB 8627	同德国 DIN 4102	丙烷气或液化石油化	300×300×790	同美国 ASTM D 2843	同美国 ASTM D 2843
美国 ASTM E 662	76×76×≤25	1. 热辐射(2.5W/cm²) 2. 热辐射(2.5W/cm²)加丙烷火焰	914×914×610 密闭箱体	测定烟密度，采用垂直安装的平行光束	测定累积烟密度：$D=132\lg\dfrac{I_0}{I}$
中国 GB 8323	同美国 ASTM E 662	同美国 ASTM E 662	同美国 ASTM E 662	同美国 ASTM E 662	同美国 ASTM E 662
日本 JIS A 1321	220×220×厚度	电热辐射，煤气火焰	1400×1400×1000	可进行其他燃烧性能试验	生烟积累在箱中，通过吸烟筒测定生烟系数：$D_A=240\lg\dfrac{I_0}{I}$

续表

方　法	试样规格（mm）	燃烧方式	试验箱容积（mm³）	特　点	生烟性表达方式
美国 ASTM E 84	510×5900（长条型）	天然气或甲烷气火焰	540×540×7600 水平烟道	可进行其他燃烧性能测试，是大型试验装置	$D=\lg\dfrac{I_0}{I}$
ISO 5924	165×165×70	1. 热辐射（1~5W/cm²） 2. 丙烷气火焰	测量室体积 1.17m³（1500×600×1300）；分解室体积 0.239m³（325×600×1150）	测试建材及其他固体材料的生烟性及着火性	$D=\lg\dfrac{100}{T}$

注：I_0 为起始光通量；I 为通过烟层后的光通量；T 为透光率。

（2）烟气毒性

火灾烟气毒性问题非常复杂，涉及多个学科，不仅与火灾科学相关领域有关，还与化学、物理、环境科学、生物毒理学、行为学等密切相关。火灾烟气成分的种类繁多，且浓度随时间和空间不断发生变化，具有可反应性和浓度快速变化的特性。目前用于火灾烟气毒性分析的方法主要有以下几种。

小尺度物理模型借助温度、火焰和供氧量等参数控制小尺度试验装置中的化学反应环境，试图建立材料火灾毒性与全尺寸试验相应阶段之间的相关性。

动物暴露染毒试验是国际上评估火灾烟气毒性的两种主要技术途径之一，可评估烟气总体毒效，是建立在动物染毒试验基础上的表征技术，衡量指标包括 LC_{50}（Lethal Concentration）、IC_{50}（Incapacitation Concentration）/RD（Respiratory Depression）、EC_{50}（Effete Concentration）等，其中最常用的指标是 LC_{50}。LC_{50} 是在一定暴露期和后观察期内 50％动物死亡时对应的有毒气体或材料火灾烟气的浓度（g/m³），暴露时间有 10min、30min、60min、140min 和 240min 等，后期观察有 5min、7min、7d 和 14d 等。丧失能力的浓度 IC_{50}/RD 是对呼吸系统造成损害的评估参数。动物试验一般是在特殊试验箱中进行的，通常可分为静态和动态两种。

我国参照德国标准 DIN 53436 管式炉的产烟原理，结合小鼠暴露染毒试验，建立了独特的材料产烟毒性试验方法和装置，适用于各种材料的产烟毒性评价，现已成为国家防火建材质检中心对建材毒性分级的标准检测装置。

成分分析法通过对火灾烟气中有毒成分的分析，研究烟气中各毒性组分产生的毒性作用，综合分析毒性产生的机理。早期采用气相色谱、气-质联用、NDIR、磁氧分析、离子色谱、比色分析等方法进行分析，一般只能以间歇取样法进行分析，无法对整个燃烧过程的烟气毒性成分进行在线实时分析。ISO 19702—2006《燃烧废物的毒性试验　用 FTIR 气体分析对燃烧烟气中气体和蒸气的分析指南》（Toxicity testing of fire effluents—Guidance for analysis of gases and vapours in fire effluents using FTIR gas analysis）利用 FTIR 技术分析 CO、CO_2、HCN、HCl、HBr、NO、NO_2、CH_2CHCHO、HF、SO_2 等各种有毒气体的浓度。表 1.18 通过静态（热解法）和动态（燃烧法）试验箱给出了部分材料的毒性大小次序。部分可燃材料燃烧烟气中出现的主要有毒气体见表 1.19。

表 1.18　聚合物燃烧产物致死毒性大小次序

静态试验箱(热解法)			动态试验箱(燃烧法)		
样品	LC$_{50}$(g)	毒性次序	样品	LC$_{50}$(g)	毒性次序
红橡木	9	1	羊毛	0.4	1
棉	10	2	聚丙烯	0.9	2
ABS(阻燃)	21	3	聚丙烯(阻燃)	1.2	3
SAN	23	4	聚氨酯泡沫(阻燃)	1.3	4
聚丙烯(阻燃)	25	5	聚氯乙烯	1.4	5
聚丙烯	28	6	聚氨酯泡沫	1.7	6
聚苯乙烯	31	7	SAN	2.0	7
ABS	33	8	ABS	2.2	8
尼龙 66	37	9	ABS(阻燃)	2.3	9
尼龙 66(阻燃)	37	10	尼龙 66	2.7	10
聚氨酯泡沫(阻燃)	47	11	棉	2.7	11
聚氨酯泡沫	50	12	尼龙 66(阻燃)	3.2	12
聚氯乙烯	50	13	红橡木	3.6	13
羊毛	60	14	聚苯乙烯	6.6	14

表 1.19　部分可燃材料燃烧烟气中的主要有毒气体

物质名称	燃烧产生的主要有毒气体
木材、纸张	二氧化碳、一氧化碳
棉花、人造纤维	二氧化碳、一氧化碳
羊毛	二氧化碳、一氧化碳、硫化氢、氰化氢、氨
聚四氟乙烯	二氧化碳、一氧化碳
聚苯乙烯	苯、甲苯、二氧化碳、一氧化碳、乙醛
聚氯乙烯	二氧化碳、一氧化碳、氯化氢、氯气
尼龙	二氧化碳、一氧化碳、氨、氰化物、乙醛
酚醛树脂	一氧化碳、氨、氰化物
三聚氰胺树脂	一氧化碳、氨、氰化物
环氧树脂	二氧化碳、一氧化碳、丙醛

1.3.3.5　建筑材料和制品的耐火性

ASTM E 119《建筑材料和结构的耐火试验方法》（Standard test methods for fire tests of building construction and materials）用于测定标准火作用下建筑用砖石构件和结构材料复合构件的耐火极限。这些构件包括承重和非承重墙、隔墙、柱、承重梁、非承重梁、板材以及用于地板和屋顶的板梁组合构件等。耐火极限大小的判据为：

在没有发生蹿火现象或废棉、聚合物丝袜未被引燃的情况下，试件本身或在加载条件下的维持时间符合分级要求；在水柱冲击试验中，背火面未出现水流射出的裂缝；背火面的温升相对初始温度未超过 139℃；分级中要求防火保护的钢结构平均温度不超过 538℃；对于间距超过 1.2m 的钢结构构件，要求在分级受火时段内钢结构平均温度不超过 593℃。

GB/T 9978.1—2008《建筑构件耐火试验方法　第 1 部分：通用要求》规定了各种结构构件在标准受火条件下的耐火性能试验方法，修改采用了 ISO 834 1：1999，采用的标准升温曲线为

$$T = 345\lg(8t+1)+20 \tag{1.27}$$

在 ASTM E1529《测定大型烃类池火对构件和组件影响的试验方法》（Standard test methods for determining effects of large hydrocarbon pool fires on structural members and assemblies）中，除规定了与 ASTM E119 类似的方法外，还规定了受火时热流量的大小，即试样表面接受（158 ± 8）kW/m^2 的热流量。应在试验开始 5min 内达到上述热流量值并在此后的试验阶段维持不变；环境温度在试验开始 3min 内应超过 815℃，并在此后的试验阶段维持在 1010～1080℃之间。用于确定在热流量快速增大的情况下，暴露的柱、梁、桁架或建筑构件、防火墙壁、同类建筑或整个建筑的对火反应。试验过程中要求同时控制热流量和温度。其中，对火反应性能是指在受火条件下建筑构件或组件维持其使用性能的时限，以 h 为单位。

对于烃类材料加工企业和化学工业的设施设计，则需要模拟暴露于大型露天流动油池火的建筑构件和组件的耐火性。

1.3.4　试验结果的主要影响因素和相关性

1.3.4.1　主要影响因素

在材料燃烧性能试验过程中，测试设备一般为封闭系统，即与周围环境之间没有相互作用。试验中主要考察试件和点火源等的影响，较少考虑通风情况和测试系统的体积等因素。尽管如此，不同试验方法得到的试验结果通常很少一致。

与试件有关的变量涉及试件的形状、相对位置等，一般倾向于采用平板状试件，一些试验也采用组合试件，其厚度与实际制品一致。在建筑行业，试件通常只是建筑结构的一部分；但在电气行业，以真正的制成品作为试件，例如插座、开关等。试件的位置可以有多种，但较好的方向是以水平、垂直或 45°倾斜布置试件。

与点火源有关的变量包括点火源的强度、类型、作用方向、位置和时间等。点火源有不同强度的明火，例如火柴、酒精灯、煤气灯（包括小型喷灯、本生灯、多用途喷灯等）、中型火焰等，也可采用烟气辐射器、电辐射器及辐射板等；点火源通常沿水平、垂直或 45°倾斜方向布置；而点火源作用于试件的位置（例如试件边缘或试件表面）以及作用时间长短等，同样会对测试结果产生较大的影响。

1.3.4.2　试验方法的相关性

如果能够使材料燃烧性能测试结果与真实火灾过程之间产生良好的相关性，就可以正确评估各种材料的火灾危险性。通常，利用各种标准试验方法得到的结果与大型试验结果甚至真实火灾之间存在一定的相关性。例如，部分在某些实验室试验（例如隧道试验）苛刻条件下能通过的材料，在大型火灾试验中通常也会表现出良好的难燃性。但仅仅根据实验室中的试验结果，即使是大型试验结果，也无法建立评估材料火灾危害性的可靠判据。因为实际燃烧过程的影响因素极为复杂，预设的试验条件只能部分而不是全面再现火灾事故的各种影响因素，所以任何试验都无法全面模拟和重现真实火灾过程，同样无法提供全面准确的火灾试验结果，只能作为分析火灾中材料燃烧特性的参考。因此，评价材料火灾危害性时，还应结合从实际火灾中积累的经验。

不同试验方法间的相关性，与该方法的多重尺度大小密切相关。一定数量的材料引燃后，会随空间和时间不断发展，由此产生的热和非热危害具有物、时、空三重尺度性，见

表 1.20。

表 1.20　材料在多重尺度中的火灾危险性

尺度类别	主要表现	假设条件
物	种类、数量和分布范围引起的火灾危险性	材料所在空间状况(例如尺寸)一定
时	随时间变化带来的不同火灾危险性	材料和所在空间状况一定
空	不同尺度受限或封闭空间(confined/concealed space)的火灾效应 受限或封闭空间与开放空间的不同火灾效应 空间局部或整体的不同火灾效应 区域或洲际的不同火灾效应(例如森林或野外火灾)	材料一定
综合	物、时、空均有变换所产生的火灾危险性	

若要控制火灾规模,应避免轰燃的发生,在火灾早期阶段即轰燃前阶段做好预防、探测和灭火工作,这显然与火灾危险性时间尺度效应相关。在一定的受限空间内,轰燃前(pre-flashover)和轰燃后(post-flashover)分别为通风良好和通风受限的明火燃烧,因此不同阶段的火灾危险性(热、烟和毒)各不相同。

美国国家标准与技术研究院(NIST)建筑火灾研究室(BFRL)在系列房间尺度火灾试验中发现,轰燃前后软包沙发、书橱和电缆引发火灾的热释放速率、烟量和毒性气体均不相同。在封闭空间中,通常轰燃后 CO 和 CO_2 浓度比轰燃前高;在受限和半受限空间中,轰燃后 CO、CO_2、HCl 和 HCN 浓度也高于轰燃前。轰燃后的产烟量通常低于轰燃前,可能是轰燃期间空间内氧气含量能够支持多种物品的规模燃烧,但氧气浓度会随燃烧的进行逐渐降低。轰燃初期在较大范围内燃烧产生的热、CO_2 和腐蚀性气体产物及烟尘均超过火灾初始阶段,轰燃后期随 O_2 含量的降低,CO 含量增多,二者均使轰燃后的火灾危险性远高于轰燃前的初始阶段。

火灾荷载(即燃料的种类、数量)一定时,由可燃物引起的火灾危险性主要取决于所处空间的尺度性,包括不同尺度的受限(或封闭)空间、开放空间、试验空间的局部和整体。不同尺度空间决定材料燃烧所需氧气是否充分。在开放空间中氧气充足并可不断得到补充;受限或封闭空间中氧气量有限且补给速率受限制。发生火灾时,受限空间内的氧气含量降低,可能产生缺氧($<19.5vol. \%$)燃烧或毒性气氛。据调查,在选定的 51 次火灾中,分别有 11 次和 5 次发现 CO 和 HCN 的浓度达到几分钟致死的水平。日本在 1979—1988 年的 10 年间,火灾死亡人数为 11949 人,其中 40% 死于火烧和 CO 中毒。表 1.21 给出部分火灾事故的分类统计结果,可以看出受限空间中全尺度火灾的致死人数远高于小尺度火灾,说明大尺度火灾的潜在危险性和实际危害极高。

表 1.21　不同类型和尺度下的火灾死亡人数　　　　人数(所占比例,%)

	空间性	CO 中毒	火烧	其他
平房	全尺度火灾	19(14.4)	105(79.5)	8(6.1)
	小尺度火灾	2(9.1)	9(40.9)	11(50.0)
公寓	全尺度火灾	18(39.1)	24(52.2)	4(8.7)
	小尺度火灾	4(44.4)	4(44.4)	1(11.1)
总计		43(20.6)	142(62.9)	24(11.5)

在不考虑时间尺度的前提下，材料燃烧性能的测试方法大致可分为四类，包括微观方法、小型试验法、大型试验法和中型试验法。微观试验法主要分析材料受热和燃烧过程中结构和成分的变化，考虑到热解是聚合物燃烧的前提条件，以热重和差示扫描量热法为主的热分析方法以及红外光谱、气相色谱、质谱等热解成分分析法在聚合物材料的燃烧性能研究中已经得到应用。一些评估材料燃烧性能的方法属于小型试验法，例如氧指数法、水平及垂直燃烧试验法、热释放速率测定法、实验室锥形量热计法、烟密度法等，试验结果不能全面衡量材料在真实火灾中的行为，但可在测试条件下比较不同材料的燃烧性能。小型试验法简便易行，应用最为广泛。为了获得材料在火灾中的真实行为，同样需要开展模拟真实火灾的大型试验，建立相应的计算机模型。但目前有些大型试验仍以经验性为主，无法获得满意的试验结果。中型试验法是指介于小型试验和大型试验之间的试验方法，也是目前普遍采用的试验方法之一，例如我国采用的电线电缆燃烧试验方法、防火门的燃烧试验方法等。图 1.2 给出试验尺度与分析结果之间的关系特点。

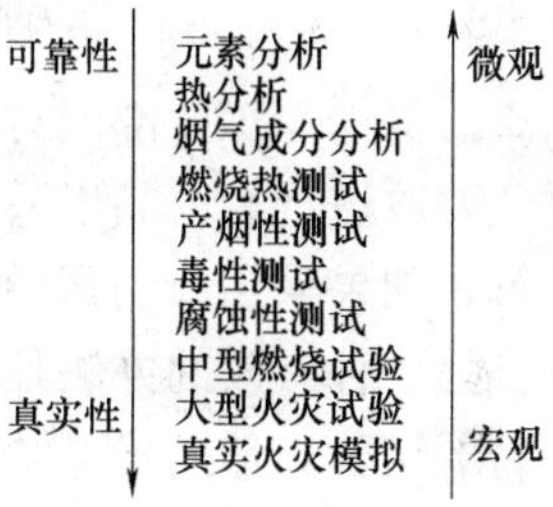

可靠性 ↑	元素分析	↑ 微观
	热分析	
	烟气成分分析	
	燃烧热测试	
	产烟性测试	
	毒性测试	
	腐蚀性测试	
	中型燃烧试验	
	大型火灾试验	
真实性 ↓	真实火灾模拟	↓ 宏观

图 1.2　试验尺度与分析结果间的关系

在实际火场中，应根据燃烧材料的类型及数量、火灾规模、火灾发展阶段和起火点周围的环境特征等推测火灾烟气中的气体组成，判断材料的潜在热危险性、毒性和腐蚀性，得出材料的火灾危险性结论。

评价材料的火灾危害性时，除利用材料的基本火灾性能参数外，还必须结合实际火灾中取得的经验，将火灾过程描述为完整的动态系统。

1.4　材料燃烧性能试验方法的发展趋势

目前，主要工业国家根据各自的气候、地理、环境、人文等多种因素制定本国的材料燃烧性能评价体系。例如，欧洲的建筑大多为钢筋混凝土框架结构，此结构对材料的燃烧性能要求较低；美国的建筑多为木质结构，对材料的燃烧性能要求极高。正是由于各国材料分类系统、燃烧性能试验方法和控制体系的不同，在不同国家之间形成了严重的技术壁垒，显著影响了各国之间的贸易合作，有碍全球共同市场的建立。随着经济全球化的快速发展，在各国现行的材料燃烧性能试验方法及标准的基础上，逐步建立更加科学和相对统一的国际通用方法和标准，不仅有利于降低材料及制品的防火安全成本，促进材料及制品在国际间流通，同时也有助于建立国际共同贸易市场。因此，材料燃烧性能试验方法的国际化已经成为该领域技术发展的必然趋势。

虽然许多国家对材料燃烧性能评价（分级）体系界定的主要性能是类似的，例如考虑材料的引燃性、火焰蔓延现象、烟生成量等特性。但对这些性能的评价方法却各有不同，不同国家在其火灾科学研究的基础上都制定了不同的试验方法。相应地，各个国家都有自己的一套评价分级体系。要做到测试方法相互间的协调统一，常常牵涉到经济和技术上的一些问题以及各国的国情和要求等，很难达成一致。欧盟在材料燃烧性能测试方法国际化方面做了大量工作，从 20 世纪 90 年代启动材料燃烧性能测试方法的统一化工作。2002 年欧盟标准委员会（CEN）制定并颁布了欧盟统一的材料燃烧性能分级标准，即 EN 13501-1：2002《建筑制品和构件的火灾分级 第 1 部分：用对火反应试验数据的分级》。该标准统一了各欧盟成员国的材料燃烧性能测试方法、评价体系和分级程序，极大地推动了材料燃烧性能评价方法国际化的进程。

在标准的统一化进程中，必然会改变对材料、产品的性能要求，影响某些防火材料和制品的使用。

为了统一材料对火反应试验方法，一种可行的办法是各国均采用国际化标准组织（ISO）的适当试验方法。ISO 已经建立了一系列对火反应的试验方法，测定材料的不燃性、引燃性、火焰传播速率、热释放速率及烟密度等，但目前只有 ISO 1182《材料不燃性试验》和 ISO 5657《材料引燃性试验》被各国广泛采用，其他 ISO 方法的推广仍存在一定的技术困难。例如，工业部门对多数 ISO 试验方法了解不多，其需要一定时间熟悉这些方法，同时还要改进现有产品以适应新的要求。另外，管理部门对材料在新的试验方法中的表现缺乏了解，如果采用新的试验方法，不仅要修改法规，而且可能产生新的材料燃烧性能分级体系。另一种有效的办法是在各国的试验数据间建立换算关系，制造商只需要完成一些本国所必需的试验，然后参考"转换文件"和一些补充试验，就能按另一国家的标准试验方法评价材料的燃烧性能。第三种办法是仔细选择一组对建筑材料用户适合的、目前被一些成员国采用的国家级试验方法测定材料的燃烧性能，其试验结果能直接适应大多数法规所涵盖的主要领域，对一些不能直接应用的试验结果可通过转换使用。

为了实现材料对火反应试验方法的统一，应遵循以下几个原则，即基于对火反应建立的材料燃烧性能分级系统应能反映被试材料（制品）在真实火灾中的行为，利用其中所设计和采用的试验方法获得的结果，应能作为评价材料火灾危险性的重要组成部分；材料及制品的燃烧性能分级可以采用小型燃烧试验的结果，但这些小型试验方法应该经大型燃烧试验检验是有效的，必要时仍应进行标准的大型火灾试验；材料燃烧性能分级的小型试验数目不能过多，且应以已被广泛接受的试验方法为基础。

实际上，上述统一材料对火反应试验的方法各有其优缺点，目前均很难实现，还有待各国规范的制定部门、标准化组织、实验室及认证机构间的密切合作，共同推动材料对火反应试验方法的统一化进程。

2 燃烧过程基本参数测试技术

火灾试验主要建立在物理量测量的基础上，这些物理量包括温度、压力、质量、热流量、气流速度、气体流量、消光性等。此外，还包括气体分析、毒性和腐蚀性试验。为了准确评价材料的火灾性能，必须首先选用恰当的基本测量技术，以便提高试验结果的可靠性。

2.1 温度测量

温度是度量物体冷热程度的物理量，是国际单位制中 7 个基本物理量之一。热量和材料热物性的测量，一般以温度测量为基础，温度测量的精度会直接影响热量和热物性的测量精度。因此，温度是火灾试验中十分重要的参数。

2.1.1 温度测量装置

温度是不能直接测量的物理量，但自然界中许多物质的物理属性与温度有关，例如气体、液体的体积，导体的电阻，灼热物体的颜色和辐射能都与其本身温度密切相关，利用这些物质便能制成测温工具即温度计。

根据温度传感器的使用方式，测温方法通常分为接触法和非接触法两类。通过接触法测温时，温度计与待测介质的热接触良好，要求达到热平衡状态。可测量任何部位的温度，易于多点测量和控制，但测量热容量小或移动的物体较困难。借助非接触式测温时，不与待测物体接触，利用物体热辐射强度变化的原理进行测温，不改变被测介质的温度场，可测量移动物体的温度，通常用于表面温度的测量。温度计按测温原理的分类见表 2.1。

表 2.1 常见温度计测温范围

测温原理			种类	测温范围(℃)
接触式	膨胀式	玻璃液体温度计	水银温度计	−35～360(用石英玻璃作管壁并充入氮气或氩气时,最高使用温度可达 800℃)
			有机液体温度计	−200～300
		双金属温度计		−80～600
		压力式温度计	液体压力温度计	−30～500
			蒸气压力温度计	−20～350
			气体压力温度计	−50～550
	电阻	铂电阻温度计		−260～960
		铜电阻温度计		−50～150
		热敏电阻温度计		−269～1623

测温原理	种类		测温范围(℃)
接触式	热电偶温度计	B(铂铑 30-铂铑 6)	0～1800(高温性能更稳定)
		S(铂铑 10-铂)	0～1600
		R(铂铑 13-铂)	0～1600(基本与 S 型相同,微分热电热和热电热略大,重现性和稳定性略好)
		K(镍铬-镍硅)	−270～1300
		N(镍铬硅-镍硅)	−270～1300(热稳定性、抗氧化性、线性度优于 K 型)
		E(镍铬-铜镍/康铜)	−200～800(微分热电热大,灵敏度高)
		J(铁-铜镍/康铜)	−210～1200,一般使用范围为 0～760
		T(铜-铜镍/康铜)	−200～400
非接触式	热辐射	光学温度计	700～3500
		光电温度计	100～3000
		全辐射温度计	100～3000
		比色温度计	180～3500

2.1.1.1 热电偶

热电偶是火灾试验中最常用的测温传感器。它由两种不同金属或合金导线组成,二者的一端连接在一起作为测量端,另一端保持断开并通过接线端子与第 3 种导线相连作为参比端。

当两端存在温差时,回路中将产生电流,两端之间就会产生热电势,即塞贝克效应(Seebeck effect),如图 2.1 所示。热电势的大小只与热电偶导体材质以及两端温差有关,与热电偶导体的长度、直径无关。显然,热电偶测量的是温度差而不是测量端的温度。

热电偶具有结构简单、热容量小、材料的互换性好、滞后效应小、信号能够远距离传送和多点测量、重复性和稳定性好、测量范围宽、精度高等优点,除可用于流体温度测量外,还可测量固体表面温度,是火灾试验中普遍应用的测温元件。现代数据获取系统一般通过线性化热电偶信号和冷端偏离 0℃时补偿所用回路接受热电偶输入信号。

标准热电偶导线可以分为外加绝缘层和不加绝缘层两类,导线直径在 0.013～1.63mm 之间。铠装热电偶是指将热电偶丝和绝缘材料一起紧压在金属保护管中制成的热电偶。这类热电偶具有能弯曲、耐高压、热响应时间快和坚固耐用等优点。铠装热电偶的形式有露端式、接壳式和绝缘式,如图 2.2 所示。露端式热响应时间短,适用于测量发动机排气等要求

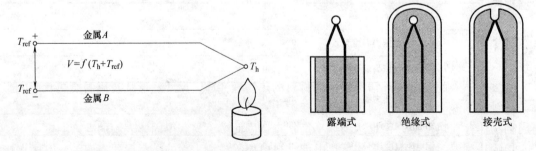

图 2.1 塞贝克效应原理图   图 2.2 铠装热电偶示意图

响应速度快的体系温度，机械强度较低。接壳式的热响应时间短，公称压力大（可达34MPa），不适用于有电磁干扰的场合。绝缘式的热响应时间较前两种长，使用寿命长，抗电磁干扰，在对热响应时间无特殊要求的场合多采用这种形式。

2.1.1.2 热电阻温度计

这是一种利用导体或半导体的电阻率随温度变化的物理特性测量温度的方法。许多物体的电阻率与温度有关，但考虑到电阻率与温度特性的单一性、稳定性和变化率，只有部分材料适合制作温度计。电阻温度计的测温范围和准确度与选用的材料有关。通常用于制造电阻温度计的纯金属有铂、铜、铟等，合金材料有铑-铁、铂-钴，半导体材料有锗、硅及铁镍等金属氧化物。表 2.2 给出部分常见的电阻温度计。

表 2.2　常见的电阻温度计

类　别	感温元件	测温范围（℃）	性能特点	备　注
铂电阻温度计	高纯铂丝	−200～0 0～800	测温准确，精度可达 0.5mK	感温元件质地柔软、易加工成形、耐腐蚀、不易氧化，但价格较高
铜电阻温度计	99.99％铜丝	−50～150	电阻温度系数近似为线性	感温元件易加工、互换性好、价格便宜，但电阻率小需足够长度
热敏电阻温度计	低温元件为锰、镍、钴、铜、铬、铁等的复合氧化物；高温元件为氧化锆等稀土元素氧化物烧结体		非线性度大，稳定性和重现性较差	温度系数大、测温灵敏度较高、体积小、电阻率大

2.1.1.3 辐射温度计

这是以热辐射基本规律为依据，利用传感器将物体热辐射的能量转化为随温度变化的光信号完成测温过程的一种方法，属于非接触式测温法。优点是测量时不干扰被测温度场，不影响温度场分布，具有较高的测量准确度；测温范围宽，传感器响应时间短，易于快速与动态测量；一些特定条件下（例如核辐射场）可准确测量温度。缺点是不能直接测量被测对象的实际温度，测量结果受介质的影响较大，温度计结构较复杂，价格较高。根据测温方法可分为辐射温度计、亮度温度计和比色温度计。

红外测温仪是辐射温度计的一种，它利用光学系统将辐射能集中到灵敏的检测元件上测量温度，带微处理芯片的红外温度计能够测量瞬时温度，测温范围为 −20～1700℃。

2.1.2　温度测量技术

2.1.2.1 测量固体表面温度

测量固体表面温度时，常常受被测材料的热物理性质、尺寸、形状及周围换热状况的影响，接触法测温时测温探头的敷设会改变被测表面的热状态，固体内部存在温度梯度时表面与周围物体存在热交换，很难达到热平衡状态。因此，不易获得固体表面的准确温度。

接触法测温时，应用最多的是热电偶，热电偶与被测表面的接触形式有四种，其中点接触式是将热电偶测量端直接与被测表面接触（图 2.3a）；片接触式将热电偶的测量端与导热性好的集热片（例如薄铜片）焊接在一起，再与被测表面接触（图2.3b）；等温线接触则将在热电偶与被测表面直接接触后，热电极丝沿表面等温线敷设一段距离后再引出（图2.3c）；分立接触则将两热电极丝分别与被测表面接触，通过被测表面构成回路（仅对导体而言），当两接触点温度相同时，依据中间导体定律不会影响测量结果（图2.3d）。在相同条件下，等温线接触时热电偶测量端的散热量最小，测量结果的准确度最高。

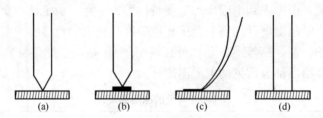

图2.3　热电偶与被测表面的接触方式

　　热电偶在表面上的安装方式比较简单，拆装方便，具有一定精度且能测量表面的局部温度。缺点是破坏了表面附近的换热条件且热电偶的强度较差，如果表面状况对换热有重大影响（例如沸腾表面），一般不允许采取这种安装方式。此时可采用将热电偶沿等温线埋设在被测表面附近的方法，不过开槽和安装后的嵌填方法非常重要。通常利用机械加工或电火花加工沿被测表面上等温线方向开一细槽，槽的宽度和深度取决于热电偶的粗细及金属壁面的厚度，愈小愈好，然后将热电偶置于小槽内，再用绝缘漆或给热电偶套上细塑料管使热电偶丝与壁面之间相互绝缘，最后在槽内嵌入铝锡合金、铝条等填充物或用金属喷镀的方法恢复原有壁面的平整。

2.1.2.2　测量液体温度

　　液体的热容量大、传热性好，与测温元件接触良好，适合用接触法测温。为提高测量的准确性，应注意测量液体的温度场分布时，宜选用热容量小的检测元件；对于带搅拌的液体测温时，只需测量代表性点的温度；测量管道内液体温度时，应注意感温元件在管道内的安装位置，使元件与液体有充分接触，一般将接触点选在管道中流速最高的位置。

　　图2.4给出测量管道中液体温度时的安装位置示意图，其中箭头方向为介质流速方向，测温元件至少应与被测介质流向成90°，热电偶的测量端应置于最高流速位置。使用热电阻测温时，由于电阻丝绕线较长，应将其测头1/2处置于最高流速处。

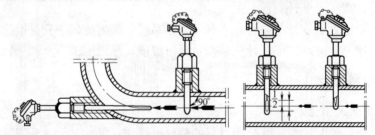

图2.4　测量管道中流体温度时热电偶和热电阻的安装示意图

2.1.2.3　测量气流温度

　　对于流速不高的管道气体，一般采用接触法测温。测温时由于气体的热容和对流换热系数较小，很难达到热平衡状态，测量位置和时间变化时温度均会出现明显差别，无法测出气流的真实温度,气流温度波动越大产生的测量误差越大。热电偶的温度较高时,将以辐射换热方式向周围温度较低物体传递热量,同时通过热传导由测量端向参考端传递热量,致使热电偶所测温度低于气流的实际温度。测温时热电偶对气流会产生滞止作用,将部分气流的动能转化为热能,使热电偶所测温度高于气体的实际温度。气体流速高于 0.2 马赫时产生的误差不容忽视,且流速越大误差越大。用铂铑热电偶测量含 H_2、CO、CH_4 等气体温度时,贵金属对周围气体的燃烧反应产生催化作用,使周围气体燃烧充分,致使测温结果偏高。

减少辐射产生误差的方法是在热电偶结构上增加辐射屏蔽罩,以减少测量端与壁面的辐射换热;使用抽气热电偶能提高周围的气流速度强化换热,同样可减少辐射热损,如图 2.5、图 2.6 所示。

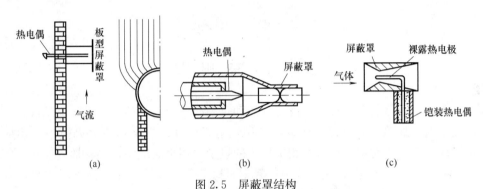

图 2.5 屏蔽罩结构

(a) 平板式;(b) 加旋流屏蔽罩;(c) 文丘里管状

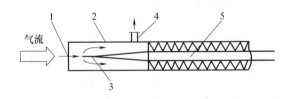

图 2.6 抽气热电偶结构

1—气流进口;2—抽气管;3—热电偶热端;4—排气口;5—热电偶绝缘管

测量高温气流的温度时,用带保护管的热电偶会产生导热损失,致使热电偶指示温度低于气流实际温度。采用提高热电偶的插入深度和管外保温、提高根部温度或增加对流换热表面积等措施可减少导热误差,如图 2.7 所示。

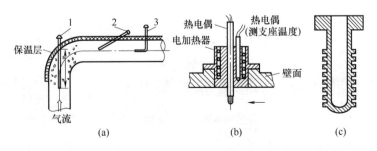

图 2.7 减少高温气流中热传导作用的测温方法

(a) 热电偶测量管道内气流温度;(b) 用加热热电偶减少导热误差;(c) 带肋片的保护管

使用接触法测量高速气流温度时，测头会对气流产生滞止作用而出现较大的测温误差，为此可采用带滞止罩的温度传感器，降低气流速度后测温，再做适当的修正，如图 2.8 所示。

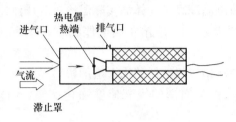

图 2.8　带滞止罩的热电偶

2.2　热流测量

室内火灾中，物体会受到火焰、燃烧气体和热表面的辐射加热。如果与火焰或热气体接触，还将发生对流加热。火灾试验中，可利用辐射板、气体燃烧器或池火模拟上述加热条件。热流密度是指单位时间内单位面积上传递的热量，用于表征热量转移的程度。入射热流密度（incident heat flux）是指接收体单位暴露面积上吸收的热流量，是火场中热暴露严重程度的一种量度。火灾试验中准确测量热流量非常重要，其目的是保证试验的重复性和再现性，提高试验结果与真实火灾性能间的相关性。

2.2.1　热流计

1924 年，Schmidt 设计制造了由绕在橡胶带上的热电堆组成的带状热流计，用于测量带保温层管道的热流密度，这是全世界第一种实用的热流计，现在普遍使用的热阻式热流计正是利用了热电堆传感器技术。除稳态法外，还包括利用热流通过时产生的温度变化计算热流密度的非稳态法，这类热流计的主要特点是响应时间短，能测量非稳态流体的热流量，可用于火灾监测和控制领域。

三种不同的传热方式对应有三种热流测量方法。用接触式热流测量法可确定导热量，借助进出口温度和流量测量可计算对流换热量，用辐射热流计则可测量辐射换热量。

2.2.1.1　热阻式热流计

基本原理是傅里叶定律

$$q = -\lambda \frac{\partial T}{\partial x} \qquad (2.1)$$

式中，q 为热流密度；λ 为测头热阻层材料的热导率。

显然热流密度的大小与垂直于热阻层的温度梯度成正比。若热阻材料两表面为平行等温面，则有

$$q = -\lambda \frac{\Delta T}{\delta} \qquad (2.2)$$

式中，ΔT 为两表面的温差，δ 为厚度。

已知热阻材料导热率和厚度时，只要测出两表面温差就可计算热流密度。

实际应用中一般直接测量输出的热电势，即

$$q = C \cdot E \tag{2.3}$$

式中，C 为热流计测头系数，其倒数为灵敏度；E 为输出电动势。

目前应用较多的是热电堆式热流计，特点是测量灵敏度高，但测头的使用性能在很大程度上取决于所选材料和薄膜制造技术。如果热流计薄膜厚度小于 $2\mu m$，响应速度将小于 10ms。

热阻式热流计的特点是输出信号仅受安装空间的限制，可能引起安装空间原有表面附近温度场的畸变；虽然测头只需很小的温度梯度就能产生较大的信号，但响应时间长，适合变化缓慢、较稳定的热流测量。

施密特-贝尔特热流计（Schmidt-Boelter gauges）由密封在循环冷却水小室内的镀有保护性氧化物的铝块组成。用热电堆（由两个或多个热电偶串接组成，各热电偶输出的热电势互相叠加，用于测量较小温差或平均温度）测量铝块正、反面的温差，如图 2.9 所示。铝块正、反面温差的大小与入射热流量成正比。施密特-贝尔特热流计裸露面的表面温度分布较均匀，常规设计的施密特-贝尔特计量仪在最大热流量处能产生 10mV 的输出信号。假定热

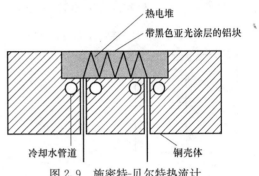

图 2.9　施密特-贝尔特热流计

电堆使用了 5 个交替的热冷端，则根据 K 型热电偶的相关规律，裸露面的最高温度约为 70℃。由于铝块较小，施密特-贝尔特热流计对入射热流的变化响应非常快。

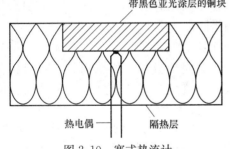

图 2.10　塞式热流计

2.2.1.2　辐射热流计

辐射热流计有多种类型，下面将简单介绍其中的几种。

图 2.10 为塞式热流计（Slug calorimeters）示意图。它是火灾试验中广泛应用的热流计之一，由一个金属（一般是铜）嵌条组成，除正前方可导热外，其余部分都是隔热的，嵌条上连接一个热电偶可测量温度。

暴露在稳定辐射环境中时，除试验初始时出现突变外，塞式热流计的温度将线性升高。正前方的入射辐射热起决定作用，温度逐渐拉平并趋于渐近值。入射热流密度可由线性区间的升温速率或渐近温度确定，只要保证铜板单向受热，四周及内部没有热损，准确测出铜块底部的温升速率，就可得到准确的热流密度。塞式热流计的响应较慢，不适用于入射热流量随时间发生变化的系统。一般用于校正辐射板，辐射板通常以稳定速率发射辐射热。改进后的塞式热流计也可用于测量动态热流量，此时将热电偶固定在与暴露表面一定距离的某一位置。在绘制温度曲线的基础上，可通过热传递计算出暴露表面的净热流量。

Gardon 热流计由圆形康铜箔构成，它的中心与铜线连接，再与环绕在其周围的水冷护套相连，形成铜-康铜热电偶，如图 2.11 所示。暴露在稳定辐射环境中时，Gardon 热流计在

金属箔中心到边缘之间将形成温度梯度，使热电偶信号正比于入射热流量。Gardon 热流计的灵敏度取决于金属箔的厚度，在设计厚度下最大热流量处一般会产生 10mV 的输出信号，对于 T 型热电偶来说中心最高温度约为 230℃。由于金属箔相对较薄且热惰性小，Gardon 热流计适用于动态测试过程。实际使用时，为了防止高温气流对康铜箔片的影响，需在康铜箔片前加装一块单晶硅片，单晶硅片允许热辐射线通过，故可测出纯辐射，同时能起到防止积灰的作用，但其对康铜的吸热量有影响，故需修正后应用。

半球辐射计（Hemispherical radiometers）由在其中一个焦点处有小孔的镀金椭圆形腔体和另一焦点处的热电堆组成，其开口处进入腔体的射线经壁面反射后撞击热电堆，如图2.12所示。因属于对流惰性，该计量仪只能测量热辐射，所以称为辐射计。相应的热流量传感器非常昂贵，一般作为施密特-贝尔特和 Gardon 计量仪的标准校正仪器使用。

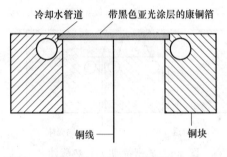

图 2.11　Gardon 热流计

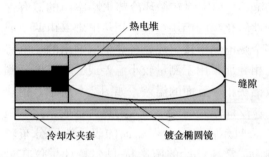

图 2.12　半球辐射计

2.2.2　火灾试验中热流的测量误差

图 2.13 为典型的施密特-贝尔特热流计测量表面入射热流密度原理的示意图，对其分析的结果同样适用于 Gardon 热流计。热流计表面涂覆亚光黑涂层（matt-black finish），以便能够完全吸收入射辐射热。不直接测量入射热流量，而是通过传导给热流计的热量确定其数值。

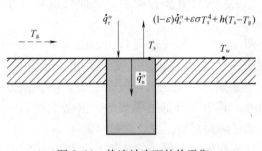

图 2.13　热流计表面的热平衡

由于热流计表面温度与气体温度不同，表面上存在对流传热现象。表面热平衡可表示为

$$\dot{q}''_n = \in (\dot{q}''_r - \sigma T_s^4) - h(T_s - T_g) \tag{2.4}$$

式中，$\dot{q}''_n$ 为热流计吸收的净传导热流量，W/m^2；T_s 为热流计裸露面温度，K。

若按图 2.13 测量小型火灾试验（例如锥形量热计或横向引燃和火焰传播试验）中参比样品的入射辐射，此时 T_g 低于 T_s，方程（2.4）表明因热流计表面存在对流热损使入射辐射热流密度偏低。低辐射水平下这种误差的影响是不能忽视的，但可通过降低冷却水温度和将热流计量装置延伸到参比样品板表面以外来减小这一误差，不过无法消除之。也可在热流计正面使用石英视窗消除对流误差，这种窗体材料能够传递辐射热而消除对流传热。

利用上述原理测量室内火灾试验中火焰辐射到壁面的入射热流密度时，总入射热流密度相当重要。由于 T_g 高于 T_s，从方程（2.4）可以看出，除辐射外也会通过对流将热量传递给热流计。考虑到 T_s 与 T_w 不同，热流计测得的总热流量与墙面吸收的热流量不同。假定 T_s 已知，则用表面热电偶测量 T_w 确定辐射强度和墙面的总热流量，墙面的入射辐射强度也可用两个辐射系数不同的热流计确定。

目前，施密特-贝尔特热流计和 Gardon 热流计的校正仍存在一定困难，对流误差可能是出现偏差的主要原因，为此国际上已经建立了多种标准方法，也正在制定相应的国际标准。

2.3 质量测量

2.3.1 主要质量测试仪器

2.3.1.1 称重传感器

称重传感器（Load cells）是最常用的测量燃烧对象质量的传感器。它由金属杆秤构成，负重时秤杆发生偏转。燃烧物体的质量与秤杆位移的大小成正比，位移大小由固定在秤杆上的应力计确定。

2.3.1.2 线性位移传感器

线性位移传感器（Linear variable displacement transducers，LVDTs）由电子线圈内的金属杆组成，施加在杆上的力使其产生位移而影响线圈的感应系数。典型的 LVDT 平衡可通过改变杆的位置调节皮重。由于试验时总质量损失远小于样品、基体和样品架的初始质量，可精确测量质量损失。

2.3.2 数据处理方法

火灾试验中通过燃烧样品的质量测量计算质量损失速率，也可通过沿质量-时间曲线移动一个包括 n 个数据点的视窗，计算 n 元一次多项式的时间导数确定质量损失速率。视窗由 5 个数据点组成时计算公式如下：

$$-\left[\frac{\mathrm{d}m}{\mathrm{d}t}\right]_i=\frac{-m_{i-1}+8m_{i-1}-8m_{i+1}+m_{i+2}}{12\Delta t} \tag{2.5}$$

式中，m 为样品质量，g；t 为时间，s；i 为数据编号。

不过，在试验开始和结束位置附近，计算方程稍有差别，可能对质量损失速率产生影响，利用平滑处理技术可减小这种影响。

2.4 压力测量

压力是垂直作用在单位面积上力的大小，火灾试验中通常采用空气动力学方法测量压力。

2.4.1 压力测量系统

压力测量系统由压力传感器、压强信号变送和处理以及显示部分等组成。压力传感器是直接感受流体压力的元器件，根据其原理不同，可将感受到的压力转化为力或电信号。

2.4.1.1　测压管和测压孔

测压管是用于测量液体相对压力的、与被测液体连通的开口管。开口管子直接伸向流动介质的待测点处测量压力，然后通过传输管与压力表或测压管等连通显示压力的大小，测得的压力是开口面积上的平均压力。由于测压管与传输管中液体的惯性及阻力的影响，其动态响应很低，压力的自动采集和记录较麻烦。但这种传感器结构简单、使用方便，是最常用的压力传感器。

测压孔是在固体壁面上开设的用于测量流体压力的小孔。测压孔沿壁面法线方向开设，可以测量该点处的静压。测量精度主要由静压孔的几何参数和测压孔附近的边界层特性决定。通常测压孔径在 0.5～1.0mm 之间，孔深为孔径的 3～10 倍，孔的边缘光滑无毛刺或凹凸不平。为便于加工，常用带圆角的测压孔，此时测量误差在 0.5%～1.0% 之间。

2.4.1.2　电磁式压力传感器

这是一种利用压力改变时引起的电、磁变化制成的传感器。其种类较多，常见的有压电晶体压力传感器、电感压力传感器、硅膜片压力传感器、霍尔压力传感器等。这类压力传感器能够将压力变化转换为电信号，惯性小、动态响应高，便于信号自动采集、传输和处理，但使用时应特别注意其适用的压力范围。

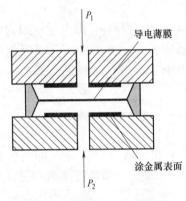

图 2.14　电容式压力传感器

电感式压力传感器利用了磁性材料和空气的导磁率不同。当压力作用到膜片上时将改变空气间隙的大小，会影响固定线圈的电感，电感变化以电压或电流的形式输出，即可实现压力变化转变为电信号的测压目的。特点是灵敏度高、输出较大，结构牢固，对动态加速干扰不敏感，适合于高频动态测量，但仪器结构较笨重。

室内火灾中垂直开口处流体的静压差约为 1～10Pa 时即可发生垂直流动现象。图 2.14 为电容式压力传感器的示意图，它由部分涂有金属的内腔及内部的导电薄膜形成。电容量是薄膜位置的函数，薄膜位置取决于薄膜两侧腔体之间的压差。电容式传感器通常用于 10MPa 以下的压力，压缩电阻式传感器普遍用于高压测量。

2.4.2　液柱式压力计

液柱式压力计是与测压孔和测压管连用的压力显示装置。

2.4.2.1　U 形管压力计

它由装有工作液体的 U 形管和标尺组成，如图 2.15 所示。当其一臂与测压孔或测压管相连时，测压孔（管）传输的压力与 U 形管两臂间液柱差产生的压力达到平衡，用 U 形管间的液柱差表示压力的大小。改变工作流体的密度时，可放大或缩小 U 形管压力计中的读数值。当被测气体压力较大时，可用水银为工作介质；压力较小时，可用酒精、水、四氯化碳等液体作为工作介质。应注意工作液体不能与待测流体发生化学反应。

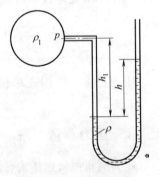

图 2.15　U 形压力计

2.4.2.2　单管压力计

这是一种最简单的测压计，如图 2.16 所示。在使用 U 形管压力计时，必须同时读取两臂液面的高度，再计算压力值，计数和计算过程都较麻烦。将 U 形管的一臂做成面积很大的容器，工作过程中其液面上、下的变化可以忽略不计，则只需读取一个数据即可得到压力值，因此使用方便。

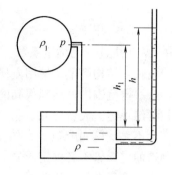

图 2.16　单管压力计

2.4.3　火灾试验中压力测量存在的问题

室内火灾中湍流对压力的影响较大，所以噪声明显。来自压力传感器的信号通常用 RC 回路做平滑处理，以便在消除大部分噪声的同时保留缓慢变化的压力信号主要动态特征。

2.5　流速测量

流速是描述流动的基本参数之一，测量流速的方法较多。

2.5.1　火灾试验中气流速度测量装置

2.5.1.1　皮托（Pitot）管

如果将测量总压的总压探针与测量静压的静压探针组合在一起，同时测出某点的总压 p_0 和静压 p_1，则根据压力测量原理，流体在该点处的流速为

$$v=\sqrt{\frac{2(p_0-p_1)}{\rho}} \tag{2.6}$$

式中，v 为气体流速，m/s；p_0、p_1 分别为内外管的压力，Pa；ρ 为气体密度，kg/m³。

图 2.17 为具有半球形头部结构的皮托管示意图。其前端是皮托管的迎流总压孔，孔径通常为（0.1～0.3）d；侧面的静压孔通常沿圆周均匀对称分布 8 个。若将总压孔和静压孔连接到一个 U 形管压力计上，总压和静压之差就是流体的动压。

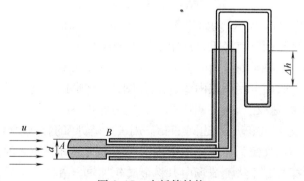

图 2.17　皮托管结构

由于内外管的测孔不可能在同一位置上，探头对流场必然有干扰，同时流体有一定黏性，所以应对上述公式进行修正。即

$$v = \alpha \sqrt{\frac{2(p_0 - p_1)}{\rho}} \quad (2.7)$$

式中，α 为皮托管的标定系数。

皮托管结构简单、使用方便、价格低廉，应用广泛。只要精心设计制造、严格标定和修正，在一定范围内可达到很高的精度。ISO 3966-77 给出了皮托管的设计、制造、标定、使用的详细规定。大量研究表明，只要严格按标准制造并在规定条件下使用，皮托管的标定系数变化不大，例如 ISO 推荐的三种皮托管的标定系数相差仅 0.25%。如无特殊要求，按标准制造的皮托管不必标定。

皮托管是在假定流体不可压缩的前提下设计的，用它测量气体流速时，以不超过马赫数为 0.25 时的流速为宜，此时可不考虑气体的可压缩性影响。测量较低流速时，输出灵敏度很低。例如，在标准状态下，当空气的流速为 5m/s 时，动压为 16.7Pa；流速为 1m/s 时，动压仅为 0.7Pa。因此，皮托管的测量下限要求被测流体在总压孔直径上的 $Re > 200$，以免造成较大的测量误差。火灾试验时，通常假定气体具有空气的性质，以便 $\rho \approx 352/T$，T 为气体温度，单位为 K。

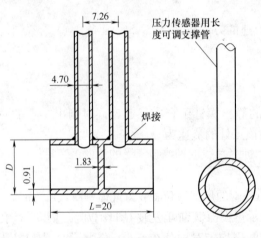

图 2.18　双向探针

2.5.1.2　双向探针

使用皮托管测火焰或火场流体速度时，遇到的主要问题是烟尘会很快阻塞小孔，高效双向探针（Bi-directional probes）能够解决上述问题。其基本原理与皮托管相同，流速由总压（上游端）和静压（下游端）间的差值确定，如图 2.18 所示。优点是不需考虑流动方向，可测量负压差，且只记录动压部分。

McCaffrey 和 Heskestad 用雷诺数修正了流速计算公式，即

$$v = \frac{1}{f(Re)} \sqrt{\frac{2\Delta p}{\rho}} \quad (2.8)$$

式中，$f(Re) = 1.533 - 1.366 \times 10^{-3} Re + 1.688 \times 10^{-6} Re^2 - 9.706 \times 10^{-10} Re^3 - 2.555 \times 10^{-13} Re^4 - 2.484 \times 10^{-17} Re^5$；$Re$ 为雷诺数；Δp 为测压孔间的压差，Pa。

雷诺数的特征长度是探针直径 D，适用范围为 $40 < Re < 3800$，$Re \geqslant 3800$ 时校正系数为 1.08。双向探针的另一优势是对流向与探针轴间的角度不敏感，在角度变化达 $50°$ 时平均速度的测量误差在 $\pm 10\%$ 以内。两个双向探针的组合结构已经用于测量多向速度数据。

2.5.1.3　热线（膜）风速仪

热线（膜）风速仪（Hot wire/film anemometer）是为了测量液体脉动速度而发展起来的流速测量仪器，是利用高温物体在流体中的散热速度与流体流速间的关系设计的。即将装有金属丝的金属热敏探头置于待测流场中，将金属丝加热，液体与金属丝发生热交换带走部分热量。流动速度的变化将改变金属丝的冷却速率，利用不同流速下散热速率不同的原理，通过测量热敏探头的散热速率确定流场的流速。

热线（膜）探头的结构如图 2.19 所示。其中图 2.19（a）为热线探针，它是将一根抗

氧化性能好且有足够机械强度的很细金属镀铂钨丝悬挂在叉形不锈钢支架的尖端处制成，金属丝的直径为 $1\sim3\mu m$，铂金丝探针的工作温度在 $300\sim800℃$ 时有很高的灵敏度。热线探针的金属丝很细且在高温下工作，一般适宜测量杂质含量少的气体流速。液体在高温下会发生氧化，故一般不用于测量液体的流速。图 2.19（b）是热膜探针，它是为了提高探针金属丝的强度和测量的稳定性，利用在石英或玻璃杆上沉积一层很薄的铂金属膜制成热膜探针。一般热膜探针的直径为 $25\sim50\mu m$。热膜探针在温度为 $30\sim60℃$ 下具有较高的灵敏度，故可用于液体和气体流场的测速。若将两个热线（膜）元件制成 X 或 V 形探针，就可以测量二维和三维流场的流速。

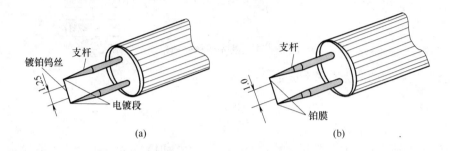

图 2.19　热线（膜）探头的结构

（a）热线探针；（b）热膜探针

热线上散失的热量与流速间的关系可用下式表示

$$\Phi = A + B\sqrt{v} \tag{2.9}$$

式中，Φ 为热线散失的热流量；A、B 为常数，可由试验确定；v 为液体的流速。

可利用热线风速仪确定流体的流动方向，即当热线的轴线与气流的流向正交时，气流对热线的冷却能力最大，随着二者交角不断减小，气流对热线的冷却能力逐渐下降。据此，将热线探头置于气流中缓慢旋转，寻找热线温度最低值对应的热线位置，据此可判断气流方向。

热线风速仪的频率响应可达到 1.2MHz，热膜探针也可达到 1kHz 以上，因此可测量脉动频率很高的流动现象。此外，它们的测速范围极宽，其中热线探针可用于测量 $0.2\sim500m/s$ 的气流速度，热膜探针则可用于测量 $0.01\sim25m/s$ 的气流速度，二者均适于高速测量。缺点是整台仪器价格昂贵，由于热敏探针细而较脆，对被测流场流体的杂质含量要求较高。探针易损，费用较高，又因热线探针的尺寸各不相同，使用前需逐个校准，且动态校准比较困难。

2.5.1.4　激光多普勒测速仪

激光束照射到随流体运动的固体微粒时，固定的光接收器捕获的运动微粒散射光的频率会发生变化。当散射光与光接收器的相对运动使两者距离减小时，频率提高；距离增大时，频率减小。频率的变化与光接收器的相对运动速度的大小和方向有关，也与激光波长有关。接收器捕获运动物体散射光的现象称为激光多普勒效应，又称为多普勒频移。即当固定接收器捕获运动微粒的散射光时，由于运动微粒与接收器间存在相对运动，接收到的频率已不是运动物体散射光的频率，两者间产生了频移。激光多普勒测速仪（Laser Doppler anemome-ter）就是利用激光多普勒效应制成的，它利用电测获得的频移大小确定流场中某点的流体运动速度。

图 2.20 为激光测速仪的光路和处理系统框图。用半透膜镜分光器 M_1 将激光分成两束强度基本相等的光束，经聚焦透镜 L_1 聚焦到玻璃管内流场中的被测点 p 处，与流体一起运动的固体微粒的散射光经透镜 L_2 聚焦到针孔光阑后进入光电接收器，通过光电倍增管将光信号变成电信号，由信号处理器跟踪流速的多普勒信号，再由数据处理器的频率计数器显示。

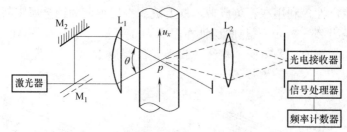

图 2.20　激光测速仪的光路和处理系统示意图

光电接收器收到的激光与散射光的多普勒频移量为

$$f_\mathrm{d} = \frac{2\sin\dfrac{\theta}{2}}{\lambda} u_x \qquad\qquad (2.10)$$

式中，f_d 为多普勒频移；λ 为激光波长；θ 为透射光与散射光间的夹角，是常数；u_x 为 x 轴方向的速度分量。

只有激光照射到流体中固体微粒上时才能产生多普勒频移的散射光，所以被测流场中必须有固体微粒。天然的气体和水中含有杂质微粒，但测量纯净水或气体流速时，流体中应人工加入雾化液滴（例如甘油）或固体微粒（例如烟尘微粒）。显然，激光多普勒测速仪测量的是悬浮在流体中随流体运动的粒子速度，不是流体本身速度，只有微粒尺寸适当时才能保证测量结果的精度。微粒太小时无法产生足够的散射功率，太大时微粒的运动速度与流体速度会出现明显差异，只有微粒小于 $0.1\mu\mathrm{m}$ 时才能与流体的湍流速度完全一致。

激光多普勒测速仪是非接触式测量技术，对流场无干扰，动态响应高，激光束可以聚集到很小的体积，所以其空间分辨率高，测量流速范围大，从 1mm/s 到 1000m/s。它属于绝对测量，无需校准，其精度取决于数据处理系统，具有独特的优势。缺点是只能测量透明流体，必须开设让激光透入的窗口，实际测量的是悬浮在流体中粒子的速度，流体必须有悬浮的散射粒子，且粒子对流体的运动必须有很好的跟随性，同时其数据采集和处理系统价格高，仪器和辅助设备比较笨重，主要用于实验室测量。

2.5.2　火灾试验中气流速度测量遇到的困难

火灾试验中，很难准确测量排气管中热气流的速度。例如，普遍使用的双向探针测量热气流的速度时，必须准确测量测压孔间的压差和探针处的气体温度，必然会遇到与压力和温度测量类似的困难。

2.6　流量测量

气体流量常用气体体积流量和质量流量来表征。气体体积流量是指单位时间内流经管道的气体体积量。气体体积随温度和压力的变化而变化。

2.6.1　火灾试验中的气体流量测量

2.6.1.1　差压式流量计

（1）基本原理

差压式流量测量装置包括各种标准节流装置、特殊节流装置、均速管流量计及弯管流量计等，其流量方程可统一表示为

$$Q=K\sqrt{\frac{\Delta P}{r}} \tag{2.11}$$

式中，K 为仪表常数，与介质流量系数、黏度、材料膨胀系数等有关；ΔP 为节流装置前后差压；r 为流体重度；Q 为流体的体积流量。

对于差压式流量测量装置，流体的体积流量与节流装置前后差压的平方根成正比，与流体密度平方根成反比。常见的差压式流量测量装置包括文丘里流量计、孔板流量计、喷嘴流量计等。

（2）孔板流量计

图 2.21 给出了孔板流量计的工作原理示意图。流体从节流孔中喷出，在节流孔板下游聚集于节流断面处（截面 2）并形成湍流。充满管道的流体流过管道内的节流装置时，在节流件处发生局部收缩，使流速增加静压降低，在节流件前后便产生了压力降。介质流动的流量越大，在节流件前后产生的差压就越大，可通过测量差压来衡量流体流量的大小。

（3）转子流量计

火灾试验中通常用转子流量计测量气体燃料和空气的流量。转子流量计一般由玻璃或透明塑料垂直锥形管（下小上大）构成，如图 2.22 所示。待测气体从底部进入锥形管，从顶部流出，针阀通常安装在流量计的上游来控制流量。锥形管内"浮子"的位置与流量成正比，高度由锥形管上刻度读出，有时则与校正曲线配合使用。"浮子"可用各种材料制成，以便转子流量计能够适用于各种气体流量的测量，扩大其应用范围。对于转子流量计，有

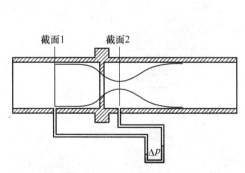

图 2.21　孔板流量计示意图

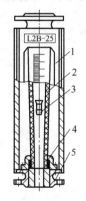

图 2.22　玻璃管转子流量计

1—罩壳；2—玻璃锥管；3—浮子；

4—密封填料；5—连接法兰

$$Q=\alpha f_k \sqrt{\frac{2gV(\rho_f-\rho)}{F\rho}} \tag{2.12}$$

式中，α 为流量系数，决定于转子形状、雷诺数等；V 为转子体积；g 为重力加速度；f_k 为

转子与流量计锥管所构成的环隙面积；F 为转子最大断面面积；ρ_f、ρ 分别为转子、被测流体的密度。

由转子流量计结构可知

$$f_k = \pi(R^2 - r^2) = \pi(R+r)\mathrm{tg}\beta h \tag{2.13}$$

显然，对于确定的流量计，其中 α、g、V、F、$\pi(R+r)\mathrm{tg}\beta$ 等为常数，用仪表常数 K 来代替，则流量方程可表示为

$$Q = Kh\sqrt{\frac{\rho_f - \rho}{\rho}} \tag{2.14}$$

对于转子流量计，流体的体积流量与介质密度成非线性的函数关系，而与流体将转子托起高度成线性关系。由于转子流量计通过测量转子的托起高度测量流量，因此转子流量计应为线性输出的流量计。

2.6.1.2 流速式（容积）流量测量装置

（1）利用速度分布测量流量

可利用速度分布确定管道中气体的流量，即通过测量管道中线流速以及管道横截面与中线速度间的关联系数得到管道中的气体流量。平均速度可通过测量沿管径方向的速度分布获得，其中线性对数法（$N \cdot \log N$）是确定速度曲线的理想方法。对于充分发展的管流，4点法的误差小于 0.5%；对于非充分发展流体或速度分布不规则时，为得到同样的精度则需采用 6 点法。必须从相互正交的两个方向测量速度分布，如图 2.23 所示。

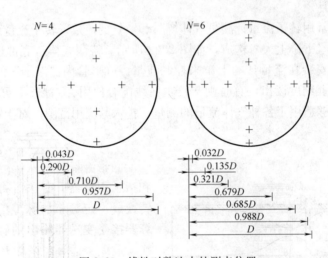

图 2.23　线性对数法中的测点位置

关联系数计算公式为

$$k_c = \frac{\sum\limits_{i=1}^{N} v_i}{N v_c} \tag{2.15}$$

式中，k_c 为管道横截面平均速度与中线速度之比；v_i 为点 i 处的流速，m/s；N 为测点数；v_c 为中线速度，m/s。

大多数火灾试验的排气管中流体为湍流，k_c 一般在 $0.9 \sim 0.95$ 之间，确定 k_c 时皮托管、双向探针或热线风速仪的校正可在环境温度下进行。

试验时排气管中的质量流量为

$$\dot{m}_e = \rho_e k_c v_c A \qquad (2.16)$$

式中，$\dot{m}_e$ 为排气管的质量流量，kg/s；ρ_e 为排出气体的密度，kg/m³；A 为管道的横截面积，m²。

如果用双向探针测量中线速度 v_c，用热电偶测量排出气体温度，则有

$$\dot{m}_e = \frac{\rho_e k_c A}{f(Re)} \sqrt{\frac{2\Delta p}{\rho_e}} = \frac{k_c A}{f(Re)} \sqrt{2\rho_e \Delta p} \approx 26.5 \frac{k_c A}{f(Re)} \sqrt{\frac{\Delta p}{T_e}} \equiv C \sqrt{\frac{\Delta p}{T_e}} \qquad (2.17)$$

式中，T_e 为排出气体温度，K；C 为常数，$K^{1/2} kg^{1/2} m^{1/2}$。若 $k_c = 0.9$、$f(Re) = 1.08$，则 $C \approx 22.1A$。

流速式流量计包括卡门涡街流量计、涡轮流量计及电磁流量计等。

（2）涡街流量计

它的基本原理是利用了流体力学中的卡门涡街现象，即在流体中放置一个形状对称的非流线型柱体，在一定的雷诺数范围内，它的下游两侧就会交替产生两列不对称的旋涡，两侧旋涡的旋转方向相反，并轮流从柱体上分离出来，在下游侧形成所谓的"涡街"，如图 2.24 所示。

流量方程为：

$$Q = \frac{1}{K} f \qquad (2.18)$$

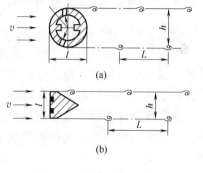

图 2.24 涡街现象示意图
(a) 圆柱体；(b) 等边三角形柱体

式中，K 为仪表常数；f 为旋涡发放频率。f 又可表示为

$$f = St \frac{v}{D} \qquad (2.19)$$

式中，St 为斯特劳哈尔数；v 为流体流速；D 为漩涡发生体的直径。

（3）涡轮流量计

涡轮流量计由两部分组成，即变送器和指示积算器。变送器将被测对象的流量转换成一定频率的脉冲信号输出，指示积算器接受变送器输出的脉冲信号，将其转换、放大、运算、逻辑计数，显示瞬时流量和累积总量。涡轮流量计实质上是一个零功率输出的涡轮机，其变送器主要由涡轮、导流器、磁电转换器组成，结构如图 2.25 所示。壳体和导流器由不导磁材料制成。导流器的作用是支承叶轮并导直流体的流动，以减少流体自旋及涡旋的干扰。

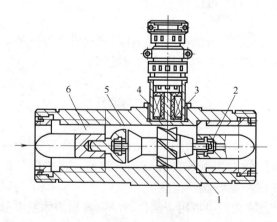

图 2.25 涡轮流量计结构

1—涡轮；2—支承；3—永久磁钢；
4—感应线圈；5—壳体；6—导流器

流量方程为：

$$Q = \frac{3.6}{K} f \qquad (2.20)$$

式中，K 为仪表常数；f 为涡轮旋转时电磁感应脉冲频率。

（4）电磁流量计

$$Q = \frac{E_x}{K} \tag{2.21}$$

式中，K 为仪表常数；E_x 为感应电动势。E_x 可按下式计算

$$E_x = 10^{-4} B d v \tag{2.22}$$

式中，B 为磁感应强度；d 为电极间距即管道直径；v 为流体流速。

对于涡街流量计、涡轮流量计和电磁流量计，体积流量的测量与流体的密度无关，仅与相应流量测量仪表的测量参数成线性关系。

2.6.2　流量测量的误差分析

研究发现，不同的流量测量方法产生的误差各不相同。

对于差压式流量测量装置，当流体的流动状态偏离仪器的最佳测量范围时，流量测量会出现不同程度的偏差。而当温度升高、压力降低或温度降低、压力升高时，偏差尤为突出。当这种变化达到波动范围的极限时，测量误差最大。

涡街流量计、涡轮流量计等测量过程与介质密度无关的流量计测量气体流量时，当流体的流动状态偏离仪器的最佳测量范围时，由温度、压力变化引起的测量误差比差压式流量计测量误差大。

相同温度或压力变化量所引起的测量误差不同。压力降低引起的测量误差略大于相同数值的压力升高引起的测量误差。即在不同的压力段，相同的压力变化量在低压段对测量误差的影响略大于高压段的影响。对于差压式流量计，在不同温度段，相同温度变化量在低温段对测量误差的影响略大于高温段产生的影响。而对于流量方程中无重度因子的流量计，相同温度变化量在各个温度段对测量误差的影响基本相同。

2.7　消　光　作　用

火灾烟气的遮光性会影响能见度。有多种火灾试验方法可用于表征不同火灾条件下的烟气消光特性。全尺寸火灾试验中通常设有室内或排气管中消光特性的测量部分。

2.7.1　火灾试验中的消光性测量装置

2.7.1.1　白光源系统

传统方法将白光源（White light source）用于火灾试验中的消光性测量。图 2.26 为管道中烟气消光性测量系统示意图，光源是色温近似为 2900K 的充气钨丝灯泡，在排气管的一侧装有平行透镜，另一侧安装准直透镜、缝隙和检测器，检测器一般包括一个 CEI 1924 明视过滤器，以便具有与人眼相对应的灵敏度。该装置也可用于测量在一定容积的体系中积聚时通过一定路径长度后的消光性。

在悬浮粒子的散射和吸收作用下，穿过烟气时光强度会衰减，烟气的光衰减可用下式描述，即朗伯-比尔定律（Lambert-Beer law）。

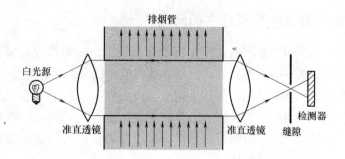

图 2.26　白光源烟气测量系统示意图

$$I = I_0 \exp(-kl) \tag{2.23}$$

式中，I 为检测器处的光强度，mW；I_0 为光源的光强度，mW；k 为消光系数，1/m；l 为路径长度，m。

　　假定光源保持稳定，I_0 可在试验开始时测量，路径长度等于排气管的直径。可通过试验测得的光强度计算消光系数，用于表示排气管中的粒子浓度。因此，k 是火灾中粒子生成速率和排气管内体积流量的函数，为

$$\dot{S} \equiv k \dot{V}_s \tag{2.24}$$

式中，$\dot{S}$ 为生烟速率，$\mathrm{m^2/s}$；$\dot{V}_s$ 为烟气测量仪所在位置的实际体积流量，$\mathrm{m^3/s}$。

2.7.1.2　激光光源系统

　　严格地讲，方程（2.23）只适用于单色光源，但也可近似适用于白光系统。

　　实际应用中白光系统仍存在某些问题，为此建立了激光光源系统（Laser light source systems），如图 2.27 所示。

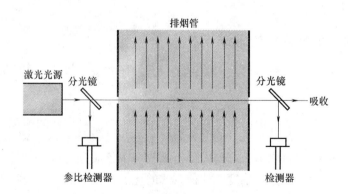

图 2.27　激光光源烟气测量系统

　　在激光光源烟气测量系统中，通常使用波长为 632.8nm 的 He-Ne 激光光源，将激光源、分光镜和参比检测器安装在排气管的一侧，第二分光镜和检测器安装在排气管的另一侧。分光镜传输 90% 的入射光，将其余 10% 传给检测器。使用第二分光镜的目的是为了对比每个检测器的最大光强度，同时保证用同种检测器测量 I_0 和 I。在这里，激光束高度平行，所以不需要透镜。

2.7.2 火灾试验中消光性测量存在的问题

使用白光系统时出现的主要问题是烟尘沉积在透镜上。试验结束后可根据 I_0 的下降进行修正，但由于无法确定试验中烟尘如何沉积在透镜上，这一方法只能是一种近似处理。也可用空气吹扫透镜来减小这一影响，但如果用于吹扫的空气进入排气管，就可能改变测试路径的长度。激光系统中不使用透镜，因此不存在上述问题；同时由于传输激光束的孔很小，所以空气进入排气管对烟气流的影响可以忽略。由于在烟气检测器的下游安装了抽气风扇，所以检测器处的压力低于周围环境压力。

消光测量装置校正方面也面临严重挑战。典型做法是利用光吸收特性已知的中性灰色滤镜（neutral density filters）进行校正。市场上可以购买到几类中性灰色滤镜。一种由带涂层的玻璃阀片构成，但由于涂层易老化，所以已不再使用。最好的中性灰色滤镜内部的吸光材料应分布均匀。标准操作（e. g. , EGOLF Standard Method SM/3 - Calibration of Smoke Opacity Measuring Systems）要求严格校正烟气系统，以便将系统误差降到最小。已经证实校正非常重要，滤镜位置的角度稍有偏差就可能引起严重的校正误差。

2.8 烟气分析

统计分析表明，有毒烟气吸入已经成为火灾中人员致死的主要原因。火灾烟气的组成非常复杂，主要包括一氧化碳（CO）、二氧化碳（CO_2）、氰化氢（HCN）、氯化氢（HCl）、一氧化氮（NO）、丙烯醛（$H_2C{=}CHCHO$）、溴化氢（HBr）、氟化氢（HF）等有毒气体。为了评价火灾烟气的毒性，应首先分析火灾烟气的成分。在环境温度高、测试过程对温度要求严格、烟气中有大量烟尘存在的情况下，对火灾烟气的成分分析相当困难。

2.8.1 火灾烟气定量分析的采样技术

采样是保证火灾烟气分析准确性的关键之一。采样方法一般分为用吸收器吸收和直接采样两种方式。

用吸收器吸收烟气前首先要确定待测火灾烟气的成分，再根据这些成分的性质选择适当的吸收剂。将吸收剂暴露在给定流量的火灾烟气中进行吸收，一般将烟气中的待测物质转换为离子形态。过一段时间后取出吸收剂，分析吸收剂中各成分的浓度，最后将吸收剂中各组分的浓度换算为烟气中各组分的浓度。这种方式的优点是能够选择性地吸收火灾烟气中的特定毒性气体，减少其他组分的干扰。使用这一采样方式分析烟气成分，可得到特定成分在火灾烟气中的总浓度和平均浓度。一般适用于稳态烟气流的成分分析，对于非稳态烟气流则无法确定其烟气浓度随火灾发展的变化趋势。

直接采样法通过泵将火灾烟气直接导入采样管路，在采样管路中经过滤除尘后再送入仪器进行分析。这种方法过滤烟气时只去除了烟尘，不改变烟气中有毒气体的原始形态，不破坏火灾烟气的组成，可用于火灾烟气成分的动态测量，掌握火灾发展过程中烟气成分的变化情况。

2.8.2 火灾试验中气体组成分析装置

2.8.2.1 氧分析仪

耗氧量热法是火灾试验中最常用的热释放速率测试技术。技术核心在于精确测量火灾烟气中的氧浓度。

氧分析仪（Oxygen analyzers）一般有两类。第一类使用高温氧化锆传感器，加热到600℃以上的氧化锆能够发生一系列反应并迁移氧离子。当受热的氧化锆阀片两侧与氧浓度不同的气体混合物接触时，电流将流向混合物中氧浓度低的一侧，电流的大小与阀片两侧氧浓度比值的常用对数成正比。将已知氧浓度的参比气体（通常为干燥空气）通入阀片的一侧，将样品气体通入另一侧就可确定其氧浓度。氧化锆分析仪的优点是不需预先对样品气体进行净化和干燥处理，缺点是响应时间慢。除此之外，其他缺点也使它不适合用于火灾试验中。

第二类氧分析仪是根据氧的顺磁性设计的，目前有两种不同的顺磁性氧分析单元。一种由悬浮在不均匀磁场中的哑铃形石英元件构成，如图 2.28 所示。含氧混合气体进入测试单元时，将氧分子吸引到强磁场区域，促使石英元件发生旋转，光电池系统接收到附在哑铃形元件上镜面的反射光，使绕在哑铃形元件周围的导体产生恢复电流，进而形成扭矩，将哑铃转回初始位置。恢复电流正比于测试单元中气体混合物的氧浓度。

另一种设计由两个气流通道构成，每个通道均配有加热灯丝，灯丝全部接入惠斯登电桥回路中，回路与直流电源相连。参比气体（一般是干燥空气）以恒速流过通道，调节一个通道内的节流装置使气体通过样品入口时能形成对称的参比气流，样品气中的氧分子被吸入磁场，同时使磁场中的参比气体在出口产生回压，如图 2.29 所示。

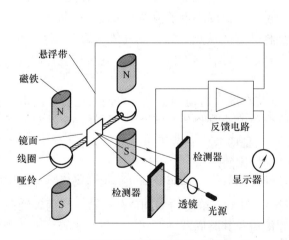

图 2.28　顺磁性氧分析器单元（设计一）

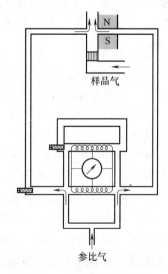

图 2.29　顺磁性氧分析器
单元（设计二）

如果样品气与参比气的氧浓度不同，参比气体流过测量系统时变得不稳定，灯丝的冷却速度出现差异而使灯丝电阻发生变化，破坏惠斯登电桥的平衡。样品气中的氧浓度与电桥信号成正比。

两种顺磁性氧分析系统都已用于火灾试验中，二者各有利弊。第一种响应更快且不需要参比气体。第二种不需要移动部件，测量系统只需与清洁的参比气体接触，不与样品气体接触。

2.8.2.2　非分散红外分析仪

除部分双原子分子（例如氮气、氧气）外，火灾时气体分析涉及的许多重要化学物质的分子都能够吸收 IR 辐射。不同物质的吸光度随波数发生不同的变化，所以每种红外活性气体均能产生独特的吸收光谱。美国国家标准技术研究院 NIST 网站上收集了大量 IR 光谱供参考。图 2.30 表明 CO_2 和 CO 能够在一个或多个区间吸收 IR 辐射，NDIR 分析仪（Non-dispersive infrared analyzers）正是根据这一现象制作的。它的基本原理是先产生红外光源，经透镜校准后，红外光束穿过只允许特定波长光透过的滤光片，例如对于 CO 只允许传播波数为2300～2000cm^{-1}的红外辐射；经滤光处理的光束通过充满气体样品的小室时，选择性地吸收部分红外光，再以漏斗形穿过冷凝器辐射到检测器上。

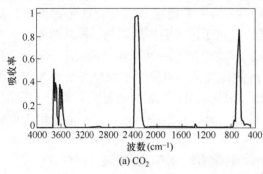

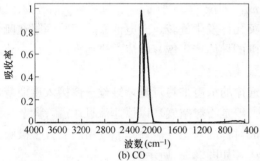

图 2.30　CO_2 和 CO 的 IR 吸收光谱

经样品选择性吸收后的光强度由检测器确定，下降程度与样品中吸收红外光的气体浓度直接相关。样品室的测量路径长度决定了检测灵敏度，样品室的尺度大小应能满足多数火灾试验和研究的需要。这种装置的缺点是除待测气体（例如 CO）外，样品中可能含有在该频率范围有 IR 吸收的其他气体（例如 CO_2），不过，这可用气体滤波技术消除，如图 2.31 所示。

将装有 N_2 和 CO 的两个玻璃样品室安装在准直透镜和滤光片之间匀速转动的电动机轮子上，N_2 滤光器正好处于二者之间时 IR 辐射光全部通过样品室，不发生 IR 吸收；而 CO 滤光器转动到同一位置时将发生吸收，CO 特征吸收波长的强度下降，两种信号间的差值正是由 CO 气体吸收产生的，借此可消除干扰气体的影响。

NDIR 分析仪广泛用于 CO 和 CO_2 浓度的测量，目前已经开发出用于测量其他 IR 活性气体和蒸气（例如 NO、NO_2、HCN、HCl、H_2O）浓度的 NDIR 分析仪。后两种物质的测量非常困难，只有加热取样管和分析仪才能避免其凝固。

2.8.2.3　傅里叶转换红外光谱

FTIR 光谱（Fourier transform infrared spectroscopy）的基本原理与 NDIR 相同，都是依据不同气体存在特征红外吸收的现象。FTIR 光谱属于分散法，即用宽频光谱（NDIR 为窄频谱带）进行测量。黑体光源发射宽频 IR 光源（波数为 4000～400cm^{-1}），IR 光束通过干涉仪（由分光镜、固定镜和移动镜组成，先将单一光源分为多个光束，经不同光程后再次合并为一个光束，即可显示干涉条纹）。光束穿过样品室后由检测器接收，记录检测信号随时间变化所产生的干涉图。干涉图经傅里叶变换（将干涉信号分解成幅值分量和频率分量）即得相应的 IR 吸收光谱，如图 2.32 所示。为了提高灵敏度，可利用样品室内的镜面系统大幅度延长路径长度。

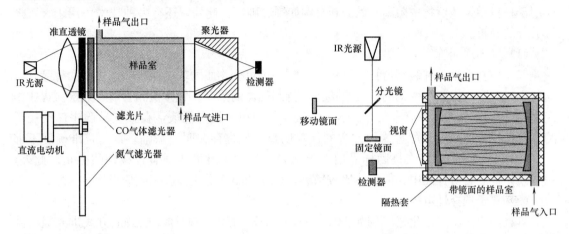

图 2.31　带气体滤光镜的非分散红外分析仪　　　　图 2.32　傅里叶红外光谱仪

可由红外吸收光谱确定样品中红外活性气体的浓度。为了测量某种气体的浓度，应首先获得该气体与 N_2 以不同浓度混合形成的参比气体的对照光谱。FTIR 光谱的优势之一是能够同时测量多种气体，例如可测量 CO、HBr、HCN、HCl、HF、NO 和 SO_2，因此而成为国际海事组织有关烟毒性条例的基础。同样，也可同时测量许多其他气体和蒸气，例如 CH_4、C_2H_4、C_2H_6、C_3H_4O（丙烯醛）、CO_2、$COCl_2$（光气）、COF_2（碳酰氟）、H_2O 和 NO_2 等。FTIR 光谱的另一优势是半连续性，因为获得一张干涉图只需不到 5s。

分析 FTIR 光谱相当困难，必须设法解释吸收峰重叠物种间的干扰、气体混合物中未知组分的影响以及噪声产生的误差等。已经提出十几种复杂数学方法来完成这一工作，包括经典的多变量化学计量技术，例如广泛应用的经典最小二乘法 CLS、偏最小二乘法 PLS、隐式非线性回归 INLR 等，也发现新技术（例如量化目标因素分析 quantitative target factor analysis, QTFA)适用于这一领域。

系统特征会强烈影响测量结果的精确度，例如样品室体积、路径长度、检测器类型以及条件（例如样品流量、样品管和样品室温度以及压力、光谱分辨率）等。关于最佳操作条件规范化的首次尝试是北欧测试合作组织的 NT FIRE 047《可燃性物品的烟气浓度连续 FTIR 分析》(Combustible products smoke gas concentrations, continuous FTIR analysis)，但在某些方面缺乏相关细节。已经提出了用 FTIR 光谱分析火灾烟气的国际标准指南，即国际标准草案 ISO DIS 19702《火灾烟气的毒性试验——火灾烟气中气体和蒸气的 FTIR 分析指南》(Toxicity testing of fire effluents—Guide for analysis of gases and vapours in fire effluents using FTIR gas analysis)，在这方面做了进一步尝试。

2.8.2.4　测量气体浓度的其他方法

ISO 19701 介绍了 8 种火灾烟气成分分析法，分别为非分散红外光谱法（NDIR）、顺磁法（Paramag netism）、分光光度法（Colorimetry）、高效离子色谱法（HPIC）、离子选择性电极法（ISE）、高效液相色谱法（HPLC）、原子吸收法（AAS）和等离子发射光谱法（ICP）。分光光度法通常用于分析火灾烟气中的氰化氢，但由于该方法操作复杂、仪器灵敏度低，一般只能用作常量分析。高效液相色谱法用于分析火灾烟气中的有机物（例如丙烯醛、甲醛等醛类物质）的分析，一般用于微量或痕量检测。原子吸收和等离子发射光谱法一般用于材料燃烧残留物中阳离子的分析，例如锑、砷等。此外，还有多种技术可用于火灾烟气成分的分析。

（1）气体检测管

气体检测管是一种装有与特定气体反应时颜色可变物质的玻璃瓶。一定体积的样品气体通过小瓶时，可用颜色变化的快慢直接指示待测气体的浓度。气体检测管能有效检测火灾中产生的除 HBr 外的多数有毒气体。这一方法操作简单、成本低廉，在火灾试验中广泛用于测量毒性气体的浓度。虽然这种方法的优势明显，但也存在明显缺陷。首先是准确度不够（只有 10%～15%），其次是因样品通过检测管需要几分钟而不适合连续在线分析。此外，一些气体检测管对样品中其他气体比较敏感，样品的温度变化会影响颜色变化。

（2）离子选择性电极

可直接用于测量卤化氢（例如 HBr、HCl、HF）的浓度，样品以鼓泡方式进入吸收液体，用对特定离子（例如 Br^-、Cl^-、F^-）敏感的电极测量溶液中的离子浓度，再根据测得的离子浓度和样品及溶液的体积确定样品中卤化氢的浓度。如果能够合理选择电极，同样可测量 HCN 的浓度。这种方法的灵敏度较低，一般仅用作常量分析。离子选择性电极法可以间断和连续模式测量，但要实现后一种模式相当困难。

（3）离子色谱法

离子色谱法主要用于火灾烟气中无机酸的分析，通常将火灾烟气用一定浓度的氢氧化钠溶液吸收，再利用离子色谱对吸收液进行分析。可定量分析的阴离子有 Cl^-、Br^-、F^-、NO_3^-、NO_2^-、PO_4^-、SO_4^-、CN^-，其中 CN^- 需要单独的检测器，故离子色谱法不作为检测 CN^- 的常规方法。离子色谱法较分光光度法操作简单，仪器灵敏度高，检出限可达到 ppb 级，重复性好，一般用于微量或痕量检测。优点是能够对火灾烟气的多个组分进行成分分析，缺点是该方法采用吸收器对烟气进行吸收的采样法，只能测得火灾烟气中各无机酸的总浓度和平均浓度，无法判断烟气中各成分随火灾的变化情况。

（4）色谱-质谱联用仪

色谱-质谱联用技术是一种最精确和完善的火灾烟气分析方法。其中，气相色谱由填充或带内衬的柱子组成，用于分离气体样品中的不同组分，在柱子的另一端用检测器测量不同组分；质谱则用于识别各组分的类别，即先将分子转变为离子并分离，再根据荷质比确认这些离子并完成定量分析。由于气相色谱的保留时间长，GC/MS 只适合间歇性分析。

2.8.3 烟气中粒子浓度测量

火灾试验中排气管内粒子浓度可通过在排气管的固定部位安装过滤器测量，即通过测量试验前后过滤器的质量计算烟尘的平均浓度。借助孔径不同的多重过滤器可测量平均粒径分布。利用该技术无法测量烟尘浓度随时间的变化情况。根据有焰燃烧烟气的消光系数与烟气中烟尘的质量浓度比近似为常数这一普通现象 [即 $\sigma_s = (8.7 \pm 1.1) m^2/g$]，已经建立了一种实用的方法。据此，可通过测量消光系数确定烟气的质量浓度。

2.8.4　火灾试验中气体分析遇到的困难

ASTM E 800《火灾中原有或新生成气体测量的标准指南》（Standard guide for measurement of gases present or generated during fires）指出，"缺乏代表性或非理想样品带来的分析误差明显大于测试过程产生的误差，因此关键问题是应严格对待取样、样品转移和提交方式等分析程序"。为此，该标准用近3页的篇幅详细讨论了取样过程。

ISO 19701《火灾烟气的取样和分析方法》（Methods for analysis and sampling of fire effluents）详尽介绍了正确取样技术。考虑到各种火灾环境中一氧化碳（CO）、二氧化碳（CO_2）、氧气（O_2）、氰化氢（HCN）、氯化氢（HCl）、溴化氢（HBr）、氟化氢（HF）、氮氧化合物和丙烯醛等9种气体经常出现，ISO 19701中火灾烟气的取样和分析方法已给出这些气体的建议分析方法，同时对每种气体介绍了几种不同的分析方法。这些方法涉及气相色谱、液相色谱、红外气体分析法、电位滴定、离子选择电极法和比色法等技术手段，它反映了国际上有关烟气成分分析的技术水平。

2.9　误差和数据处理

无论操作程序多么严格，任何测量过程都存在误差。

2.9.1　测量误差

绝对误差定义为

$$E \equiv \overline{x} - \mu \tag{2.25}$$

式中，E 为测量误差；$\overline{x}$ 为平行测量的平均值；μ 为测量项目的真值。三者的单位与待测物理量的单位相同。

虽然真值无法知道，但在一定误差范围内是可以估算的，称之为测量结果的不确定性，用于定量表示测试方法的特性。测量结果的误差是整个测试过程中各种原因产生误差的总和，可分为两部分，即随机误差和系统误差。

2.9.1.1　系统误差的产生及特点

系统误差由方法、仪器设备、消耗材料和个人偏好等某些固定原因产生，具体包括方法本身不够完善、仪器信号漂移、真空系统泄漏、使用未经校正的计量或测试仪表、操作人员在测试中判断失当或个人偏好等等。减少这类误差要求操作者细致认真和实事求是。随着仪器设备的发展，指针式变为直读式以及仪器自动化水平的提高也有助于减少或消除这种误差。

系统误差具有重复出现、单向性（恒正或负）、数值大小基本固定等特点。系统误差属于可测误差，其大小、正负是可以被检验出来的，因此系统误差可以校正。为了检验或消除系统误差，可以将使用的方法与公认的标准方法比较，以确定使用方法的科学性；或在使用前校正仪器设备，以消除其误差；用相同方法和条件测试标准试样，找出校正数据或直接在试验中纠正可能引起的误差等方法。对照试验是检查测试过程中有无系统误差的有效方法。

2.9.1.2　随机误差及其正态分布

随机误差是由检测者自身感官分辨能力的限制而产生的观测差异，以随机和不可控的方式影响测量结果。它的值或大或小，符号有正有负，因此个别随机误差是不确定的，无规律可言，人们只能通过平行实验发现随机误差。但对于大量随机误差所构成的总体来说，随机误差的分布符合一定的统计规律——正态分布。即对于同一样本，用同一方法在相同条件下进行 n 次测量，当 n 足够大时随机误差的分布符合正态分布。

随机误差不可避免，但可通过增加测量次数和对结果进行统计处理降低它对不确定性的影响。换句话讲，在消除系统误差的情况下，平行测量的次数越多，测量值的算术平均值越接近真值。所以，适当增加测量次数是减小测试结果随机误差的唯一措施。

2.9.2 数据处理

2.9.2.1 精密度和偏差

实际工作中，一般对同一试件进行有限次平行测量，以平均值 $\bar{x}$ 表示测量数据的集中趋势。

精密度是指在确定条件下 n 次平行测量所得结果之间的一致程度。影响测试结果的随机误差越小，测试方法的精密度越高。精密度的高低用偏差来衡量，偏差表示少量数据的离散程度。偏差越大，数据分布越分散，精密度越低；反之，偏差越小，数据分布越集中，精密度越高。

表示测量结果精密度的统计量较多，其中较重要的是标准偏差、相对标准偏差和方差。

标准偏差也称为标准差，表示为

$$S=\left[\frac{\sum_{i=1}^{n}(x_i-\bar{x})^2}{n-1}\right]^{\frac{1}{2}} \tag{2.26}$$

亦可简化为

$$S=\left[\frac{\sum_{i=1}^{n}x_i^2-\left(\sum_{i=1}^{n}x_i\right)^2/n}{n-1}\right]^{\frac{1}{2}} \tag{2.27}$$

相对标准偏差表示为

$$RSD=\frac{S}{\bar{x}}\times100\% \tag{2.28}$$

方差为

$$S^2=\frac{\sum_{i=1}^{n}(x_i-\bar{x})^2}{n-1} \tag{2.29}$$

实际测量中，标准偏差分为实验室内标准差和实验室间标准差，前者又称为重复性，后者称为再现性。

表示样本精密度的统计量还有偏差：

$$d_i=x_i-\bar{x} \tag{2.30}$$

平均偏差：

$$\bar{d}=\frac{\sum_{i=1}^{n}|x_i-\bar{x}|}{n}=\frac{\sum|d_i|}{n} \tag{2.31}$$

相对平均偏差：

$$\frac{\overline{d}}{\overline{x}}\times100\%\qquad(2.32)$$

极差 R 用一组平行测量数据的最大值（$x_{\max}$）和最小值（$x_{\min}$）的差表示。即

$$R=x_{\max}-x_{\min}\qquad(2.33)$$

极差只说明测量值的最大离散范围，未能利用全部测量值的信息，无法完整反映测量值之间的一致程度，优点是计算简单。

对于一组等精度的平行测量值，平均值的标准偏差（$S_{\overline{x}}$）反比于测量次数（n）的平方根。即

$$S_{\overline{x}}=\frac{S}{\sqrt{n}}\qquad(2.34)$$

增加测量次数可使 $S_{\overline{x}}$ 减小，但同时会增加测试成本。因此，一般平行测量 3～4 次就可以了。

精密度是保证精确度的先决条件，精密度差时所得结果不可靠，但高精密度不一定能保证高准确度。

例题 2.1　某阻燃塑料的氧指数（%）测定结果为：第一组 25.98、26.02、25.98、26.02；第二组 26.02、26.01、25.96、26.01。计算这两组数据的平均偏差和标准偏差。

解答：根据题意

第一组：

$$\overline{x}_1=\frac{25.98+26.02+25.98+26.02}{4}=26.00$$

$$\overline{d}_1=\frac{|-0.02|+|0.02|+|-0.02|+|0.02|}{4}=0.02$$

$$S_1=\sqrt{\frac{\sum\limits_{i=1}^{n}(x_i-\overline{x}_1)^2}{n-1}}=\sqrt{\frac{(-0.02)^2+(0.02)^2+(-0.02)^2+(0.02)^2}{4-1}}=0.023$$

第二组：

$$\overline{x}_2=\frac{26.02+26.01+25.96+26.01}{4}=26.00$$

$$\overline{d}_2=\frac{|0.02|+|0.01|+|-0.04|+|0.01|}{4}=0.02$$

$$S_2=\sqrt{\frac{(0.02)^2+(0.01)^2+(-0.04)^2+(0.01)^2}{4-1}}=0.027$$

显然，第一组测量结果的精密度更高。

例题 2.2　分别由两个实验室测定标准值为 55.19 的某材料燃烧性能时，实验室 A 的测定结果为 55.12、55.15、55.18，实验室 B 的测定结果为 55.20、55.24、55.29。试比较此二实验室测定结果的准确度和精密度（精密度用标准偏差和相对标准偏差表示）。

解答：根据题意

（1）实验室 A

$$\overline{x}_1=55.15$$

$$E_1=\overline{x}_1-\mu=55.15-55.19=-0.04$$

$$S_1=\sqrt{\frac{\sum\limits_{i=1}^{n}(x_i-\overline{x}_1)^2}{n-1}}=\sqrt{\frac{(-0.03)^2+0+(-0.03)^2}{3-1}}=0.03$$

$$S_{r_1} = \frac{S_1}{\overline{x_1}} \times 100\% = 0.06\%$$

（2）实验室 B

$$\overline{x_2} = 55.24$$

$$E_2 = \overline{x_2} - \mu = 55.24 - 55.19 = 0.05$$

$$S_2 = \sqrt{\frac{\sum_{i=1}^{n} (x_i - \overline{x_2})^2}{n-1}} = \sqrt{\frac{(-0.04)^2 + 0 + (-0.05)^2}{3-1}} = 0.05$$

$$S_{r_2} = \frac{S_2}{\overline{x_2}} \times 100\% = 0.09\%$$

$|E_1| < |E_2|$，即实验室 A 的测定结果准确度高于实验室 B；

$S_1 < S_2$，$S_{r1} < S_{r2}$，可知实验室 A 测定结果的精密度比实验室 B 高。

2.9.2.2 区间估计和测试结果的表示

对于有限次测量结果，通常利用统计分析的方法推测在某个范围内包含真值的概率大小。为此，需先选定一个概率 P，并称之为置信概率，再确定一个包含真值估计值的区间即置信区间，才能推断这个区间包含真值的概率。这种用置信区间和置信概率表示测试结果的方法称为区间估计。

有限次测量值的随机误差服从 t 分布。t 分布与正态分布曲线相似，但由于测量次数少，分散程度较大，分布曲线的形状变得较矮且宽。由 t 分布可知，对于小样本试验，真值 μ 与样本平均值间的关系为

$$\mu = \overline{x} \pm t_{P,f} S_{\overline{x}} = \overline{x} \pm \frac{t_{P,f} S}{\sqrt{n}} \tag{2.35}$$

式中，t 值称为置信因子或概率系数，是随置信概率（P）和测量次数即样本容量（n）而变的系数。t 值可由 P 和 n 查表 2.3 得到。

表 2.3　不同测量次数和置信水平下的 t 值

自由度	测定次数	置信水平				
		50%	90%	95%	99%	99.50%
f	n	0.50	0.10	0.05	0.01	0.005
1	2	1.00	6.31	12.71	63.66	127.30
2	3	0.82	2.92	4.30	9.92	14.10
3	4	0.77	2.35	3.18	5.84	7.45
4	5	0.74	2.13	2.78	4.60	5.60
5	6	0.73	2.02	2.57	4.03	4.77
6	7	0.72	1.94	2.45	3.71	4.32
7	8	0.71	1.90	2.36	3.50	4.03
8	9	0.71	1.86	2.31	3.36	3.83
9	10	0.70	1.83	2.26	3.25	3.69
14	15	0.69	1.75	2.13	2.95	3.25
19	20	0.69	1.73	2.09	2.85	3.15
∞	∞	0.67	1.645	1.960	2.576	2.807

通常用自由度 f 代替样本容量 n，对于某个样本来说，$f=n-1$。

若一组平行测量存在系统误差 E，经实验测量已估计出 E 的大小（用校正值 B 表示，B 与 E 符号相反），则分析结果可表示为

$$\mu = \bar{x} + B \pm \frac{t_{P,f}S}{\sqrt{n}} \tag{2.36}$$

区间估计的核心是置信度，即估计判断的可靠程度。置信度包括置信概率和置信区间两层含义。具体做统计分析时，置信概率定得越高，置信区间越宽；置信概率越低，置信区间越窄。置信概率过高时，虽然判断失误的可能性越低，但因置信区间过宽使得实用价值不大。因此，应根据具体测试对象及方法的准确性合理确定置信概率。

例题 2.3　不燃性试验中测定某建筑材料的质量损失率，9 次测定的平均值为 10.79%，标准偏差为 0.042%，试在 95% 和 99% 置信概率下估计真实值。

解答： 根据题意，自由度 $f=8$

（1）$P=0.95$ 时，查表知 $t_{0.95,8}=2.31$

$$\mu = \bar{x} \pm \frac{t_{P,f}S}{\sqrt{n}} = 10.79\% \pm \frac{2.31 \times 0.042\%}{\sqrt{9}} = (10.79 \pm 0.04)\%$$

即在 $(10.79 \pm 0.04)\%$ 区间内包含真实值的置信概率为 95%。

（2）$P=0.99$，查表知 $t_{0.99,8}=3.36$

$$\mu = 10.79\% \pm \frac{3.36 \times 0.042\%}{\sqrt{9}} = (10.79 \pm 0.05)\%$$

即在 $(10.79 \pm 0.05)\%$ 区间内包含真实值的置信概率为 99%。

$$G_1 = \frac{|x_{疑} - \bar{x}_1|}{S_1} = \frac{|94.0 - 93.4|}{0.28} = 2.14$$

查表知，$G_{0.05,6}=1.82$

因此，$G_1 > G_{0.05,6}$，可疑值应舍去。

（3）乙组数据

将测定结果按大小排序：93.0，93.2，93.3，93.4，93.5，94.0

仍选取 94.0 为异常点。有

$$\bar{x}_2 = 93.4 \qquad\qquad S_2 = 0.34$$

则有
$$G_2 = \frac{|x_{疑} - \bar{x}_2|}{S_2} = \frac{|94.0 - 93.4|}{0.34} = 1.76$$

因此，$G_2 < G_{0.05,6}$，可疑值不能舍去。

显然，甲组数据的精密度好于乙组数据，除 94.0 以外，其余数据均相互接近，所以 94.0 应舍去；乙组数据较分散，精密度差，94.0 应保留。

2.9.2.3　显著性检验

亦可称为假设检验或统计检验。

（1）离群数据的取舍

处理测试结果时，通常首先要校正系统误差并剔除错误的测量数据，再计算平均值、标准偏差，最后按要求的置信度求出平均值的置信区间来表示测量结果。

实际工作中，常遇到一组平行测量数据中的个别数据很大或很小，称这类数据为离群数

据或可疑数据。离群数据对测量的精密度和准确度都有很大影响。离群数据可能是随机误差波动性的极度表现，也可能由过失引起。前者在统计学上是允许的，后者则应当舍弃。在产生离群数据的原因不清楚时，应按一定的统计学规则进行检验。

由随机误差的正态分布可知，当 $n \to \infty$ 时，出现大误差的概率很小。由标准正态分布计算可知：

测量值出现的区间	$\mu \pm 1\sigma$	$\mu \pm 2\sigma$	$\mu \pm 3\sigma$
概率	68.3%	95.5%	99.7%

随机误差超过 $\pm 3\sigma$ 的测量值出现的概率很小，只有 0.3%。即如果对某一测试项目测量了 1000 次，只有 3 次落在 $\mu \pm 3\sigma$ 之外。而通常测试只需 3～5 次，测量值出现在此范围以外的可能性极小，如果出现这样的测量值，可以认为是由于过失造成的，应当舍去。

统计检验的依据是小概率原理。它是指概率很小的事件在一次抽样检验中实际上不可能发生。如果在一次抽样检验中小概率事件发生了，则认为是一种反常现象。利用小概率原理进行统计检验属于由样本推断总体，必然存在出现错误的风险，统计推断中将出现此错误的概率称为显著性水平，以 α 表示，$\alpha = 1 - P$，故这种统计检验称为显著性检验。

显著性检验为参数检验，工作思路是假设、检验，具体步骤为否定假设（零假设），即假设数据间只存在随机误差，即使个别离群，其差异也是正常、合理的；对于有限次测量，选定一个显著性水平，统计参数应当有一个临界值（查表可得）；根据样本值计算统计参数（即计算值），并与临界值比较，若计算值大于临界值，即判断离群数据由过失引起应当舍去，若计算值小于临界值，则接受零假设，应当保留离群数据。

格拉布斯（Grubbs）法是一种较好的判断离群值（$x_疑$）的方法，判断过程中引入了两个样本统计量 $\bar{x}$ 和 S，准确度较好。统计参数为 G，其计算公式为：

$$G = |x_疑 - \bar{x}| / S \qquad (2.37)$$

统计参数 G 为 α（显著性水平）和 n（测量次数）的函数，其临界值见表 2.4。计算的 $G \geqslant G_{\alpha,n}$ 时，$x_疑$ 应舍去，否则应保留。

表 2.4　格拉布斯临界值 $G_{\alpha,n}$

n	α 0.01	α 0.05	n	α 0.01	α 0.05	n	α 0.01	α 0.05
3	1.15	1.15	11	2.48	2.24	19	2.85	2.53
4	1.49	1.46	12	2.55	2.29	20	2.88	2.56
5	1.75	1.67	13	2.61	2.33	22	2.94	2.60
6	1.91	1.82	14	2.66	2.37	25	3.01	2.66
7	2.10	1.94	15	2.70	2.41	30	3.10	2.74
8	2.22	2.03	16	2.74	2.44	35	3.18	2.81
9	2.32	2.11	17	2.78	2.47	40	3.24	2.87
10	1.41	2.18	18	2.82	2.50	50	3.34	2.96

例题 2.4　两人分别对同一材料进行了 6 次燃烧性能测定，结果如下：

甲：93.3，93.3，93.4，93.4，93.3，94.0

乙：93.0，93.3，93.4，93.5，93.2，94.0

用格拉布斯法检验两组结果中是否有异常值（置信概率为 95%）。试解释之。

解答： 根据题意

甲组数据：

将测定结果按大小排序：93.3, 93.3, 93.3, 93.4, 93.4, 94.0

选取 94.0 为异常点。则有

$$S_1 = \sqrt{\frac{\sum_{i=1}^{n}(x_i - \overline{x}_1)^2}{n-1}} = \sqrt{\frac{(-0.1)^2 \times 3 + (0.6)^2}{6-1}} = 0.28$$

测量次数 n 为 3~10 时，也可采用 Q 检验法，其中的统计参数为 Q。为了计算 Q 值，先将所有测量数据按递增的顺序排列，从中找出离群数据，则有

$$Q = \left| \frac{离群值 - 相邻值}{x_n - x_1} \right| \tag{2.38}$$

根据 n 和所选的置信概率，从表 2.5 中查出临界值。若 $Q_{计} > Q_{临界}$，则舍去离群值，否则予以保留。

表 2.5　不同置信度下的 Q 值

测定次数 n	$Q_{0.90}$	$Q_{0.95}$	$Q_{0.99}$
3	0.94	0.98	0.99
4	0.76	0.85	0.93
5	0.64	0.73	0.82
6	0.56	0.64	0.74
7	0.51	0.59	0.68
8	0.47	0.54	0.63
9	0.44	0.51	0.60
10	0.41	0.48	0.57

当数据较分散时，也可能出现 $Q_{计} < Q_{临界}$ 的情况，把应舍去的离群值保留了下来，这是 Q 检验法的缺点。

（2）t 检验法

将显著性检验用于判断是否存在系统误差。

① 比较一组测量数据的平均值与已知值（或标准值）。例如，判断一种新方法是否合理或对测试员进行技术考核，可将测量结果的平均值（$\overline{x}$）与标准值（μ）用 t 检验法进行显著性检验。概率系数为

$$t_{计} = \frac{|\overline{x} - \mu|}{S} \sqrt{n} \tag{2.39}$$

$t_{临界}$ 可从表 2.3 中查得。若 $t_{计} \leqslant t_{临界}$，则可认为 $\overline{x}$ 与 μ 之间不存在差异，即不存在系统误差。因此，新方法合理或分析员合格。否则，则结论相反。

② 比较两组测量数据。不同测试人员或同一测试人员采用不同方法分析同一试件时，所得测量结果的平均值（$\overline{x}_1$ 和 $\overline{x}_2$）一般是不相等的。两组数据之间是否存在系统误差，同样可用 t 检验法。若两组数据为

$$n_1 \qquad S_1 \qquad \overline{x}_1$$
$$n_2 \qquad S_2 \qquad \overline{x}_2$$

先比较两组数据的精密度，若精密度相差很大，则不需做进一步检验。只有精密度相差

不大时，可进行 t 检验。

统计参数

$$t=\frac{|\bar{x}_1-\bar{x}_2|}{S_合}\sqrt{\frac{n_1 n_2}{n_1+n_2}} \tag{2.40}$$

式中，$S_合=\sqrt{\frac{(n_1-1)S_1^2+(n_2-1)S_2^2}{n_1+n_2-2}}=\sqrt{\frac{f_1 S_1^2+f_2 S_2^2}{f_1+f_2}}$

比较计算得到的 t 值与表 2.3 中查得的 $t_{临界}$，若 $t_计<t_{临界}$，则两组数据间无系统误差，均是合理的；若 $t_计>t_{临界}$，说明两组数据间存在显著性差异。

例题 2.5 已知某阻燃材料的成炭率标准值为 40.19%，置信水平为 95%。用热重法测定它的成炭率，得如下数据（%）：40.15，40.00，40.16，40.20，40.18。

(1) 试用 Q 检验法判断有无可疑数据；

(2) 用 t 检验法评价该方法是否有系统误差。

解答： 根据题意

(1) Q 检验

对测定结果按大小排序：40.00%，40.15%，40.16%，40.18%，40.20%

选 40.00% 为可疑点。则有

$$Q=\left|\frac{离群值-相邻值}{x_n-x_1}\right|=\left|\frac{40.00-40.15}{40.20-40.00}\right|=0.75$$

查表知，$Q_{0.95,5}=0.73$

即 $Q>Q_{临界}$，40.00% 为可疑数据，应舍去。

(2) t 检验

平均值为

$$\bar{x}=\frac{40.15+40.16+40.18+40.20}{4}=40.17$$

标准差为

$$S=\sqrt{\left[\frac{\sum_{i=1}^{n}(x_i-\bar{x})^2}{n-1}\right]}=\sqrt{\frac{\sum_{i=1}^{4}(x_i-40.17)^2}{4-1}}=0.022(\%)$$

则

$$t=\frac{|\bar{x}-\mu|}{S}\sqrt{n}=\frac{|40.17-40.19|\%}{0.022\%}\sqrt{4}=1.82$$

查表知，$t_{0.95,3}=3.18$

显然，$t<t_{临界}$，说明此测量方法不引起系统误差，是可以接受的。

例题 2.6 用两种方法测定某保温材料的燃烧热值。方法一测定 6 次的平均值为 19.65MJ/kg，标准偏差 0.673%；方法二测定 5 次的平均值为 19.24MJ/kg，标准偏差 0.324%。问在 95% 置信度下两种方法是否存在显著差异？

解答： 根据题意，合并标准差为

$$S_合=\sqrt{\frac{(n_1-1)S_1^2+(n_2-1)S_2^2}{n_1+n_2-2}}=\sqrt{\frac{2.262+0.420}{5+4}}=0.546(\%)$$

$$t = \frac{|\overline{x}_1 - \overline{x}_2|}{S_合} \sqrt{\frac{n_1 \times n_2}{n_1 + n_2}} = \frac{|19.65 - 19.24|}{0.546} \sqrt{\frac{6 \times 5}{6 + 5}} = 1.2$$

查表知，$t_{0.95,9}=2.26$

显然 $t < t_{0.95,9}$

因此，在95%置信度下两种方法无显著差异。

2.9.3 有效数字

2.9.3.1 有效数字

为了获得准确的测量结果，不但要求选择科学的方法进行准确测量，同时还必须正确记录数字的位数。数据的位数不仅表示数量大小，也反映测量的精度。有效数字就是实际能测到的数字，通常认为有效数字中末位数字的绝对误差是±1个单位。例如，称量某物质的质量时，若测定结果表示为 1.6000g，说明该物质是在精度为 0.0001g 的分析天平上称量的；如果测量结果表示为 1.6g，表明该物质是在精度为 0.1g 的台秤上称量的。

在一个数据中，数字"0"具有双重意义。在第一个非零数字之前的"0"只起定位作用，与测量结果的精度无关，不是有效数字；在第一个非零数字之后的"0"都是有效数字。例如，0.06090 中前两个"0"只起定位作用，不是有效数字，另外两个"0"则属于有效数字，即该数据有 4 位有效数字。对于非测量值如测定次数、计算式中的系数、常数 π 等，计算时不考虑有效数字问题。

计算中若出现首位数≥8 的数字，可多计一位有效数字，例如 0.897 可按 4 位有效数字处理。

2.9.3.2 有效数字的修约规则

根据测量数据进行结果计算时，应根据各步的测量精度及有效数字的计算规则，合理保留有效数字的位数。一般可采用"四舍六入五成双"规则对数字进行修约，但如果 5 后面还有不是零的任何数时，无论 5 前面是否为偶数均要入。例如，将下列数据修约为 4 位有效数字：

5.93649 → 5.936、35.17623 → 35.18、7.1155 → 7.116、2.31450 → 2.314、5.386503 →5.387

2.9.3.3 有效数字运算规则

进行测量结果的计算时，每个测量值的误差都将传递到最终结果中。为此，必须给出一定的有效数字运算规则进行合理取舍，做到不过多保留多位有效数字使计算过程复杂化，也不因舍弃太多的有效数字尾数降低计算结果的准确度。因此，在运算时应先按下述规则将每个数据进行修约，再计算结果。

（1）加减法

进行加减运算时，计算结果的绝对误差应与各数中绝对误差最大的数相适应。就是说，应按照小数点后位数最少的那个数据保留其他各数据的位数，以减少计算量。

例如，1.0152+37.51−1.8965≈1.02+37.51−1.90=36.63。

（2）乘除法

进行乘除运算时，计算结果的相对误差应与各数中相对误差最大的数相适应。相对误差的大小与有效数字的位数有关，可以简单按照有效数字位数最少的那个数来保留其他各数的位数，计算结果也应按此原则确定有效数字位数。

例如，$0.0256 \times 32.83 \times 1.36891 \approx 0.0256 \times 32.8 \times 1.37 = 1.15$。

（3）对数和反对数运算

对数的小数点后位数与真数的有效数字位数相同，其整数部分仅代表该数的方次。

例如，$[H^+] = 7.8 \times 10^{-12}$ mol/L→pH$=11.11$；$\lg K_a = -9.24$→$K_a = 5.8 \times 10^{-10}$。

3　建筑材料及制品的燃烧性能分级

材料的燃烧性能是指材料和（或）制品遇火燃烧时所发生的一切物理、化学变化。燃烧性能等级是指材料具有的对火反应能力的大小。材料对火反应特性反映了火灾初始阶段（即轰燃前阶段）材料的燃烧特征。

3.1　建筑防火与材料的燃烧性能

建筑材料是指建造建筑物地基、基础、梁、板、柱、墙体、屋面、地面及装饰工程等所用材料。按功能可将建筑材料分为结构材料、围护材料和功能材料。

结构材料是指构成建筑物受力构件和结构所用材料，例如梁、板、柱、基础、框架等构件或结构用材料，要求具有足够的强度和耐久性。目前使用的结构材料主要有砖、石、钢材、混凝土、钢筋混凝土和预应力钢筋混凝土等。随着工业的发展，轻钢结构和铝合金结构所占的比例将会逐渐加大。

围护材料是用于建筑物围护结构的材料，例如墙体、门窗、屋面等部位使用的材料。围护材料一般要求有一定的强度和耐久性，还要有保温隔热等性能。目前我国大量采用的墙体材料为粉煤灰砌块、混凝土及加气混凝土砌块等。此外，还有混凝土墙板、石板、金属板材和复合墙板等。墙体材料的发展方向是生产和应用多孔砖、空心砖、废渣砖、建筑砌块和建筑板材等。门窗材料主要有木材、铝合金、塑料等。屋面材料主要有石棉水泥瓦、钢丝网水泥瓦、玻璃钢波形瓦、聚氯乙烯波纹瓦、彩色混凝土平瓦、轻钢彩色屋面板、铝塑复合板等。

功能材料是承担建筑物使用过程中所需建筑功能的材料，例如防水材料、绝热材料、吸声隔音材料、密封材料和各种装饰材料等。

建筑材料的质量直接影响建筑物的安全性和耐久性。近年来，品种繁多、花色新颖的新型建筑材料，尤其是建筑装饰装修材料得到广泛应用，在给人们的生活带来美的享受和更多便利的同时，这些材料和制品中的大多数含有大量可燃或易燃的高分子材料，燃烧时必然释放出大量浓烟和有毒气体，在火灾中会产生巨大的危害。

3.1.1　建筑防火技术

建筑火灾是一种复杂的物理化学过程，可燃物的化学组成和数量、受限空间的大小和几何结构、点火源的大小和位置、受限空间的通风条件等都会影响建筑火灾的发生和发展。火灾发展初期，可燃物发生阴燃或明火燃烧；当温度上升到一定程度和满足一定的通风条件时，阴燃能够转变为明火燃烧。在火焰或高温物体的辐射作用下，邻近物体表面受热时会分解出可燃气体，后者在火源或外部高温作用下升温至燃点发生燃烧。燃烧释放的热量又会反馈到材料表面，促使燃烧速度加快，同时在火焰上方形成火羽流。燃烧波及的范围很小时，整个房间的供氧充足，燃烧现象与敞开空间的燃烧基本相同，周围的墙体对火灾没有明显影响。燃烧速度主要由燃烧物决定，属于燃料控制阶段。随着火灾的发展，材料表面释放的烟气逐渐积聚，周围的空气在羽流的卷吸作用下不断进入烟气中。随着烟气层的上升，烟气质量越来越大。当烟气受到房间顶棚的阻挡时，便顺着顶棚向四周流动而形成顶棚射流。在热烟气的辐射作用下，燃烧范围将进一步扩大，卷入羽流中的冷空气越来越多，顶棚下方的热烟气层厚度不断增加并开始下降，在热烟气的辐射和对流加热作用下，周围的吊顶和墙壁逐渐升温，整个房间的温度急剧上升，墙壁、屋顶、热烟气层和通风口对燃烧的影响迅速增大，室内氧气的消耗加剧，出现供氧不足的现象，室内火灾进入通风控制阶段。随着火势的进一步扩大，室内所有可燃物表面都开始燃烧，火灾发展到轰燃阶段。因此，室内火灾通常经历引燃、火势发展阶段（轰燃前）、充分发展阶段（轰燃后）和衰减期等 4 个阶段。轰燃发生后，火灾进入充分发生阶段，火势猛烈，难以扑救。为了减少火灾损失，保证建筑物内人员的生命和财产安全，建筑防火的目标是抑制小火焰发展为大火焰，防止轰燃的发生。为此，必须采用适当的建筑防火措施。

建筑消防技术分为主动消防技术和被动消防技术，主动消防技术是直接限制火灾的发生和发展的技术，被动消防技术是用于增强材料、建筑构件或制品抵抗火灾破坏能力的技术，如图 3.1 所示。这里仅简单讨论被动防火技术。

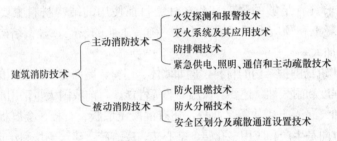

图 3.1　建筑消防技术分类

第一种被动防火技术是通过选用具有一定防火阻燃性能的建筑材料及制品，设计、建造具有防火安全性的建（构）筑物的技术。主要目的包括减少室内起火的可能性，限制起火房间发生轰燃；降低火灾增长速率，延长发生轰燃的时间，保证人员的安全疏散和主动灭火装置有效发挥作用。使用具有特定火灾性能的建筑结构材料和室内装饰、装修材料可以达到这一目的。材料的火灾性能可利用能反映室内火灾发展特征的标准试验方法来确定。

如果初起火灾发展到轰燃阶段，就必须采用防火分隔技术将火灾限制在有限的区域内，以阻止或延迟火灾蔓延至建筑内其他区域或邻近建筑，这是第二种被动防火技术。为实现上述目标，必须使用耐火地板、耐火墙体和耐火吊顶组件以及保护位于房间分隔处的出入开口。而为了防止或延迟火灾中发生建筑物部分或完全倒塌现象，还必须对组件进行保护（例如保护结构梁柱），以保证建筑结构的耐火稳定性。所以，应首先了解建筑制品或构件的火灾性能，必要时可通过实体试验确定整个防火分区的火灾安全性能，二者均可用能反映室内火灾发展特征的标准或非标试验方法确定。

3.1.2　材料和制品的火灾性能评价

建筑材料及制品的火灾性能是建筑防火设计规范、火灾风险评估及性能化设计的基础，许多国家都在建筑规范中对各类工程采用材料的火灾性能作出了明确规定。为了保证这些规范的实施，首先需要建立与规范相对应的材料评价体系，这个体系应该包括被测材料性能的界定、采用的测试方法、对测试结果的评价等内容。

材料和制品的火灾性能可根据其受热时发生相关物理、化学变化的难易程度以及对火焰和烟气的传播、人员和财产安全产生的影响进行评价。具体包括软化和熔化，分解、气化和炭化，引燃、火焰传播与火灾增长，放热量，烟气、毒性和腐蚀性物质的释放。

材料和制品经历上述过程的难易和危害程度一般通过相应的标准试验方法评价。

确定了评价体系后，需要将材料按照标准规定的方法进行测试，再根据测试结果对其进行评判（分级）。一种材料要以对其进行的测试和评判结果作为是否可以使用或在什么场合、什么部位和什么条件下使用的依据。可以说材料评价（分级）体系是一个国家相关安全规范的基础和重要组成部分。因此，建立科学合理的建筑材料及制品燃烧性能测试方法及分级评价体系显得尤为重要。

3.2　材料燃烧的技术法规体系

3.2.1　欧盟的法规

3.2.1.1　材料燃烧的技术法规

由建筑产品指令（89/106/EEC）、玩具安全指令（2009/48/EEC）和通用产品安全指令（2001/95/EC）共同构成了欧盟材料燃烧安全的技术法规体系。

（1）建筑产品指令

建筑产品指令是欧盟各成员国为保证其境内建筑物和土木工程的安全以及维护普遍利益等重要因素共同制定的指令。其中与燃烧性能有关的防火安全内容要求建筑工程的设计和施工必须在突发火灾时能够使结构承载能力维持规定的时间，有效控制火势、烟气的产生和在建筑内部及邻近建筑间的蔓延，保证建筑内部人员的安全疏散或营救，同时保证救援人员的安全。指令中的基本要求并不直接适用于产品本身，而是对施工工程的功能要求。建筑产品必须在满足 93/68/EEC（CE 标志指令）所述的所有安全要求后方可加贴 CE 标志。防火安全是产品安全要求的重点，直接关系到突发火灾时建筑工程的安全性。

建筑产品指令范围内与燃烧相关的决定主要有 4 个，包括 2000/147/EC、2000/367/EC、2000/553/EC 和 2001/671/EC，详细规定了建筑产品燃烧性能的具体要求。随着技术的进步，这些决定也在不断修订。

① 2000/147/EC 决定

考虑到 89/106/EEC 指令的防火安全要求，结合最终应用于房间或区域的建筑产品可能会引发火灾并产生烟气，必须根据产品对火反应的性能将建筑产品进行分级。为此，2000/147/EC 规定了建筑产品和构件对火反应性能的分级、相关试验方法和判定指标，并按除铺地材料外的建筑产品和铺地材料两大类做了具体说明，这一决定构成了欧盟建筑材料及制品燃烧性能分级的基础。

为了进一步补充完善 2000/147/EC 决定，欧盟先后制定了多个决定，相关决定如图 3.2 所示。

96/603/EC 决定规定了不需要测试即可列入 A 级的材料（不影响火势的变化），2000/605/EC、2003/424/EC 决定对 96/603/EC 决定的适用范围进行了修正，指出 96/603/EC 决

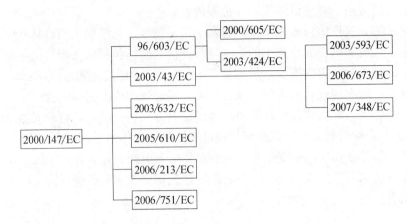

图 3.2　与 2000/147/EC 决定相关的决定

定中规定的无需测试可列入 A1 级和 A1_{FL} 级的材料，同样适用于 2000/147/EC 决定。

2003/43/EC 决定指出无需测试即可认为是满足对火反应性能某个等级要求的人造板对火反应性能的分级，2007/348/EC 则进一步完善了 2003/43/EC 决定中人造板对火反应性能的分级。2003/593/EC 决定增加了石膏板（2006/673/EC 决定对其进行了修正）、高压装饰层压板和结构木材产品的对火反应性能分级。

为了修正 2000/147/EC 决定，2003/632/EC 决定建立了独立的管状隔热材料对火反应性能分级系统。

2005/610/EC 决定列出了满足对火反应性能分级要求、无需进行试验的胶合板木、复合地板覆盖物、弹性地板覆盖物和铺地织物对火反应性能分级。

2006/213/EC 决定增加了无需测试即可认为满足对火反应性能某个等级要求的木地板、实木镶板和包层的分级。

2006/751/EC 增加了电线电缆对火反应性能的独立分级体系。

② 2000/367/EC 决定

为了对建筑产品、建筑工程及其构件的耐火性能进行分级，欧盟颁布了 2000/367/EC 决定。随着技术进步，欧盟又通过 2003/629/EC 决定修订了 2000/367/EC 决定，增加了新的等级、修改了部分内容、增加了烟热控制系统的耐火性分级要求。

③ 2000/553/EC 决定

屋顶覆层产品和/或材料应满足一定的防火性能要求。2000/553/EC 列出了不需要测试即可认为符合外部防火性能要求的屋顶覆层产品和/或材料，但同时要求必须遵从欧盟成员国相应的设计和施工规范。

④ 2001/671/EC 决定

规定了屋顶和屋顶覆层外部防火性能的分级、相关试验方法和判定指标。即建立了一套屋顶产品外部防火性能的分级体系。

为了适应技术进步的需要，欧盟颁布了 2005/403/EC 和 2006/600/EC 决定，列出了部分不需要进行测试即可满足外部防火特性的产品。

（2）玩具安全指令

2009/48/EC 玩具安全指令规定了玩具的质量安全要求和合格评定程序，所有进入欧盟市场的玩具都应满足该指令中的要求。其对燃烧性能的要求为：

在儿童的环境中玩具不应产生可燃性危险因素，其组成应具有直接暴露在火焰、火花或其他潜在火场时不燃、难燃（自熄性）、引燃后燃烧缓慢，不得对玩具所用的其他材料构成引燃危险；不得含有非易燃挥发分损失后变得易燃的物质；除玩具雷管外的玩具不得是易燃或含有易爆成分的物质；玩具中不得含有能够引发爆炸的物质和产生易燃混合物的挥发性物质。

相应的协调标准是 EN 71-2《玩具安全性　第 2 部分：易燃性》。

（3）通用产品安全指令

2001/95/EC 通用产品安全指令覆盖了除服务领域外的大量消费品，但不适用已制定特定产品指令的产品。通用产品指令适用但不限于下列产品，即服装、药品、个人用园艺制品、食品和饮料、家庭用品、婴幼儿用品、化学品和杀虫剂、消费者用烟花、机动车。由于欧盟暂未对家具和纺织品制定专门的安全要求指令，所以 2001/95/EC 对其同样适用。该指令对产品的通用安全只作出原则性要求，同时指出即使产品符合该指令中的基本安全要求，若有证据显示产品有危险性，成员国可采用相关措施限制产品投放市场。

3.2.1.2　材料燃烧的相关标准

（1）建筑材料及制品

协调标准主要是产品标准，大多数产品标准未包括具体试验方法。材料燃烧性能通过分级标准和试验方法标准对产品进行分级和测试。欧盟的部分产品标准和材料燃烧标准见表 3.1。

表 3.1　典型产品标准和材料燃烧标准

标准编号	标准名称	适用类别	备注
BS EN 13986:2004	建筑用人造板　性能、合格评定和标志	人造板	
EN 14342:2005＋A12008	木制地板　特性、合格评定和标志	地板	
EN 14041:2004	弹性、织物和层压地板覆层　基本特性	地板	
EN 13162:2001	建筑物用隔热产品　矿棉制品　规范	保温材料	
EN 13163:2001	建筑物用隔热产品　弹性聚苯乙烯制品　规范	保温材料	
EN 13164:2001	建筑物用隔热产品　弹性聚苯乙烯泡沫　规范	保温材料	
EN 13165:2001	建筑物用隔热产品　硬质聚氨酯泡沫制品　规范	保温材料	对火反应特性按 EN 13501-1 分级
EN 13166:2001	建筑物用隔热产品　酚醛泡沫制品　规范	保温材料	
EN 13167:2001	建筑物用隔热产品　多孔泡沫玻璃制品　规范	保温材料	
EN 13168:2001	建筑物用隔热产品　刨花制品　规范	保温材料	
EN 13169:2001	建筑物用隔热产品　弹性珍珠岩制品　规范	保温材料	
EN 13170:2001	建筑物用隔热产品　弹性软木制品　规范	保温材料	
EN 13171:2001	建筑物用隔热产品　木纤维制品　规范	保温材料	
EN 12859:2008	石膏块　定义、要求和试验方法	石膏板	由石膏块粘接组成的系统耐火性按 EN 13501-2 分级

续表

标准编号	标准名称	适用类别	备注
EN 12057：2004	天然石材制品　标准面砖要求	石材	天然石材直接认定为 A1 级，经有机物修补、填充等，有机物含量大于 1％时按 EN 13501-1 分级
EN 12058：2004	天然石材制品　地板和楼板用石板　要求	石材	
EN 1469：2004	天然石材制品　表层用石板要求	石材	
EN 13864：2004	吊顶　要求和试验方法	吊顶	耐火性按 EN 13501-2 分级，对火反应按 EN 13501-1 分级
EN 14600：2005	有耐火和/或控烟功能的门和可开启窗　要求和分类	耐火门窗	耐火性按 EN 1634-1 测试，按 EN 13501-2 分级

为适应建筑产品指令（CFD）的要求，欧洲标准化委员会颁布了材料燃烧性能分级标准 EN 13501-1《建筑制品和构件的火灾分级　第 1 部分：用对火反应试验数据分级》，统一了欧盟各成员国的材料燃烧性能试验方法、评价体系和分级程序。该标准对三大类材料（除铺地材料外的建筑产品、铺地材料、管状隔热材料）进行了分级，分级方法与 2000/147/EC 决定中的分组表格相同，燃烧性能为某一等级的制品被认为满足低于该等级的任一等级的全部要求。分级试验采用的标准有 EN 13823、EN ISO 1182、EN ISO 1716、EN ISO 11925-2、EN ISO 9239-1 等。

此外，欧洲标准化委员会还颁布了欧盟统一的耐火性分级标准 EN 13501-2《建筑制品和构件的火灾分级　第 2 部分：用耐火试验数据分级（通风设备除外）》，对建筑产品、建筑工程及其部件的耐火性能进行了分级。对建筑构件和系统的整体耐火性能作出了具体要求，分为 5 大类，即无防火功能的承重构件、有防火功能的承重构件、工程中有保护的构件或部件的产品和系统、非承重构件（其中包括对防火门的耐火性能分级要求）、有防火能力的墙和吊顶覆盖层等。同时，规定了与耐火性相关的引用标准和试验方法，具体分级方法与 2000/367/EC 决定相同。

（2）家具

在 EN 1725《家具　床和床垫　安全要求和测试方法》中，未对燃烧性能作出规定，但在 EN 597-1《家具　床垫和床板可燃性的评估　第 1 部分：点火源：阴燃的香烟》和 EN 597-2《家具　床垫和床板可燃性的评估　第 2 部分：点火源：火柴类引火源》中明确要求床垫应通过香烟阴燃试验和明火试验。此外，在 EN 1021-1《家具　软体家具可燃性的评估　第 1 部分：香烟引燃源》和 EN 1021-2《家具　软体家具可燃性的评估　第 2 部分：火柴类引火源》中也要求床垫中填充物要分别通过香烟阴燃试验和明火试验。

（3）纺织品

对幕布和窗帘（EN 13773、EN 1101、EN 1102、EN 13772）、工业和技术纺织品（EN 1624）、大帐幕和大帐篷（EN 14115）、儿童睡衣（EN 14878）、服装织物（EN 1103）等燃烧性能给出了明确要求，其中部分还提出了分级标准。

（4）玩具

在玩具安全指令对应的协调标准中，与材料燃烧性能相关的标准为 EN 71-2《玩具安全性　第 2 部分：易燃性》，不仅规定了所有玩具产品中禁用的易燃材料，例如硝酸纤维、遇火出现表面闪燃的毛绒面材料和高度易燃固体等，同时提出了某些玩具的燃烧性能要求。

（5）阻燃塑料

直接引用国际电工委员会（IEC）的标准。与塑料燃烧性能测试相关的标准有 EN 60695-11-10、EN 60695-11-20、EN 60695-2-10、EN 60695-2-11、EN 60695-2-12、EN 60695-2-13、EN 60695-11-5 等，涉及小火焰、大火焰、无火焰引燃源等多种火源。

3.2.1.3　相关的合格评定

合格评定是直接或间接用于确定是否达到技术法规或标准要求的任何程序。合格评定是对认证概念的发展，认证是第三方的行为，合格评定以第三方的认证活动为基础，辅以第一方的自我声明和对认证、检验、检查机构的认可活动。合格评定活动通常包括抽样、检测和检查程序；评估、验证和合格保证程序（供方自我声明）；认证、注册、认可、批准以及他们的组合程序。

CE 认证是欧盟合格评定制度的主体。1989 年欧盟颁布了 90/C10/01《关于合格评价全球方法的决定》，确立了合格评定全球方法的基本框架和合格评定政策的 5 条指导原则；1990 年，在 90/683/EEC《关于用于技术协调指令的不同阶段合格评定程序模式以及加贴 CE 标志规则的决定》（1993 年被 93/465/EEC 代替）中，规定了合格评定程序的 8 种基本模式和 8 种派生模式，要求所有新方法指令都按设定模式进行合格评定。

CE 标志是一种安全认证标志，是制造商进入欧盟市场的必备条件。产品带有 CE 标志表示产品责任人宣告并承诺产品已通过相应的合格评定程序，符合有关欧洲指令规定的基本安全要求（essential requirements），属于安全合格标志，但不是质量合格标志。通过 CE 认证，可以实现欧盟成员国内"一个标准（欧盟协调标准）、一次评定（模式和制造商自我声明为基础的法规符合性评定方法）、一个标志（CE 标志）、市场通行"的目标。贴有 CE 认证的产品可以在欧盟成员国内销售，无需符合每个成员国的要求，实现了商品在欧盟成员国内的自由流通。在欧盟市场，CE 标志（图 3.3）属强制性认证标志，获得 CE 标志是进入欧盟市场的最基本要求。

图 3.3　CE 认证标志

其他欧洲认证还包括英国的 BS 认证、德国的 GS 认证和法国的 NF 认证等。

3.2.2　美国的法规

美国的法律体系由联邦法律和各州法律组成。虽然联邦法律高于各州法律，但联邦法律只能在联邦宪法授权的范围内规范各州的法律事务，不能随意推翻或改变各州的法律。

3.2.2.1　与材料燃烧相关的法规

（1）《美国法典》

1926 年，美国相关法律部门将建国二百多年以来国会制定的所有立法（除独立宣言、联邦条例和联邦宪法外）加以整理编纂，按 50 个主题（Title）系统分类编排，命名为《美国法典》（United States Code，简称 USC）。这 50 个主题依次为总则、国会、总统、国旗和国玺（包括政府所在地及各州）、政府组织与雇员、国内安全、农业、外国人与国籍、仲裁、武装力量、破产、银行与银行业、人口普查、海岸警卫队、商业和贸易、资源保护、版权、犯罪和刑事诉讼、关税、教育、食品和药品、对外关系与交往、公路、医院和救济院、印第安人、国内税收法典、酒、司法和司法程序、劳工、矿藏土地和采矿、货币和财政、国民警卫队、航行与通航水域、海军（废止）、专利、爱国团体与章程、公务人员的薪金和津贴、退伍军人的福利、邮政、公共建筑（包括公共财产和工程）、公共合同、公众健康与福利、公共土地、公共印刷业与文件、铁路、海运、电报（包括电话和无线通讯）、领土和岛屿的属地、交通、战争和国防。每个主题对应一卷，依次分为卷、章、部分、节、条等，每卷、章、部分、节、条都用简短的文字作题注。每条均用编号标注其来源，即哪一届国会通过的哪一部法律的哪一条，或者哪一届国会进行的修改。

编纂《美国法典》的目的在于，为人们查阅现行有效的各主题所有法律规定提供便利，人们不需要查阅卷帙浩繁的法律全书。不过，承担法典编纂工作的法律修订委员会办公室只能对法律作一些必要的技术处理，涉及法律含义等重大问题时，必须报经国会审议通过。《美国法典》每隔6年重新编纂颁布一次，目前最新版本是2006年法典。在6年期间，每年将国会当年通过的法律按照法典编排的序号，编辑成一个补充卷。在新的法典尚未编纂之前，人们可以通过补充卷来查阅和引用最新的法律规定。

在《美国法典》第15卷"商业和贸易"中收录了联邦防火阻燃方面的部分法规，例如15 USC Chapter 25—Flammable Fabrics、Chapter 49—Fire prevention and control，涉及消防技术、火灾的预防和控制、灭火救援、火灾调查、产品安全、消防教育、社区消防、消防管理、火灾统计、火灾保险等内容。

（2）适用于不同行业的美国联邦法规

美国联邦法规（Code of Federal Regulation）第16部分（CPSC 16 CFR）对建筑行业、纺织行业、家具行业和塑料行业的阻燃性能作出规定，涉及软体家具、床垫床套、儿童睡衣、乙烯基塑料薄膜和服装用纺织品等产品；给出了极易燃或易燃固体物质的鉴别方法，规定了对固体物质进行测试的条件、方法和判定易燃等级的标准。此外，ASTM F 963：2008中4.2（易燃性）和附件A4（固体和软体玩具的易燃性测试程序）、附件A5（织物的易燃性测试程序）给出了玩具的燃烧性能规定。

（3）美国消防协会的相关法规

美国消防协会（National Fire Protection Association，NFPA）是经美国国家标准局授权的研究制定和修订消防技术标准与规范的权威机构，制定的标准涉及建筑产品、建筑防火、消防系统的设计安装和维修、防火管理、消防从业人员职业资质、消防队管理和训练等方面。这些标准和规范本身不具有法律效力，但由于其中的绝大多数被美国各州的立法机构和一些联邦机构采用，所以成为具有法律效力的法规，对美国消防工作产生了巨大的影响。NFPA发布了300多条规范和标准，其中NFPA 1《统一消防规范》和NFPA 5000《建筑安全法规》对材料燃烧作出了全面深入的规定。

（4）地方法规

美国各州结合自身特点制定本州与燃烧性能相关的法规。例如在家具燃烧性能方面，以加州技术公告（Califonia Technical Bulletin，CA TB）的要求最为严厉，制定了床垫、床上用品、软体家具、家具填充材料的阻燃标准。其他标准协会也会引用各州制定的标准。

3.2.2.2 与材料燃烧相关的技术标准

美国标准是立法的组成部分，具有法律属性。美国标准制定机构主要有美国标准学会（ANSI）和美国标准技术研究院（NIST）以及大量的民间标准制定机构。ANSI是美国自愿性标准活动的协调机构，同时是美国国家标准的认可机构，但不是政府部门，而是非营利的公益性机构，代表美国参加国际标准化活动。NIST是美国商务部下属的联邦机构，是一个官方标准化机构，在各类组织的标准化工作的协调管理上起着重要作用，但不具有执法职能。

防火方面的标准以美国消防协会（NFPA）、美国试验与材料协会（ASTM）、美国保险商实验室（UL）等制定的标准为主，工厂联合保险商协会（FM），全美电气制造商协会（NEMA），美国采暖、制冷及空调工程师协会（ASHRAE）也制定或参与制定部分防火标准。ASTM 是美国成立最早、规模最大和最有影响的专业团体之一，主要致力于制定各种材料的性能以及有关产品、系统和服务等领域的试验方法标准。UL 是一个独立、非营利的公共安全试验专业机构，是一家全球性独立从事安全科学事业的公司，主要提供五个业务领域的专业服务，即产品安全、环保、生命与健康、培训和检测服务。

每一本模式建筑标准，都对应有一本模式防火标准。

（1）建筑材料与制品行业

与建筑防火有关的模式标准，主要由美国消防协会（NFPA）和建筑模式标准制定组织制定，较重要的有 NFPA 101《生命安全规范》、NFPA 70《国家电气规范》、NFPA 30《可燃和易燃液体规范》、NFPA 54《国家建筑规范》、NFPA 1《防火规范》、《国际建筑规范》（以性能化为基础的规范）等。ASTM 标准和 UL 标准也规定了墙壁和吊顶材料、装饰装修材料、防火涂料、门组件等的燃烧性能测试方法和要求。

（2）家具行业

联邦法规 CFR 主要对床垫和成套床、软体家具提出全面和严格的要求，属于强制性的，所有在美国生产或在美国市场销售的相关产品都必须符合其阻燃要求。ASTM、NFPA 和 UL 对床垫、软体家具和商业用家具也制定了类似的标准。

（3）纺织品行业

美国消费品安全委员会（CPSC）制定了服装用纺织品的阻燃性能标准（16 CFR 1610），CFR 同时制定了乙烯基塑料薄膜阻燃性能标准（16 CFR 1611）、儿童睡衣的阻燃标准（16 CFR 1615、16 CFR 1616）、地毯类产品表面阻燃性能标准（16 CFR 1630、16 CFR 1631）、床垫阻燃性能标准（16 CFR 1632），均为强制性技术标准。ASTM 制定了类似的系列标准，NFPA 则主要对建筑装饰纺织品的燃烧性能和测试方法作出规定，例如贴墙织物、窗帘、帷帐、帐篷等。

（4）玩具行业

美国涉及玩具阻燃的技术标准有两大类，其中强制性法规收录于联邦法规（《美国联邦消费品安全法规》第 16 部分）中，所有玩具生产商、销售商都必须严格执行；此外，部分专业法规和州法规也适用于玩具产品，进入美国市场的玩具也要符合这些要求。玩具生产商、销售商自愿执行的标准，主要是 ASTM 制定的玩具标准 ASTM F 963《玩具安全　消费者安全标准规范》，其中对 14 岁以下儿童使用的玩具提出了技术要求和测试方法。

（5）塑料行业

美国保险商实验室制定的设备和电器用塑料阻燃标准 UL94，属于最权威和应用最广的塑料材料燃烧性能标准，用来评价材料被引燃后的熄灭性能、燃烧性能分级和测试方法等。ASTM 也制定了类似的标准。

3.2.2.3　与材料燃烧相关的合格评定

美国的合格评定体系是一种动态、复杂、多层次和市场推动的体系，涉及与公众合作的私人机构和制定技术性安全标准的商业和工业部门。美国在材料燃烧方面的质量认证采用的检验方法通常有：阻燃塑料用 UL 94、建筑材料用 ASTM E 84、防火门用 NFPA 252。

（1）建筑材料与制品

图 3.4　FM 认可标志

Warnock Hersey 是北美广泛认同的建筑产品安全和性能标志。在美国，Warnock Hersey 是防火门窗以及各种防火建材的绝对权威，市场占有率高达 85%；相对于 UL 和 CSA，Warnock Hersey 在建材方面更加专业，也更加受市场欢迎。Warnock Hersey 同时是加拿大建材认证的领导者和市场主导。

FM 全球公司通过其所属的"FM 认可"机构向全球的工业及商业产品提供检测及认证服务。FM 认可（FM Approvals）标志如图 3.4 所示。FM 认可证书在全球范围内被普遍承认，能够向消费者表明该产品或服务已经通过美国和国际最高标准的检测。FM 认证的类别包括电子电器设备，火灾勘查、信号及其他电子设备，防火器材，安全功能的评估及认证，危险场所使用的电子设备、原材料等。美国等发达国家的建筑承包商在选择消防产品时，目录产品是否获得 FM 认证是他们首先考虑的问题。一般只有获得 FM 认证的消防产品才具有投保财产险或火险的资格，否则保险公司拒绝保险人的投保申请。

（2）塑料

UL 认证是美国塑料行业的重要认证，UL 认证标志如图 3.5 所示。UL 是保险商实验室（Underwriters Laboratories Inc.）的简写，UL 是美国最权威、同时也是世界上从事安全试验和鉴定的较大民间机构。美国的采购商一般要求产品通过 UL 检验，美国海关有权拒绝没有 UL 安全标志的商品入境。UL 采用一定的测试方法确认各种材料、装置、产品、设备、建筑等对生命、财产有无危害和危害的程度；确定、编写、发行相应的标准和有助于减少及防止造成生命财产受到损失的资料，同时开展实情调研业务。UL 主要从事产品的安全认证和经营安全证

图 3.5　UL 认证标志

明业务，其最终目的是为市场推荐具有相当安全水准的商品，以保证人身健康和财产安全。目前，UL 在消防和安防认证的范围包括建筑防火、灭火装置、报警装置、建筑材料、通讯设施、专业消防设备等。

3.2.3　我国的法规和标准

3.2.3.1　与材料燃烧有关的法规

《中华人民共和国消防法》是消防工作的根本大法，是为了预防火灾和减少火灾危害、加强应急救援工作、保护人身和财产安全、维护公共安全而制定的。新修订后的《中华人民共和国消防法》（以下简称《消防法》）包括总则、火灾预防、消防组织、灭火救援、监督检查、法律责任、附则等 7 章共 74 条，已于 2009 年 5 月 1 日起执行。

图 3.6　阻燃制品标识

为了降低公共场所的火灾危险性，减轻火灾危害，2007 年公安部消防局制定了《阻燃制品标识管理办法（试行）》，明确规定阻燃制品应经从事阻燃制品燃烧性能检验的检验机构检验合格，并按照本办法的规定加施阻燃制品标识。阻燃标识如图 3.6 所示。使用阻燃标识的产品主要有建筑制品、塑料制品（含电器外壳）、电线电缆、家具组件、纺织物、

泡沫塑料等 6 大类。

3.2.3.2 相关的技术标准和规范

（1）建筑材料燃烧性能分级体系

1988 年，参照西德工业标准 DIN 4102-1，我国首次颁布了用于各类工业与民用建筑的材料燃烧性能分级的国家标准，即 GB 8624—1988《建筑材料燃烧性能分级方法》，根据材料的燃烧特性将建筑材料分为不燃性建筑材料、难燃性建筑材料、可燃性建筑材料和易燃性建筑材料 4 类。该标准初步建立了我国建筑材料燃烧性能分级体系，从此建筑材料防火分级的概念开始在规范和实际工程中得到应用。这一分级标准所引用的试验标准有 3 个，其中 2 个在该标准正式发布时仍未发布，采用的分级指标为 5 个。GB 8624—1988 首次划分了燃烧性能级别、提出了级别名称和检验方法。

1997 年，参考德国 DIN 4102-1：1981《建筑材料和构件的火灾特性 第 1 部分：建筑材料分级的要求和试验》，我国对 GB 8624 进行了修订，提出了 GB 8624—1997《建筑材料燃烧性能分级方法》，增加了部分特殊用途材料的相关规定，同时将适用范围扩大到各类工业和民用建筑工程中使用的结构材料和各种装饰装修材料，将建筑材料的燃烧性能等级名称简化为不燃材料、难燃材料、可燃材料和易燃材料。与 1988 版相比，增设了A 级复合（夹芯）材料；同时，根据我国具体情况增加了对铺地材料、窗帘幕布类纺织物、电线电缆套管类塑料和管道隔热保温用泡沫塑料等特定用途材料燃烧性能的分级要求和规定。1997 版分级标准引用试验标准 15 个，分级指标超过 15 个。该版本的缺点是试验方法均为小型试验方法，分级指标主要根据材料引燃性、可燃性、火焰传播性、生烟性以及不燃材料的释热性，对材料的最终应用情况考虑较少，也未考虑可燃材料的热释放性和燃烧产物的毒性。尽管如此，GB 8624—1997 中引用的标准试验方法所蕴含的阻燃防火思想深刻地影响了国内化学建材阻燃技术的发展，广泛应用于化学建材行业的各种产品标准，例如泡沫行业特别重视氧指数的大小，塑料行业关注垂直燃烧性能等。GB 8624—1997 提出的分级体系和方法被各种强制性建筑规范所应用，例如 GBJ 16《建筑设计防火规范》、GB 50045《高层民用建筑防火设计规范》、GB 50222《建筑内部装修设计防火规范》和 GB 50354《建筑内部装修防火施工及验收规范》，发挥了其强大的技术支持作用。在实施 GB 8624—1997 的十多年中，在评价材料防火性能、指导防火安全设计、实施消防安全监督、建筑防火设计等方面都发挥了重要作用，产生了显著的社会和经济效益。

2006 年，我国采用欧盟标准 EN 13501-1：2002《建筑制品和构件的火灾分级 第 1 部分：用对火反应试验数据的分级》对 GB 8624 进行了修订，颁布了 GB 8624—2006《建筑材料及制品燃烧性能分级》，对部分级别规定了附加燃烧生成物的毒性试验要求。适用范围为所有建筑材料及制品，规定建筑制品为其最终应用形态，并将建筑制品分为铺地材料和其他制品两类，同时将燃烧性能等级分为 A、B、C、D、E、F 六级。2006 版分级标准是在火灾科学、消防工程和材料火灾性能测试技术等领域的最新研究成果上建立起来的全新分级体系，分级过程引用试验标准 6 个，分级指标 12 个，涉及材料的引燃性、火焰传播、热释放速率、烟气生成、烟气毒性等主要特性，新增了产烟特性、烟气毒性和燃烧滴落物 3 项附加分级；试验方法及理论依据改变较大，引入建筑材料燃烧性能测试的最新研究成果和测试方法，以实体房间火灾为参照场景，围绕燃烧放热量进行分级；对分级标准规定的范围做了较大调整。2006 版分级标准对材料火灾危险性的评价更为科学全面，能更好地反映建筑材料及制品在实体火灾中的危险性，较好地适应不断变化的建筑设计和应用技术发展的需要。

2006 版分级标准颁布以来，在消防行业内引起了广泛关注和较大反响，并被其他规范标准所引用。但由于 2006 版分级标准与旧分级标准在分级和引用的试验方法上存在较大差异，导致与现行防火规范之间的明显分歧。目前国内主要防火设计规范 GB 50222—95《建筑内部装修设计防火规范》、GB 50045—95《高层民用建筑设计防火规范》、GB 50016—2006《建筑设计防火规范》等正处于修订阶段。一般来说，燃烧性能分级标准的制定通常早于防火规范的编制，燃烧性能分级体系需要两到三年才能被大家所接受，而防火规范的制修订往往要晚三到五年。虽然在公安部消防局的《关于实施国家标准 GB 8624—2006〈建筑材料及制品燃烧性能分级〉若干问题的通知》中设立了新旧标准体系的过渡期，允许将新标准的材料燃烧性能级别与 1997 版标准做简单对应，但实际上旧标准并未真正停止使用，这在一定程度上影响了新型阻燃材料的研发。

由于国内的防火设计规范并未作出相应修改，给燃烧性能评价体系的推广带来了很大障碍，同时也给防火规范的应用带来一定程度的混乱，造成防火安全设计和消防监督管理的诸多不便。此外，2006 版分级标准规定的范围只适用于平板类建筑材料，不包括窗帘幕布类纺织织物、电器用塑料材料、软垫家具等特殊用途材料。但这些材料在建筑内被大量使用，没有分级标准的支撑，必然给这些材料的使用和防火安全监管造成混乱。2006 版分级标准过多地考虑与欧盟标准间的接轨，忽略了其与国内已有的材料燃烧性能分级观念之间存在的明显差别，未能摆正其与主要防火规范之间的主客体关系，也未能充分考虑并在标准制定时化解其溶入主要防火规范时可能遇到的困难，造成了当前新标准无法真正发挥作用的被动局面。目前，除了上海等发达地区在消防监督管理上采用了 2006 版分级体系进行评价外，很多地区仍采用旧版的分级标准，这不利于新技术的推广，也不符合标准化工作的要求。为了协调 GB 8624 与防火规范的应用，提高国内消防设计水平，促进经济技术的发展，公安部提出了对 GB 8624—2006 进行修订的要求，同时业界也普遍呼吁出版新的修订版本。GB 8624—2012 正是在这种情况下颁布的。

（2）公共场所阻燃制品及组件燃烧性能要求和标识

为防止和减少火灾的发生，世界各国都在积极推广使用阻燃制品代替易燃和可燃制品。近年来，国际标准化组织（ISO）、欧洲标准化组织（EN）、美国保险商实验室（UL）和美国消防协会（NFPA）等先后颁布了多个阻燃性能测试及评价的标准；日本、美国等国家先后在公共场所推广应用贴有阻燃标识的制品，显著地减少了火灾的发生和火灾损失。所以，实施阻燃制品标识管理工作，是从源头上提高建筑物消防安全水平，预防火灾和减少人员伤亡的一项有效举措。

为此，我国于 2006 年 6 月 19 日颁布了 GB 20286—2006《公共场所阻燃制品及组件燃烧性能要求和标识》并于 2007 年 3 月 1 日实施。为推动上述强制性标准的贯彻实施，公安部消防局出台的《阻燃制品标识管理办法（试行）》（公消［2007］122 号）也于 2007 年 5 月 1 日起施行。同年 12 月，公安部消防局颁布了《关于进一步加强公共场所阻燃制品管理工作的通知》（公消［2007］503 号），要求将阻燃制品应用和标识管理作为公共场所建筑工程消防设计审核验收、公众聚集场所使用或者开业前消防安全检查和日常消防监督检查的一项重要内容，同时明确规定"2008 年 7 月 1 日之后，凡是使用不符合《公共场所阻燃制品及组件燃烧性能要求和标识》的阻燃制品的，对该公共场所的消防验收或者开业前消防安全检查一律不得予以通过。"凡是达不到 GB 20286—2006 阻燃标准要求的建筑材料及制品、电线电缆、塑料制品、织物、家具组件等产品不得在公共场所使用。

3.3 建筑材料及制品的燃烧性能分级方法

GB 8624 是关于建筑材料及制品燃烧性能分级的标准，属于我国建筑防火和材料阻燃领域的一个基础标准。本节将详细讨论 GB 8624—2012《建筑材料及制品燃烧性能分级》的主要内容。

3.3.1 基本原理

3.3.1.1 重要术语

（1）材料和制品

材料（materials）是指单一物质或均匀分布的混合物。例如，金属、石材、木材、混凝土、矿渣、聚合物等，包括建筑结构材料和装饰装修材料。

制品（product）是指要求给出相关信息的建筑材料、复合材料或组件。与建筑材料的区别在于增加了应用信息，同种材料可制成不同用途的制品。例如，聚氨酯 PU 泡沫材料可双面复合作风管，也可复合钢板作墙板，与水泥复合作保温材料等，由于用途不同，安装方式可能不同，所以燃烧性能也不相同。

管状绝热制品（linear pipe thermal insulation product）是具有绝热性能的圆形管道状制品。例如，橡塑保温管、玻璃纤维保温管等。

铺地材料（flooring）是可铺设在地面上的材料或制品，由表面装饰层（可含背衬）、基材、夹层和黏合剂等构成。铺地材料一般包括纺织地毯、软木板、木板、橡胶板、塑料地板和地板喷涂材料。易燃铺地材料是火焰传播的重要通道，其燃烧性能试验方法与墙面、吊顶装饰材料等有所不同，对铺地材料的燃烧性能评价应考虑它的最终应用。

（2）匀质和非匀质制品

一般依据组分一致性进行分类。匀质制品（homogeneous product）指由单一材料组成或其内部具有均匀密度和组分的制品，非匀质制品（non-homogeneous product）是由一种或多种主要或次要组分组成的制品，除匀质制品以外的制品都是非匀质制品。匀质与非匀质仅仅是针对一般建筑材料中 A1 和 A2 级试验提出的，用于区分对二者的不同试验要求。例如，无机氯氧镁板材、玻璃棉等一般属于匀质制品，判定其是否属于 A1 级需同时按 GB/T 5464 和 GB/T 14402 规定的方法进行试验；水泥泡沫复合墙板、复合风管板、铝塑复合板、涂层金属板等非匀质制品整体及其主要组分的 A1 级试验要求与匀质制品相同，次要组分仅需做 GB/T 14402 试验。

主要组分（substantial component）是非匀质制品的主要构成物质，单层面密度 $\geqslant$ 1.0kg/m² 或厚度 $\geqslant$ 1.0mm 的一层材料可看做主要组分。次要组分（non-substantial component）为非匀质制品的非主要构成物质，单层面密度 < 1.0kg/m² 且单层厚度 < 1.0mm 的材料可看做次要组分。两层或多层次要组分直接相邻（中间无主要组分），当其组合满足次要组分要求时，可看做一个次要组分。显然，非匀质制品中各组分是否属于主要组分，一般可

依据其厚度或单层面密度来判断，但并非所有满足上述数值要求的组分都是主要组分，还需分析具体样品的结构和用途。通常可按照"先定性后定量"的原则确定，即先根据制品的功能确定其主要部分，其余组分可认为是次要组分。

对于次要组分，还可根据其在制品中出现的具体部位分为内部次要组分和外部次要组分。由于它们对制品燃烧性能的贡献不同，所以燃烧性能分级指标不同。其中，内部次要组分（internal non-substantial component）为两面至少接触一种主要组分的次要组分；外部次要组分（external non-substantial component）为有一面未接触主要组分的次要组分。

（3）基材和标准基材

基材（substrate）是指与建筑制品背面（或底面）直接接触的某种制品。对于铺地材料，基材指放置铺地材料的地板或代表该地板的材料。基材与制品间存在的空气间隙、背衬材料的结构特征都可能影响受火面的传热特性；改变背衬材料的热容，能够改变被测制品的蓄热特征，所以基材的热惯性会直接影响制品的燃烧性能。例如，一种厚型材料，背衬一层轻质绝热基材与背衬一层高密度高导热系数基材时，燃烧行为必然不同。标准基材（standard substrate）是指可代表实际应用基材的制品。例如，在标准试验中通常可用石膏板、硅钙板、水泥纤维板等作为基材代表实际使用中的混凝土墙体、地面等。

（4）持续燃烧、燃烧滴落物/微粒和损毁材料

持续燃烧（sustained flaming）是指试样表面或其上方持续时间大于 4s 的火焰。

燃烧滴落物/微粒（flaming droplets/particles）指在燃烧试验中从试样上分离的物质或微粒材料。作为附加等级供选用材料时参考。

损毁材料（damaged material）指在热作用下被点燃、炭化、熔化或其他发生损坏变化的材料。

（5）燃烧增长速率指数

这是 GB/T 20284 中合格性评价指标，用于描述材料燃烧时热释放速率的大小。燃烧增长速率指数（fire growth rate index，$FIGRA$）指燃烧试样的热释放速率与其对应时间之比的最大值。$FIGRA$ 越大，材料燃烧时热释放速率越快，相同情况下火灾发展速度越快。

$FIGRA_{0.2MJ}$ 和 $FIGRA_{0.4MJ}$ 是指试验过程中试样燃烧的总放热量分别达到 0.2MJ、0.4MJ 时的燃烧增长速率指数。0.2MJ 和 0.4MJ 是计算 $FIGRA$ 的起始数值，不是指热释放量为 0.2MJ、0.4MJ 时的 $FIGRA$ 值，所以也称为门槛值。A2 和 B 级使用 $FIGRA_{0.2MJ}$ 值作为分级依据，其他等级以 $FIGRA_{0.4MJ}$ 值作为分级依据。

（6）烟气生成速率指数和烟气毒性

这两个参数属于产烟性和烟气毒性评价指标。烟气生成速率指数（smoke growth rate index，$SMOGRA$）是试样燃烧烟气产生速率与其对应时间之比的最大值，等于平均产烟速率的峰值。烟气生成速率越大，附加烟气等级越高。烟气毒性（smoke toxicity）是指烟气中有毒害物质引起损伤/伤害的程度。虽然火灾烟气危害已经受到广泛重视，但目前 GB 8624 仍未将其作为材料燃烧性能等级划分的主要依据之一，仅作为附加等级供选用材料时参考。

（7）临界热辐射通量

临界热辐射通量（critical heat flux，CHF）是指火焰熄灭处的热辐射通量或试验 30min 时火焰传播最远处的热辐射通量。用于描述铺地材料的燃烧性能。

（8）热值和总热值

热值（calorific value）指单位质量材料完全燃烧所产生的热能（J/kg）。材料的热值越小，火灾中燃烧时的放热量越少，则建筑物的火灾荷载越小，对火灾发展的贡献越小，材料使用越安全。

总热值（gross calorific potential）指单位质量的材料完全燃烧且燃烧产物中所有蒸气成水时所释放出来的全部热量，是 A1 和 A2 级的重要判据。

3.3.1.2 理论依据

GB 8624—2012 是根据相关标准试验获得的火灾性能参数，对建筑材料及制品进行火灾危险性分级。其中，分级体系是以材料和制品的最终应用为试验条件，以一定的火灾场景为参考，同时考虑了材料的火焰传播、材料燃烧热释放速率、热释放量、燃烧烟气浓度，部分级别还附加了对燃烧滴落物的限制。特点是分级时参考的燃烧特性参数较全、试验用燃烧模型与实际火灾场景接近、试验中材料安装状态与工程应用实际相近等。

（1）分级原理

根据实体建筑火灾的特点，在制定建筑防火设计规范的防火安全目标时，不仅要控制火源的出现，使材料不易被引燃，同时在火灾发生后要避免其快速发展，以便能够有效控制火灾。

建筑材料的引燃性、火焰传播、火势发展快慢都与材料燃烧的放热量有关。在实际建筑火灾中，热释放速率及放热量对建筑火灾的发生、发展起着非常重要的作用，它决定了火灾的发展趋势和规模，这在火灾科学中已经形成了广泛共识。GB 8624—2012 正是围绕燃烧放热量这一决定性因素进行分级，其中的主要参数燃烧热值、$FIGRA$ 值都是表征材料在火灾中燃烧放热量多少的参数。

（2）分级参考场景

以 GB/T 25207《火灾试验　表面制品的实体房间火试验方法》中设计的墙角火为参考场景，同时假定该火灾情景能反映其他大规模实体火灾场景，如图 3.7 所示。

图 3.7　火灾参考场景

主要考虑建筑火灾从发生、发展到出现轰燃的过程中，材料或制品可能发生的受火现象，火灾发展阶段如图 3.8 所示。轰燃是建筑火灾发展的重要转折点，轰燃发生后所有的可燃物都成为火灾荷载，建筑材料的燃烧性能不再重要，此时主要考虑建筑构件的耐火性能。

轰燃可使小型火灾发展成大的灾难，产生的毒性烟气使人员死亡率增大 3 倍左右，因此在建筑防火设计和火灾扑救时必须尽量避免发生轰燃。轰燃前阶段是被动防火的有效阶段。

对于所有建筑材料及制品，从室内火灾发生、发展到最终轰燃过程中，火灾场景包括火灾发展的三个阶段。

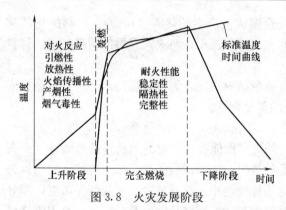

图 3.8　火灾发展阶段

第一阶段是指制品被小火焰引燃。第二阶段是指火灾逐步发展直至发生轰燃。这可通过在房屋角落处单个物品燃烧对邻近制品表面产生的热辐射进行模拟。对于铺地材料，在起火房间火势增长到一定程度，通过门洞开口对邻近房间或走廊上的铺地材料产生热辐射引发蔓延。第三个阶段是轰燃后，所有可燃制品都成为燃料。

分级差别反映了火灾发展不同阶段材料对热的承受力差异。试验方法正是模拟这一热作用的过程。与早期分级标准相比，新的分级之间的区别更加明确，不同分级代表的意义更清楚。

（3）分级试验方法

早期标准（例如 1997 版）中分级试验方法的规模较小（例如 GB/T 8625 难燃性、GB/T 2406 氧指数、GB/T 2408 水平垂直等），关注的是试样在试验结束时的形态。新的分级体系中选用能较好地反映实际火灾增长特性的燃烧热释放速率、烟气生成速率指数等参数的试验方法，这些试验方法注重试验过程样品的表现及其与时间的关系。其中，最重要的试验方法就是专门为评价材料在火灾发生和增长过程中的行为设计的 GB/T 20286—2006《建筑材料或制品的单体燃烧试验》。该试验方法与 GB/T 25207—2010《火灾试验　表面制品的实体房间火试验方法》有较好的相关性，但后者的试验成本较高。

（4）分级用火灾特性参数

火灾发展快慢及规模大小直接决定火灾的危害程度，应根据火灾发生和发展的速度、规模、机理及其对人员和财产的危害确定分级和附加等级。即通过测试引燃性、火焰传播、燃烧热释放速率或燃烧增长速率指数评价火灾发展情况，确定分级体系。

附加分级包括产烟特性、烟气毒性和燃烧滴落物/微粒。材料燃烧产生大量烟气会遮挡人员的视线，妨碍人员逃生；燃烧释放出的毒性气体能够对人员的身体造成伤害；大量燃烧滴落物/微粒可能引起建筑物的二次火灾。不同种类材料的产烟特性、烟气毒性及燃烧滴落物/微粒等火灾特性参数差异极大，表现出的危害程度也不同。在分级标准中作为相对独立的附加分级加以考虑，可以全面描述建筑材料的实际火灾危险性。

建筑制品的燃烧性能分级与其最终应用状态相关。从某种程度上说，等级差别是指不同受火条件时表现出的不同燃烧特性。

3.3.2　燃烧性能分级与判据

3.3.2.1　燃烧性能分级方法

（1）适用范围

GB 8624 规定了建筑材料及制品的术语和定义、燃烧性能等级及判据、标识等。该标准将建筑材料及制品分为建筑材料和建筑用制品，前者主要包括平板状建筑材料（例如墙面、吊顶等）、铺地材料、管状绝热材料；后者则包括窗帘幕布、家具制品装饰用织物，电线电缆套管、电器设备外壳及附件，电器、家具制品用泡沫塑料，软质家具和硬质家具等。

（2）燃烧性能等级

燃烧性能等级是按规定试验方法测定材料燃烧性能时得到的所有参数都满足对应等级要求后确定的材料燃烧性能级别。燃烧性能的试验方法、分级方法和指标不同时得到的评价结果不同，不能将由不同试验方法、分级方法和指标体系所得到的评价结果直接进行比较或对应。

当受检方提供样品进行分级试验时，除非指定了燃烧性能等级，否则在试验时应评价出该样品适用于规定标准试验方法时的最高等级。燃烧性能为某一等级的制品被认为满足低于该等级的任一等级的全部要求，即向下兼容。

考虑到国内建筑材料燃烧性能评价的实际情况，GB 8624—2012 将建筑材料及制品的燃烧性能分为 4 个等级，即不燃材料、难燃材料、可燃材料以及易燃材料和制品，同时要求部分级别附加燃烧滴落物、产烟能力和烟气毒性大小的信息，见表 3.2。

表 3.2　建筑材料及制品的燃烧性能等级

燃烧性能等级	名　称
A	不燃材料（制品）
B_1	难燃材料（制品）
B_2	可燃材料（制品）
B_3	易燃材料（制品）

在 GB 8624—2012 中，将建筑材料的燃烧性能等级又划分为 A、B、C、D、E、F 等 6 个细分级别，以便与 GB 8624—2006 中的分级建立一定的对应关系，见表 3.3。

表 3.3　GB 8624—2012 中建筑材料燃烧性能细分等级

燃烧性能等级	细分等级
A	A1
	A2
B_1	B
	C
B_2	D
	E
B_3	F

各燃烧性能细分等级的含义分别为：

① A1 级：对包括充分发展火灾在内的火灾所有阶段都没有贡献。

② A2 级：在充分发展火灾条件下，这些制品对火灾荷载、火势增长以及产烟量和烟气毒性危害的贡献不会明显增加。

③ B 级：在充分发展火灾条件下，这些制品对火灾荷载和火势增长的贡献有限，但不满足 A2 级的要求。在 SBI 试验过程中制品不会发生横向火焰蔓延，热释放量不会迅速增长，属于可燃材料中抗火性能最好的材料或制品。

④ C 级：对火灾的发展有一定贡献，在 SBI 试验中试样产生有限的横向火焰传播。

⑤ D 级：小火焰长时间轰击不会引燃制品，但在充分发展火灾条件下这些制品对火灾荷载和火势增长的贡献较大。在 SBI 试验中试样产生有限的横向火焰传播。

⑥ E 级：短时间内能阻挡小火焰轰击而无明显火焰传播的材料。

⑦ F 级：极易被引燃的一类制品。

GB 8624—2012 将建筑材料及制品分为两大类，即建筑材料和建筑用制品。其中，建筑材料细分为平板状建筑材料、铺地材料、管状绝热材料等 3 类，虽然分级相同，但具体试验方法、考察的性能指标和分级判据存在一定差别；建筑用制品细分为窗帘幕布、家具制品装饰用织物，电线电缆套管、电器设备外壳及附件，电器、家具制品用泡沫塑料，软质家具和硬质家具等 4 类，考虑到所用材质的实际燃烧性能，仅对各类制品的 B_1 级、B_2 级和 B_3 级进行区分。GB 8624—2012 中建筑材料及制品的分类方法如图 3.9 所示。

（3）燃烧性能分级的试验依据

图 3.10 给出了建筑材料及制品燃烧性能等级与代表实体火灾的参考场景 GB/T 25207 试验结果之间的关系。

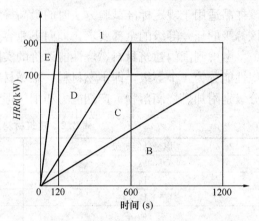

图 3.10　燃烧性能等级与 GB/T 25207
试验结果间的关系

＊1—轰燃；B 级，不轰燃；C 级，对 100kW 火源不轰燃，但火源功率增加会轰燃；D 级，100kW 点火源超过 2min 后轰燃；E 级，100kW 点火源不到 2min 即轰燃。

＊＊图中 HRR 指试样的热释放速率，不包括燃烧器火源。

图 3.9　GB 8624—2012 中建筑材料
及制品的分类方法

建筑材料的燃烧性能等级与参考火灾场景对应实体火灾间的关系见表 3.4。可以看出，等级的划分是根据材料能否燃烧、能燃烧时对火灾发展的影响程度或实体火灾是否会发生轰燃、发生轰燃的难易程度等确定的。燃烧性能等级与 ISO 9705 试验结果间的对应关系见表 3.5，其与 $FIGRA_{0.2MJ}$、$FIGRA_{0.4MJ}$ 之间的关系如图 3.11 所示。

表 3.4　燃烧性能等级与参考火灾场景的关系

等级		燃烧性能描述	对应的实体火灾
A	A1	完全不燃烧	不轰燃
	A2	对火灾无贡献	不轰燃
B_1	B	对火灾发展贡献非常有限	不轰燃，即使火源达到 300kW
	C	对火灾贡献较少	100kW 火源作用下不轰燃，300kW 火源下轰燃
B_2	D	对火灾有贡献	100kW 火源下 2min 内不轰燃
	E	对火灾有贡献	100kW 火源下 2min 内发生轰燃
B_3	F	容易燃烧	不具有抵制小火焰作用

82

表 3.5　ISO 9705 试验结果与燃烧性能分级对应关系

燃烧性能等级		$FIGRA$ 指数 (kW/s)	轰燃时间
A	A1	≤0.15	无轰燃
	A2	≤0.15	无轰燃
B₁	B	≤0.5	无轰燃
	C	≤1.5	10min 后发生轰燃
B₂	D	≤7.5	2～10min 内发生轰燃
	E	≥7.5	2min 前发生轰燃
B₃	F		无要求

（4）燃烧性能分级中应用的标准

在建筑材料及制品燃烧性能分级中应用的标准如下：

GB/T 2406.2 塑料　用氧指数法测定燃烧行为第 2 部分：室温试验（ISO 4589-2）

GB/T 2408 塑料　燃烧性能的测定　水平法和垂直法

GB/T 5169.16 电工电子产品着火危险试验第 16 部分：试验火焰 50W 水平与垂直火焰试验方法（IEC 60695-11-10）

GB/T 5454 纺织品　燃烧性能试验　氧指数法（ISO 4589）

GB/T 5455 纺织品　燃烧性能试验　垂直法

GB/T 5464 建筑材料不燃性试验方法（ISO 1182）

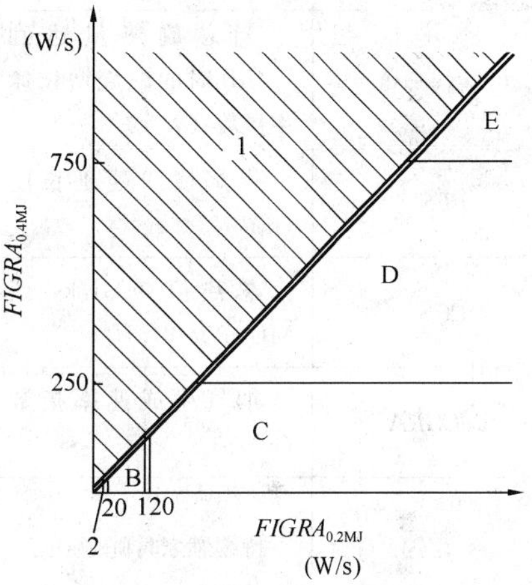

GB/T 5907 消防基本术语　第 1 部分

GB/T 8333 硬质泡沫塑料燃烧性能试验方法　垂直燃烧法

GB/T 8626 建筑材料可燃性试验方法（ISO 11925-2）

GB/T 8627 建筑材料燃烧或分解的烟密度试验方法

GB/T 11785 铺地材料的燃烧性能测定　辐射热源法（ISO 9239－1）

GB/T 14402 建筑材料及制品的燃烧性能　燃烧热值的测定（ISO 1716）

GB/T 16172 建筑材料热释放速率试验方法（ISO 5660－1）

GB/T 17596 纺织品　织物燃烧试验前的商业洗涤程序

GB 17927.1 软体家具　床垫和沙发　抗引燃特性的评定　第 1 部分：阴燃的香烟

GB/T 20284 建筑材料或制品的单体燃烧试验

GB/T 20285 材料产烟毒性危险分级

GB/T 27904 火焰引燃家具和组件的燃烧性能试验方法

（5）符号与缩写

图 3.11　$FIGRA_{0.2MJ}$、$FIGRA_{0.4MJ}$ 与燃烧性能等级之间的关系

1—该区域无意义，根据定义该区域中 $FIGRA_{0.2MJ}$ ≤$FIGRA_{0.4MJ}$，不可能出现这种现象；2—A1 级的特殊程序

GB 8624—2012 中用于表征不同参数的符号名称和含义见表 3.6。

表 3.6　GB 8624—2012 中所用符号的名称和含义

符　号	名　称（单位）	含　义
ΔT	炉内温升（K）	GB/T 5464 不燃性试验中的炉内平均温升
Δm	质量损失率（%）	GB/T 5464 不燃性试验中试验前后样品的质量变化
Fs	焰尖高度（mm）	GB/T 8626 可燃性试验中的焰尖高度
$FIGRA$	用于分级的燃烧增长速率指数（W/s）	GB/T 20284 SBI 试验中的燃烧增长速率指数
$FIGRA_{0.2MJ}$	当总放热量达到 0.2MJ 时的燃烧增长速率指数（W/s）	GB/T 20284 SBI 试验中样品燃烧的总放热量达到 0.2MJ 后开始计算的 $FIGRA$ 值
$FIGRA_{0.4MJ}$	当总放热量达到 0.4MJ 时的燃烧增长速率指数（W/s）	GB/T 20284 SBI 试验中样品燃烧的总放热量达到 0.4MJ 后开始计算的 $FIGRA$ 值
LFS	火焰横向蔓延长度（m）	GB/T 20284 SBI 试验中火焰在样品长翼上横向蔓延长度
PCS	总热值（MJ/kg 或 MJ/m²）	GB/T 14402 热值试验中的总热值
$SMOGRA$	烟气生成速率指数（m²/s）	GB/T 20284 SBI 试验中烟气生成速率与时间比值的最大值
t_f	持续燃烧时间（s）	GB/T 5464 不燃性试验中持续燃烧时间大于 5s 时样品的有焰燃烧时间
THR_{600s}	时间为 600s 时的总放热量（MJ）	GB/T 20284 SBI 试验中 300～900s 内的放热量
TSP_{600s}	时间为 600s 时总烟气产生量（m²）	GB/T 20284 SBI 试验中 300～900s 内的烟气生成量
CHF	临界热辐射通量（kW/m²）	GB/T 11785 铺地材料的辐射热源法试验中临界热辐射通量
t	产烟毒性	与 GB/T 20285 中烟气毒性分级有关的毒性附加分级 t0、t1、t2
ZA_1	准安全一级	GB/T 20285 中烟气毒性分级为准安全级中的一级
ZA_3	准安全三级	GB/T 20285 中烟气毒性分级为准安全级中的三级
OI	氧指数（%）	在规定试验条件下，材料在氧氮混合气中维持稳定燃烧的最低氧浓度
V-0、V-1	垂直燃烧性能等级	垂直燃烧试验中材料的燃烧性能分级

3.3.2.2　燃烧性能的分级判据

（1）建筑材料

① 平板状建筑材料

平板状建筑材料是指在建筑内使用的除铺地制品和管状绝热制品的板状建筑材料及制

品，例如墙体材料、墙面装饰材料、吊顶材料、通风管道等。这类建筑材料及制品在建筑中的种类和数量多、应用量最大，实际应用方式多变，同种建筑材料可能会因用于建筑中的不同部位而使用不同的分级试验方法确定其等级。所以，应根据用途设计试验，分级的应用范围是有限的，材料必须按声明的用途和安装方式进行试验才能得到准确的燃烧性能等级。平板状建筑材料燃烧性能等级和分级判据见表3.7。

表 3.7 平板状建筑材料及制品的燃烧性能等级和分级判据

燃烧性能等级		试验方法		分 级 判 据
A	A1	GB/T 5464[a] 且		炉内温升 $\Delta T \leqslant 30℃$； 质量损失率 $\Delta m \leqslant 50\%$； 持续燃烧时间 $t_f = 0$
		GB/T 14402		总热值 $PCS \leqslant 2.0MJ/kg^{a,b,c,e}$； 总热值 $PCS \leqslant 1.4MJ/m^{2\ d}$
	A2	GB/T 5464[a] 或	且	炉内温升 $\Delta T \leqslant 50℃$； 质量损失率 $\Delta m \leqslant 50\%$； 持续燃烧时间 $t_f \leqslant 20s$
		GB/T 14402		总热值 $PCS \leqslant 3.0MJ/kg^{a,e}$； 总热值 $PCS \leqslant 4.0MJ/m^{2\ b,d}$
		GB/T 20284		燃烧增长速率指数 $FIGRA_{0.2,MJ} \leqslant 120W/s$； 火焰横向蔓延未到达试样长翼边缘； 600s 的总放热量 $THR_{600s} \leqslant 7.5MJ$
B₁	B	GB/T 20284 且		燃烧增长速率指数 $FIGRA_{0.2\ MJ} \leqslant 120W/s$； 火焰横向蔓延未到达试样长翼边缘； 600s 的总放热量 $THR_{600s} \leqslant 7.5MJ$
		GB/T 8626 点火时间 30s		60s 内焰尖高度 Fs $\leqslant 150mm$； 60s 内无燃烧滴落物引燃滤纸现象
	C	GB/T 20284 且		燃烧增长速率指数 $FIGRA_{0.4MJ} \leqslant 250W/s$； 火焰横向蔓延未到达试样长翼边缘； 600s 的总放热量 $THR_{600s} \leqslant 15MJ$
		GB/T 8626 点火时间 30s		60s 内焰尖高度 Fs $\leqslant 150mm$； 60s 内无燃烧滴落物引燃滤纸现象
B₂	D	GB/T 20284 且		燃烧增长速率指数 $FIGRA_{0.4MJ} \leqslant 750W/s$
		GB/T 8626 点火时间 30s		60s 内焰尖高度 Fs $\leqslant 150mm$； 60s 内无燃烧滴落物引燃滤纸现象
	E	GB/T 8626 点火时间 15s		20s 内的焰尖高度 Fs $\leqslant 150mm$； 20s 内无燃烧滴落物引燃滤纸现象
B₃	F	无性能要求		

a 匀质制品或非匀质制品的主要组分。

b 非匀质制品的外部次要组分。

c 当外部次要组分的 $PCS \leqslant 2.0MJ/m^2$ 时，若整体制品的 $FIGRA_{0.2MJ} \leqslant 20W/s$、$LFS <$ 试样边缘、$THR_{600s} \leqslant 4.0MJ$ 并达到 s1 和 d0 级，则达到 A1 级。

d 非匀质制品的任一内部次要组分。

e 整体制品。

分级中采用的试验方法包括：

不燃性试验（GB/T 5464）和可燃性试验（GB/T 8626）：特定条件下的燃烧难易程度试验；

燃烧热值试验（GB/T 14402）：特定条件下的燃烧热值试验；

单体燃烧试验（GB/T 20284）：平板式建筑制品的对火反应性能，考察火焰传播情况和放热量。

对于墙面保温泡沫塑料，除符合表 3.7 规定外，还必须按照 GB/T 2406.2 测定其氧指数，要求 B_1 级氧指数 OI≥30%、B_2 级氧指数 OI≥26%。

② 铺地材料

火灾致死人员中约 80% 死于吸入毒气。火场人员自救时，如果采取身体贴近地面、匍匐前行的方式，可以避免或减少烟气的毒害。在紧要关头，阻燃型铺地材料会发挥重要的防火、耐火作用，为火灾中无助的生命争取一线生机。根据火灾的发展规律和铺地材料在火灾中的作用，对铺地制品进行燃烧性能评价时不能采用与墙面、吊顶等材料或制品相同的试验方法，必须提出单独的分级要求。铺地材料的燃烧性能等级和分级判据见表 3.8。

表 3.8　铺地材料的燃烧性能等级和分级判据

燃烧性能等级		试验方法		分级判据
A	A1	GB/T 5464[a] 且		炉内温升 ΔT≤30℃； 质量损失率 Δm≤50%； 持续燃烧时间 t_f＝0
		GB/T 14402		总热值 PCS≤2.0MJ/kg[a,b,d]； 总热值 PCS≤1.4MJ/m²[c]
	A2	GB/T 5464[a] 或	且	炉内温升 ΔT≤50℃； 质量损失率 Δm≤50%； 持续燃烧时间 t_f≤20s
		GB/T 14402		总热值 PCS≤3.0MJ/kg[a,d]； 总热值 PCS≤4.0MJ/m²[b,c]
B_1	B	GB/T 11785[e] 且		临界热辐射通量 CHF≥8.0kW/m²
		GB/T 11785[e] 且		临界热辐射通量 CHF≥8.0kW/m²
		GB/T 8626 点火时间 15s		20s 内焰尖高度 Fs≤150mm
	C	GB/T 11785[e] 且		临界热辐射通量 CHF≥4.5kW/m²
		GB/T 8626 点火时间 15s		20s 内焰尖高度 Fs≤150mm
B_2	D	GB/T 11785[e] 且		临界热辐射通量 CHF≥3.0kW/m²
		GB/T 8626 点火时间 15s		20s 内焰尖高度 Fs≤150mm
	E	GB/T 11785[e] 且		临界热辐射通量 CHF≥2.2kW/m²
		GB/T 8626 点火时间 15s		20s 内焰尖高度 Fs≤150mm
B_3	F	无性能要求		

a　匀质制品或非匀质制品的主要组分。
b　非匀质制品的外部次要组分。
c　非匀质制品的任一内部次要组分。
d　整体制品。
e　试验最长时间 30min。

与表 3.7 中燃烧性能分级和技术指标之间的主要差别：

A2、B、C、D 用 GB/T 11785 代替 GB/T 20284 测定燃烧性能，试验最长时间为 30min，分级指标用临界热辐射通量 CHF 代替，分级判据分别为 8.0、8.0、4.5 和 3.0（kW/m²）。此外，对 E 级增加了用 GB/T 11785 试验的临界热辐射通量 CHF 大于等于 2.2kW/m² 的要求。

用 GB/T 8626 进行可燃性试验时，B、C、D 级的点火时间由表 3.7 中的 30s 改为 15s，相应的分级判据中焰尖高度对应时间由 60s 改为 20s。铺地材料不考查燃烧滴落物引燃滤纸的现象。

表注方面，取消了表 3.7 附注中的 c 条（即对 A1 分级的补充说明），增加了表注 e 条（即规定 GB/T 11785 试验的最长时间为 30min）。

③ 管状绝热材料

由于管状绝热制品的形状与平板状制品明显不同，它们的燃烧性能之间存在较大差异，必须对其单独作出规定。表 3.9 给出了管状绝热材料燃烧性能等级和分级判据。

与表 3.7 相比，二者的差别之一是 GB/T 20284 试验中燃烧增长速率指数 $FIGRA$ 的分级判据，即 A2、B、C、D 燃烧增长速率指数 $FIGRA$ 分别由 120、120、250、750（W/s）调整为 270、270、460、2100（W/s）；同时要求 D 级在 600s 内的总放热量 $THR_{600s}<$ 100MJ。分级表中的 SBI 试验参数指标是结合 ISO 9705 墙角试验数据得到的。要求按照管材最终应用状态确定试验的基材及安装方式。表注中取消了表 3.7 附注中的 c 条（即对 A1 分级的补充说明）。

如果管状绝热材料的外径大于 300mm，其燃烧性能等级和分级判据应符合表 3.7 的规定。

表 3.9　管状绝热材料燃烧性能等级和分级判据

燃烧性能等级		试验方法		分　级　判　据
A	A1	GB/T 5464[a] 且		炉内温升 $\Delta T \leqslant 30℃$； 质量损失率 $\Delta m \leqslant 50\%$； 持续燃烧时间 $t_f = 0$
		GB/T 14402		总热值 $PCS \leqslant 2.0MJ/kg$[a,b,d] 总热值 $PCS \leqslant 1.4MJ/m²$[c]
	A2	GB/T 5464[a] 或	且	炉内温升 $\Delta T \leqslant 50℃$； 质量损失率 $\Delta m \leqslant 50\%$； 持续燃烧时间 $t_f \leqslant 20s$
		GB/T 14402		总热值 $PCS \leqslant 3.0MJ/kg$[a,d] 总热值 $PCS \leqslant 4.0MJ/m²$[b,c]
		GB/T 20284		燃烧增长速率指数 $FIGRA_{0.2MJ} \leqslant 270W/s$； 火焰横向蔓延未到达试样长翼边缘； 600s 内总放热量 $THR_{600s} \leqslant 7.5MJ$
B₁	B	GB/T 20284 且		燃烧增长速率指数 $FIGRA_{0.2MJ} \leqslant 270W/s$； 火焰横向蔓延未到达试样长翼边缘； 600s 内总放热量 $THR_{600s} \leqslant 7.5MJ$
		GB/T 8626 点火时间 30s		60s 内焰尖高度 Fs $\leqslant 150mm$； 60s 内无燃烧滴落物引燃滤纸现象

续表

燃烧性能等级		试验方法	分 级 判 据
B₁	C	GB/T 20284 且	燃烧增长速率指数 $FIGRA_{0.4MJ} \leqslant 460W/s$； 火焰横向蔓延末到达试样长翼边缘； 600s 的总放热量 $THR_{600s} \leqslant 15MJ$
		GB/T 8626 点火时间 30s	60s 内焰尖高度 Fs≤150mm； 60s 内无燃烧滴落物引燃滤纸现象
B₂	D	GB/T 20284 且	燃烧增长速率指数 $FIGRA_{0.4MJ} \leqslant 210W/s$； 600s 内总放热量 $THR_{600s} < 100MJ$
		GB/T 8626 点火时间 30s	60s 内焰尖高度 Fs≤150mm； 60s 内无燃烧滴落物引燃滤纸现象
	E	GB/T 8626 点火时间 15s	20s 内焰尖高度 Fs≤150mm； 20s 内无燃烧滴落物引燃滤纸现象
B₃	F	无性能要求	

a 匀质制品和非匀质制品的主要组分。
b 非匀质制品的外部次要组分。
c 非匀质制品的任一内部次要组分。
d 整体制品。

④ 建筑材料燃烧性能分级的补充说明

a. A1 级

A1 级属于燃烧性能分级体系的最高级，本级试验必做两个试验，即不燃性试验（GB/T 5464）和燃烧热值试验（GB/T 14402），且不同类别材料达到该等级的判据相同。

本级建筑材料及制品包括匀质和非匀质材料。匀质材料只需做上述两个试验。对于非匀质制品，主要组分必须做不燃性试验；主要组分、外部和内部次要组分及整体制品还必须做燃烧热值试验，但内部次要组分的总热值指标要求稍高。对于平板状建筑材料，当外部次要组分的 $PCS \leqslant 2.0MJ/m^2$ 时，如果整体制品经单体燃烧试验（GB/T 20284）发现 $FIGRA_{0.2MJ} \leqslant 20W/s$、$LFS <$ 试样边缘、$THR_{600s} \leqslant 4.0MJ$，同时达到 s1 和 d0 级，则该非匀质材料和制品达到 A1 级。

b. A2 级

A2 级属于燃烧性能分级体系的次高级，本级试验方法中不燃性试验（GB/T 5464）和燃烧热值试验（GB/T 14402）二选一；此外铺地材料必做辐射热源法试验（GB/T 11785），其他建筑材料及制品必做单体燃烧试验（GB/T 20284）。本级单体燃烧试验中的分级判据仅 $FIGRA_{0.2MJ}$ 的数值不同，其余判据的要求均相同。

本级建筑材料及制品同样包括匀质和非匀质材料。匀质材料按上述要求设计试验方案；非匀质材料主要组分可选做不燃性试验或燃烧热值试验，外部和内部次要组分及整体制品在主要组分选做燃烧热值试验时也必做该项试验，其他试验过程则按整体制品进行。

c. B 级

本等级必做可燃性试验（GB/T 8626），此外铺地材料需做辐射热源法试验（GB/T

11785)，其余建筑材料及制品需做单体燃烧试验（GB/T 20284）。除铺地材料的可燃性试验的点火时间缩短为 15s 且不会出现滴落物外，不同种类建筑材料及制品可燃性试验的其余分级判据均相同；单体燃烧试验中的分级判据仅 $FIGRA_{0.2MJ}$ 的数值不同，其余均相同。

d. C 级

与 B 级相比，分级试验方法相同，但单体燃烧试验的分级判据中用 $FIGRA_{0.4MJ}$ 代替 $FIGRA_{0.2MJ}$ 并放宽了对前者的数值要求，同时放宽了 600s 内的总放热量 THR_{600s} 的数值要求；辐射热源法试验获得的临界热辐射通量 CHF 也做了类似的调整。

e. D 级

与 C 级相比，分级试验方法相同，但放宽了对 $FIGRA_{0.4MJ}$ 和 THR_{600s} 或 CHF 的数值要求，此外未对平板状建筑材料及制品的 THR_{600s} 提出要求。

f. E 级

可燃性试验的点火时间均为 15s，同时要求 20s 内的焰尖高度 Fs≤150mm，除铺地材料外均要求 20s 内无燃烧滴落物引燃滤纸的现象出现。此外，铺地材料需同时做辐射热源法试验，但对 CHF 的要求进一步放宽。

g. F 级

无性能要求。

（2）建筑用制品

GB 8624—2006 规定的范围只适用于平板类的建筑材料，不包括窗帘幕布类纺织织物、电器用塑料材料、软垫家具等特殊用途材料。然而，这些材料在建筑中的使用非常普遍，如果没有分级标准的支撑，消防规范就不能提出相应的燃烧性能要求，必然给这些材料的使用和防火安全监管带来不便。为此，2006 年 6 月 19 日颁布的 GB 20286—2006《公共场所阻燃制品及组件燃烧性能要求和标识》，将公共场所使用的阻燃制品及组件（除建筑制品外）按燃烧性能分为 2 个等级，即阻燃 1 级和阻燃 2 级，要求从 2007 年 7 月 1 日起凡是达不到 GB 20286—2006 阻燃标准要求的建筑材料及制品、电线电缆、塑料制品、织物、家具组件等产品不得在公共场所使用。但这种做法意味着材料的燃烧性能分级不仅有 GB 8624—2006 中的 A、B、C、D、E、F 等 6 个等级，同时有 GB 20286—2006 中的阻燃 1 级和阻燃 2 级，造成国家标准体系对材料燃烧性能分级的不统一现象。此外，GB 20286—2006 仅适用于公共场所，而对其他场所未作出相应的要求，可能导致非公共场所的火灾隐患。所以，GB 8624—2012 将 GB 20286 中的几类阻燃制品经调整后纳入其中，同时将其中的阻燃 1 级和阻燃 2 级转换为 B₁ 级和 B₂ 级，取消原 GB 20286 标准中对泡沫塑料和纺织物的毒性必须达到 ZA3 级的强制性要求，而将 GB 20286 标准转化为单纯的管理标准。

GB 8624—2012 将建筑用制品分为四大类，即窗帘幕布、家具制品装饰用织物；电线电缆套管、电器设备外壳及附件；电器、家具制品用泡沫塑料；软质和硬质家具。

① 窗帘幕布、家具制品装饰用织物

建筑内使用的窗帘、帷幕、装饰包布（毡）、床罩、家具包布等织物的燃烧性能等级和分级判据见表 3.10。

表 3.10　窗帘幕布、家具制品装饰用织物燃烧性能等级和分级判据

燃烧性能等级	试验方法	分级判据
B₁	GB/T 5454 GB/T 5455	氧指数 OI≥32.0%； 损毁长度≤150mm，续燃时间≤5s，阴燃时间≤15s； 燃烧滴落物未引起脱脂棉燃烧或阴燃
B₂	GB/T 5454 GB/T 5455	氧指数 OI≥26.0%； 损毁长度≤200mm，续燃时间≤15s，阴燃时间≤30s； 燃烧滴落物未引起脱脂棉燃烧或阴燃
B₃	无性能要求	

　　耐洗涤织物在进行燃烧性能试验前，应按 GB/T 17596—1998《纺织品　织物燃烧试验前的商业洗涤程序》中的规定对试样进行至少 5 次洗涤；耐干洗的阻燃织物在进行燃烧性能试验前，应按 GB/T 19981.2—2005《纺织品　织物和服装的专业维护、干洗和湿洗　第 2 部分：使用四氯乙烯干洗和整烫时性能试验的程序》中的正常材料干洗程序执行，洗涤次数不得少于 6 次。

　　与 GB 20286—2006 中对公共场所阻燃织物的燃烧性能技术要求（见表 3.11）相比，主要差别在于取消了与燃烧烟气相关的试验方法和分级指标，增加了对 B₂ 级的氧指数要求，放宽了对垂直燃烧试验中的阴燃时间要求。

表 3.11　GB 20286—2006 对公共场所阻燃织物的燃烧性能技术要求

燃烧性能等级	依据标准	判定指标
阻燃 1 级 （织物）	GB/T 5454	a) 氧指数≥32.0%；
	GB/T 5455	b) 损毁长度≤150mm，续燃时间≤5s，阴燃时间≤5s；
		c) 燃烧滴落物未引起脱脂棉燃烧或阴燃；
	GB/T 8627	d) 烟密度等级（SDR）≤15；
	GB/T 20285	e) 产烟毒性等级不低于 ZA₂ 级
阻燃 2 级 （织物）	GB/T 5455	a) 损毁长度≤200mm，续燃时间≤15s，阴燃时间≤15s；
		b) 燃烧滴落物未引起脱脂棉燃烧或阴燃；
	GB/T 20285	c) 产烟毒性等级不低于 ZA₃ 级

注：氧指数试验熔融织物除外。

　　② 电线电缆套管、电器设备外壳及附件

　　建筑内使用的电线导管、插座/开关、接线板/盒、带电源线的插头、燃气管道、插座、开关、灯具、家电外壳等塑料制品的燃烧性能等级和分级判据见表 3.12。

表 3.12　电线电缆套管、电器设备外壳及附件燃烧性能等级和分级判据

燃烧性能等级	制　品	试验方法	分级判据
B₁	电线电缆套管	GB/T 2406.2 GB/T 2408 GB/T 8627	氧指数 OI≥32.0%； 垂直燃烧性能 V-0 级； 烟密度等级 SDR≤75
	电器设备外壳及附件	GB/T 5169.16	垂直燃烧性能 V-0 级
B₂	电线电缆套管	GB/T 2406.2 GB/T 2408	氧指数 OI≥26.0%； 垂直燃烧性能 V-1 级
	电器设备外壳及附件	GB/T 5169.16	垂直燃烧性能 V-1 级
B₃	无性能要求		

与 GB 20286—2006 中公共场所阻燃塑料和橡胶制品的燃烧性能技术要求（见表 3.13）相比，对此类塑料或橡胶的分类更清楚、覆盖面更宽，同时调整了试验方法（见表 3.14）和分级判据。

表 3.13　GB 20286—2006 中公共场所阻燃塑料和橡胶制品的燃烧性能技术要求

阻燃性能等级	产品类型		依据标准	判定指标
阻燃 1 级 （塑料/橡胶）	电器类 阻燃塑料/ 橡胶制品	音频、视频制品 （外壳）	GB/T 16172 GB/T 11020 GB/T 8627	a) 热释放速率峰值≤150kW/m²； b) FV-0 级； c) 烟密度等级（SDR）≤75
		信息技术 设备（外壳）	GB/T 16172 GB/T 4943 GB/T 8627	a) 热释放速率峰值≤150kW/m²； b) V-0 级； c) 烟密度等级（SDR）≤75
		家电外壳、 电器附件 及管道	GB/T 16172 GB/T 2408 GB/T 8627	a) 热释放速率峰值≤150kW/m²； b) FV-0 级； c) 烟密度等级（SDR）≤75
阻燃 2 级 （塑料/橡胶）	电器类 阻燃塑料/ 橡胶制品	音频、视频制品 （外壳）	GB/T 11020	FV-0 级
		信息技术 设备（外壳）	GB/T 4943	V-1 级
		家电外壳、 电器附件及管道	GB/T 2408	FV-1 级

注：热释放速率试验的辐射热流为：50kW/m²。

表 3.14　两个标准中电器用塑料制品燃烧性能分级试验方法对比

GB 8624—2012	GB 20286—2006
GB/T 2408 塑料　燃烧性能的测定　水平法和垂直法	GB/T 2408 塑料　燃烧性能的测定　水平法和垂直法
GB 8627 建筑材料燃烧或分解的烟密度试验方法	GB 8627 建筑材料燃烧或分解的烟密度试验方法
GB/T 2406.2 塑料　用氧指数法测定燃烧行为　第 2 部分：室温试验	GB/T 4943 信息技术设备　安全　第 1 部分：通用要求
GB/T 5169.16 电工电子产品着火危险试验　第 16 部分：试验火焰 50W 水平与垂直火焰试验方法	GB/T 11020 固体非金属材料暴露在火焰源时的燃烧性试验性试验方法清单
	GB/T 16172 建筑材料热释放速率试验方法

③ 电器、家具制品用泡沫塑料

建筑内使用的电器和座椅、沙发、床垫等软垫家具中所用泡沫塑料的燃烧性能等级和分级判据见表 3.15。

表 3.15　电器、家具制品用泡沫塑料燃烧性能等级和分级判据

燃烧性能等级	试验方法	分级判据
B₁	GB/T 16172ᵃ GB/T 8333	单位面积热释放速率峰值≤400kW/m²； 平均燃烧时间≤30s，平均燃烧高度≤250mm
B₂	GB/T 8333	平均燃烧时间≤30s，平均燃烧高度≤250mm
B₃	无性能要求	

a　辐射照度设置为 30kW/m²。

与 GB 20286—2006 中公共场所阻燃泡沫塑料的燃烧性能技术要求（表 3.16）相比，在将电器、家具制品用泡沫塑料纳入新分类中的同时，调整了 GB/T 16172《建筑材料热释放速率试验方法》中辐射照度的设定值和单位面积热释放速率峰值，未提出 B₁、B₂ 级电器、家具制品用泡沫塑料的烟密度和产烟毒性等级要求。

表 3.16　GB 20286—2006 中公共场所阻燃泡沫塑料的燃烧性能技术要求

阻燃性能等级	产品类别	依据标准	判定指标
阻燃 1 级 （泡沫塑料）	阻燃泡沫塑料	GB/T 16172 GB/T 8333 GB/T 8627 GB/T 20285	a) 热释放速率峰值≤250kW/m²； b) 平均燃烧时间≤30s， 　平均燃烧高度≤250mm； c) 烟密度等级（SDR）≤75； d) 产烟毒性等级不低于 ZA₂ 级
阻燃 2 级 （泡沫塑料）	阻燃泡沫塑料	GB/T 8333 GB/T 20285	a) 平均燃烧时间≤30s， 　平均燃烧高度≤250mm； b) 产烟毒性等级不低于 ZA₃ 级

注：热释放速率试验的辐射热流为：50kW/m²。

④ 软质和硬质家具

建筑内使用的床、床垫、沙发、茶几、桌、椅、柜等软质和硬质家具的燃烧性能等级和分级判据见表 3.17。选用的试验方法包括 GB/T 27904《火焰引燃家具和组件的燃烧性能试验方法》、附录 A 提出的"床垫热释放速率试验方法"和 GB 17927.1《软体家具　床垫和沙发　抗引燃特性的评定　第 1 部分：阴燃的香烟》。

表 3.17　软质和硬质家具的燃烧性能等级和分级判据

燃烧性能等级	制品类别	试验方法	分级判据
B₁	软质家具	GB/T 27904 GB 17927.1	热释放速率峰值≤200kW； 5min 内总热释放量≤30MJ； 最大烟密度≤75%； 无有焰燃烧引燃或阴燃引燃现象
	软质床垫	附录 A	热释放速率峰值≤200kW； 10min 内总热释放量≤15MJ
	硬质家具ᵃ	GB/T 27904	热释放速率峰值≤200kW； 5min 内总热释放量≤30MJ； 最大烟密度≤75%

续表

燃烧性能等级	制品类别	试验方法	分 级 判 据
B₂	软质家具	GB/T 27904 GB 17927.1	热释放速率峰值≤300kW； 5min 内总热释放量≤40MJ； 试件未整体燃烧； 无有焰燃烧引燃或阴燃引燃现象
	软质床垫	附录 A	热释放速率峰值≤300kW； 10min 内总热释放量≤25MJ
	硬质家具ª	GB/T 27904	热释放速率峰值≤300kW； 5min 内总热释放量≤40MJ； 试件未整体燃烧
B₃	无性能要求		

a 塑料座椅的试验火源功率采用 20kW，燃烧器位于座椅下方的一侧，距座椅底部 300mm。

与 GB 20286—2006 中公共场所阻燃家具及组件的燃烧性能要求（表 3.18）相比，将软质床垫单列为一类并规定了床垫热释放速率试验方法，而用 GB/T 27904 和 GB 17927.1 评价软质家具和硬质家具的燃烧性能。

表 3.18　GB 20286—2006 中公共场所阻燃家具及组件的燃烧性能要求

阻燃性能等级	产品类别	试验方法	判 定 指 标
阻燃 1 级 （家具/组件）	软垫家具	附录 B	a) 热释放速率峰值≤150kW； b) 5min 内放出的总能量≤30MJ； c) 最大烟密度≤75%； d) 无有焰燃烧引燃或阴燃引燃现象
		GB 17927	
	组件/其他家具	附录 C	a) 热释放速率峰值≤150kW； b) 5min 内放出的总能量≤30MJ； c) 最大烟密度≤75%
阻燃 2 级 （家具/组件）	软垫家具	附录 B	a) 热释放速率峰值≤250kW； b) 5min 内放出的总能量≤40MJ； c) 试件未整体燃烧； d) 无有焰燃烧引燃或阴燃引燃现象
		GB 17927	
	组件/其他家具	附录 C	a) 热释放速率峰值≤250kW； b) 5min 内放出的总能量≤40MJ； c) 试件未整体燃烧

（3）床垫热释放速率试验方法

附录 A 提供了床垫热释放速率和总放热量的测量方法，只适用于床垫，不可用于枕头、毯子或其他床上用品。

①试验设备

试验装置是一种开放式量热计，由样品支架、排烟系统、点火源、测试系统等主要部件组成，如图 3.12 所示。

试件放置在位于集烟罩正下方的样品支架上，样品支架由 40mm 宽的角钢焊接制成，一般由宽 25mm 的两个横档组成，分别位于长度方向 1/3 处，其外部尺寸不得超过床垫边缘 5mm；如果放置的试件下垂 19mm 以上，应增加横档数量阻止下垂。要求样品支架表面平整、无毛刺，高度

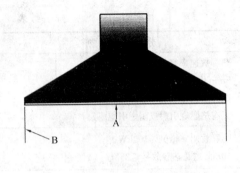

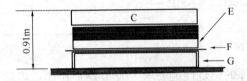

图 3.12　床垫量热计示意图

A—集烟罩；B— 集烟罩裙板；C—床垫；
D—床托；E—样品支架；F—硅酸钙板或
纤维水泥板；G—可升降支撑平台

可调，以保证燃烧器距离样品支撑面不小于 25mm，支撑在 13mm 厚的硅酸钙板或纤维水泥板上，板的长度和宽度不得超出试件边缘 200mm，且表面清洁。

排烟系统由集烟罩和排烟管组成，用于收集床垫燃烧产生的全部烟气。排烟管道内部安装气体取样管、热电偶、差压变送器和烟气测试系统。

点火源由两个 T 形燃烧器组成，燃烧器用直径 12.7mm、壁厚 0.89mm 的不锈钢管制成，燃烧器两端密封。其中水平燃烧器 T 形头长 305mm，从燃烧器中间向两侧孔径每间隔 8.5mm 开一个直径 1.45～1.53mm 的小孔，共开孔 34 个，孔的方向为水平向上 5°；垂直燃烧器 T 形头长 254mm，从燃烧器中间向两侧孔径每间隔 8.5mm 开一个直径 1.45～1.53mm 的小孔，共开孔 28 个，孔的方向为水平向上 5°，如图 3.13 所示。T 形燃烧器由设置在其头部中心 10mm 内、单独供气的内径 3mm 长明铜管点火器引燃燃烧器，水平燃烧器和垂直燃烧器分别从床垫顶面和侧面施加火焰。燃气为纯度 95％以上的丙烷气。

②试样

试样尺寸与实际使用的床垫一致，试验样品为一个完整床垫（包括床托）。床垫顶部距地面总高度不超过 910mm。

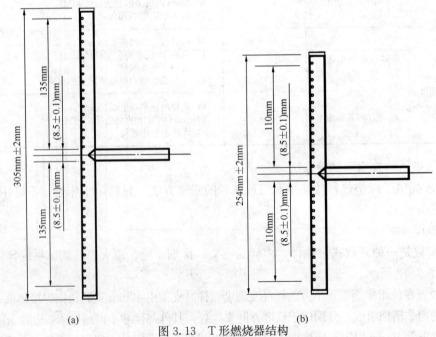

图 3.13　T 形燃烧器结构

（a）水平燃烧器；（b）垂直燃烧器

③试验过程

环境要求和试件状态调节：实验室的空间大小以热辐射不影响周围物体为原则，应保持室内气流稳定均匀，要求距离试样顶部 0.5m 处的空气流速低于 0.5m/s。试验前应将拆除包装的试样在温度（23±2）℃、湿度（50±5）％的环境中调节 48h 以上，应从状态调节室取出后 20min 内开始试验。

燃烧器控制与调节：将水平和垂直燃烧器的燃烧时间分别设置为 70s 和 50s，点燃长明点火器，调节火焰长度约 10mm，同时点燃两个燃烧器，丙烷气压控制为（140±5）kPa，调节水平和垂直燃烧器的丙烷流量分别为(12.9±0.1)L/min 和(6.6±0.05)L/min，火焰稳定后关闭燃烧器和长明点火器。调整燃烧器位置至床垫长度方向中部的 300mm 内并平行于床垫表面，然后使水平燃烧器距表面 39.0mm 且一端与床垫边缘齐平，垂直燃烧器在距床垫侧表面 42.0mm 处竖直放置，其中心与床垫下表面或床垫与床托的接触面齐平，如图 3.14 所示。

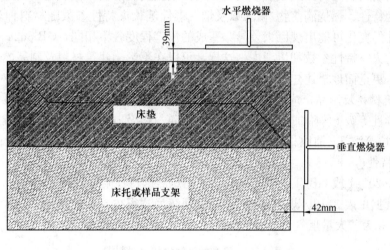

(a)

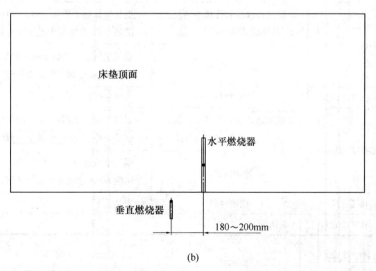

(b)

图 3.14　水平和垂直燃烧器位置示意图

(a) 侧视图；(b) 俯视图

试验步骤：取出试样放置在样品支架中心，若有床托则将床垫放在床托中心之上并与床托边缘齐平；点燃长明火点火器（注意控制点火器火焰，防止试验前点火器火焰直接作用到试样上），开始记录数据，2min 后点燃燃烧器并开始计时，在此期间应保证燃气流量稳定，50s 后关闭垂直燃烧器，70s 后关闭水平燃烧器和长明火，移走燃烧器，观察并记录样品发生熔融滴落、火热急剧增大、试样烧穿等燃烧现象的时间；试验进行 30min 或试样未出现任何可见烟气、持续火焰、闷烧或阴燃等燃烧现象时，停止试验并记录试验时间。

④试验结果

用热释放速率峰值和点火开始最初 10min 内的总放热量表示。

（4）附加等级

材料燃烧产生的大量烟气会遮挡火场人员的视线，妨碍火场人员逃生；燃烧释放的毒性气体可能对火场人员的身体造成直接伤害；而大量燃烧滴落物往往引起二次建筑火灾。考虑到材料的产烟特性、燃烧滴落物/微粒以及烟气毒性等火灾特性参数随材料种类和火灾现场具体环境条件的变化可能出现巨大差异，造成的危害程度各不相同，GB 8624—2012 将其作为相对独立的火灾特性参数加以考虑。这样，可以在不影响建筑材料及制品燃烧性能基本分级的前提下，更全面地描述建筑材料的实际火灾危险性。据此，附录 B 要求对于 A2 级、B 级和 C 级建筑材料及制品，应给出产烟特性等级 s、燃烧滴落物/微粒等级 d（铺地材料除外）和烟气毒性等级 t 等附加信息；对于 D 级建筑材料及制品，应给出产烟特性等级 s 和燃烧滴落物/微粒等级 d（铺地材料除外）等附加信息。

① 产烟特性

按 GB/T 20284 或 GB/T 11785 试验结果确定产烟特性附加等级 s1、s2、s3，具体分级试验方法和判据见表 3.19。烟气等级 s1 可以理解为"很少或没有烟气产生"，s2 为"较多烟气产生"，s3 为"大量烟气产生"。

表 3.19　产烟特性等级和分级判据

产烟特性等级	试验方法	分 级 判 据	
s1	GB/T 20284	除铺地制品和管状绝热制品外的建筑材料及制品	烟气生成速率指数 $SMOGRA \leqslant 30m^2/s^2$；试验 600s 总烟气生成量 $TSP_{600s} \leqslant 50m^2$
		管状绝热制品	烟气生成速率指数 $SMOGRA \leqslant 105m^2/s^2$；试验 600s 总烟气生成量 $TSP_{600s} \leqslant 250m^2$
	GB/T 11785	铺地材料	产烟量 $\leqslant 750\% \times min$
s2	GB/T 20284	除铺地制品和管状绝热制品外的建筑材料及制品	烟气生成速率指数 $SMOGRA \leqslant 180m^2/s^2$；试验 600s 总烟气生成量 $TSP_{600s} \leqslant 200m^2$
		管状绝热制品	烟气生成速率指数 $SMOGRA \leqslant 580m^2/s^2$；试验 600s 总烟气生成量 $TSP_{600s} \leqslant 1600m^2$
	GB/T 11785	铺地材料	未达到 s1
s3	GB/T 20284	未达到 s2	

② 燃烧滴落物/微粒

在燃烧性能试验中，某些建筑制品（例如聚苯乙烯等）会熔化并被引燃而形成燃烧滴落物，也有一些制品（例如木制品）在未完全炭化前容易形成滴落的燃烧颗粒，这些"燃烧滴落物或颗粒"可能在起火点之外的区域引燃材料，使燃烧区域扩大或引起二次火灾。这类制品应用于吊顶或屋顶上时必须考虑它的这一对火反应特性。通过观察 GB/T 20284 试验中燃烧滴落物/微粒的产生情况确定附加等级 d0、d1、d2，分别理解为 d0（没有）、d1（一些）和 d2（大量），具体分级判据见表 3.20。

表 3.20　燃烧滴落物/微粒等级和分级判据

燃烧滴落物/微粒等级	试验方法	分 级 判 据
d0		600s 内无燃烧滴落物/微粒
d1	GB/T 20284	600s 内燃烧滴落物/微粒，持续时间不超过 10s
d2		未达到 d1

欧盟有些国家的建筑规范对烟气和燃烧落物或颗粒等信息没有要求，但它在 CE 认证中是不可缺少的指标，其中 D 级制品被认为有大量烟气产生。同理，也只是观察测量高于 D 级的制品的燃烧滴落物/颗粒。

③ 产烟毒性

火灾对火场人员的最大威胁来自材料燃烧产物的毒性，应将其作为评价材料安全性能的重要参数。对材料燃烧烟气毒性的研究，包括材料燃烧模型的设计、烟气制取、成分分析等"方法学"的研究和烟气毒性对生物体的影响方式、影响程度等"毒理学"的研究，这一直是国际消防科研领域的重点和热点领域。GB 8624—2012 要求按 GB/T 20285 测试结果确定产烟毒性附加等级 t0、t1、t2，具体分级判据见表 3.21。

表 3.21　产烟毒性等级和分级判据

烟气毒性等级	试验方法	分 级 判 据
t0		达到准安全一级 ZA_1
t1	GB/T 20285	达到准安全三级 ZA_3
t2		未达到准安全三级 AZ_3

3.3.3　影响燃烧性能及其分级的因素

3.3.3.1　材料基本参数

建筑材料及制品的一些基本参数，例如厚度、密度、几何形状、组成、颜色、装饰面层（涂料）等会在不同程度上改变其燃烧性能，进而影响燃烧性能等级的划分。

对于不燃性试验（GB/T 5464），当材料厚度≥50mm 时，厚度对燃烧性能无影响；但当厚度＜50mm 时，试样需要层状叠加（两层或多层），各层之间可能存在间隙而增大试样本身的受热面，材料厚度变化可能对试验结果产生影响。对于可燃性试验（GB/T 8626），当材料厚度≥80mm 时，厚度对燃烧性能无影响；但当厚度＜80mm 时，材料厚度变化对试验结果有影响。

密度变化会显著影响材料及制品的燃烧性能，例如不同密度玻璃棉的不燃性试验结果差别很大。其他燃烧试验也是如此。

对于不燃性试验（GB/T 5464）和燃烧热值试验（GB/T 14402），材料中染色剂成分和使用数量的变化可能影响其燃烧性能，而颜色改变时会引起材料表面热吸收率的变化，同样会影响燃烧性能。对于塑料制品的氧指数试验（GB/T 2406.2），颜色改变对燃烧性能影响不大，但对组成和密度影响较大。

对于烟密度试验（GB/T 8627）、塑料的水平和垂直试验（GB/T 2408）、纺织品的氧指数试验（GB/T 5454）和垂直试验（GB/T 5455）、硬泡的垂直燃烧试验（GB/T 8333），密度、厚度、成分和表面涂层的变化是影响燃烧性能的主要因素，材料的颜色变化对燃烧性能影响不大。

常见材料基本参数对燃烧性能的影响见表 3.22 和表 3.23。

表 3.22　常见材料基本参数对部分燃烧试验结果的影响

材料参数	GB/T 5464	GB/T 14402	GB/T 8625	GB/T 8626	GB/T 11785	GB/T 2406
厚度	N（＊）	N	Y（＊）	Y（＊）	Y	N
密度	Y	Y	Y	Y	Y	Y
颜色	Y（—）	Y（—）	Y（—）	Y（—）	Y（—）	Y（—）
表面涂层	N（＊）	Y	Y	Y	Y	—
成分	Y	Y	Y	Y	Y	Y
几何形状	N	N	Y（—）	Y（—）	Y（—）	N
材料参数	GB/T 8627	GB/T 2408	GB/T 5454	GB/T 5455	GB/T 8332	GB/T 8333
厚度	Y	Y	Y（＊）	Y	Y	Y
密度	Y	Y	Y	Y	Y	Y
颜色	Y（—）	Y（—）	Y（—）	Y（—）	Y（—）	Y（—）
表面涂层	Y	—	—	—	—	—
成分	Y	Y	Y	Y	Y	Y
几何形状	N	N	N	N	N	N

注：Y：该参数变化对燃烧性能有影响；

　　N：该参数变化对燃烧性能无影响；

　　Y（—）：该参数变化可能对燃烧性能有影响；

　　Y（＊）：在该参数（或同其他参数）极限之下的变化对燃烧性能可能有影响，在该极限之上的变化则对燃烧性能无影响；

　　N（＊）：在该参数（或同其他参数）极限之上的变化对燃烧性能可能无影响，在该极限之下的变化则对燃烧性能有影响；

　　—：具有该参数的材料不适合采用这种燃烧试验方法评价。

表 3.23　影响建筑材料燃烧性能分级的材料参数

燃烧性能等级		影响分级的材料参数	评　价
A 级	匀质材料	密度	主要因素
		成分	
	复合夹芯材料	密度	主要因素
		有机成分比重	
		厚度	
		表面涂层	
		几何形状	
B 级	B₁ 级　难燃	密度	主要因素
		成分	
		厚度	
		表面涂层或表面材料	
		几何形状	次要因素
		颜色	
	B₂ 级　可燃	表面涂层或表面材料	主要因素
		成分	
		厚度	次要因素
		颜色	
	B₃ 级　易燃		

3.3.3.2　材料热物理特性

受热过程中，热塑性塑料和人造橡胶会发生软化、熔化，从热源处向外流淌的同时燃烧而产生燃烧滴落物。燃烧滴落物会引燃底部附近或聚集在底部的其他材料（类似于液池火），改变可燃性试验结果，例如可能使烟气温度升高，或可能引燃试样下方的滤纸等。

典型材料有聚乙烯、聚丙烯、聚苯乙烯、普通铝塑复合板、聚碳酸酯板等。

3.3.3.3　实际应用

材料在工程中的安装方式、固定方法，在建筑或结构上的使用部位、拼接方式（可能影响受热面积），使用的基材等实际应用状态同样会影响燃烧性能。要根据制品的最终应用条件，确定试验用基材及安装方式。标准燃烧试验一般要求试验时选用标准基材。

总之，现行的分级方法不再完全从材料本身的特性考虑，而是将材料的应用与材料本性统一起来评价其燃烧性能。也就是说，不能简单地从材料的特性判断材料的火灾危险性大小，必须同时考虑该材料的应用位置、应用方式等最终使用情况。这点与旧的分级体系之间存在明显区别，是消防安全理念的显著进步。

3.3.4　分级结果应用范围和分级报告

3.3.4.1　分级结果的应用范围

试验条件应根据制品的最终应用状态确定，以增强制品的燃烧性能等级与实际应用状态之间的相关性。试验用标准基材的选取和应用范围可参考 EN 13238—2001《建筑制品对火反应试验　样品准备和基材选择》中的有关要求，当采用实际使用或代表实际使用的非标准基材时，应明确分级结果仅适用于制品采用相同基材时的实际使用场所。对于粘结于基材的制品，试验结果的应用与粘结方式和粘接剂的属性、用量等有关，具体粘结要求由试验委托单位提供。

对于在实际应用中有多种不同厚度的制品，当最大厚度和最小厚度制品燃烧性能等级相同时，可认为中间厚度的制品也满足该燃烧性能等级；否则，应对每一厚度制品的燃烧性能进行分级试验。

在比较不同建筑制品的燃烧性能时，必须考虑试验条件等信息，否则可能产生错误的结果。例如，对聚氨酯泡沫进行试验时，用于外墙保温和通风管会采用不同的安装方式，作为外墙保温材料时采用机械固定在 A1 级基材上进行 SBI 试验，用于通风管道会采取直立自支撑的方式试验，两者可能得到不同的分级结果，不能直接比较。

对于混凝土、矿物棉、玻璃纤维、水泥纤维、石灰、金属（铁、钢、铜）、石膏、不含有机混合物的灰泥、硅酸钙材料、天然石材、石板、玻璃、陶瓷等材料和制品，如果均匀分散的有机物含量不超过 1％（质量和体积）时，可不通过试验即认为满足 A1 级的要求。对于由以上一种或多种材料分层复合的材料或制品，当胶水含量不超过 0.1％（质量和体积）时，认为该制品满足 A1 级的要求。

3.3.4.2　燃烧性能等级标识

（1）分级描述

经检验符合 GB 8624—2012 分级要求的建筑材料及制品，应在其产品上和说明书中冠以相应的燃烧性能等级标识。即 GB 8624 - A 级、GB 8624 - B_1 级、GB 8624 - B_2 级或 GB 8624 - B_3 级。

要求给出附加信息时，燃烧性能等级标识为：

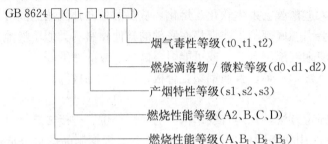

GB 8624 □(□-□，□，□)

———— 烟气毒性等级（t0、t1、t2）

———— 燃烧滴落物／微粒等级（d0、d1、d2）

———— 产烟特性等级（s1、s2、s3）

———— 燃烧性能等级（A2、B、C、D）

———— 燃烧性能等级（A、B_1、B_2、B_3）

例如，GB 8624 B_1（B-s1，d0，t1）表示建筑材料或制品属于 B_1 级难燃建筑材料或制品，燃烧性能细化分级为 B 级，产烟量特性等级为 s1 级，燃烧滴落物/微粒等级为 d0 级，产烟毒性等级为 t1 级，即准安全三级（ZA_3）。

（2）分级检验报告

分级检验报告应包括检验报告的编号和日期，检验报告的委托方，发布检验报告的机构名称，建筑材料及制品的名称和用途，建筑材料及制品的相关组分、组装方法等的详细说明或图纸描述及其他需要说明的内容，试验方法及试验结果，分级方法，建筑材料及制品的燃烧性能等级结论，分级结论的应用领域和注意事项，报告责任人和机构负责人的签名等。

建筑材料及制品描述还应包括应用于该等级建筑材料及制品的整体或部分相关制品的规格指标。分级报告中可以引用支持该等级的某一试验报告中对该制品的详细描述作为参考资料，也可以在分级报告中再次进行详细描述。详细描述包括对制品全部相关组分和组装方法等的完整描述。

3.3.5 与 GB 8624—2006 及其他国家或组织类似标准的对比

3.3.5.1 GB 8624—2012 与 GB 8624—2006 的主要差别

修改了前言、引言及部分术语和定义；修改了燃烧性能等级的划分和分级判据（2012 版第 4、5 章，2006 版第 4、10、11 章）；增加了建筑用制品的燃烧性能分级（2012 版 5.2），拓宽了应用范围；删除了试验方法、试验原理和试样制备、分级试验数量、建筑制品（除铺地材料以外）的试验、铺地材料试验、本分级的应用范围（2006 版第 5、6、7、8、9、13 章）；修改了燃烧性能等级标识以及附加信息和标识（2012 版第 6 章、附录 B，2006 版第 4、12 章）；删除了原附录 A、附录 B、附录 C 的内容，补充了新的附录 A、附录 B 和附录 C。

3.3.5.2 GB 8624—2012 与其他国家或组织相关标准的对比

（1）日本的标准

日本没有单独制定材料燃烧性能分级体系标准，对材料燃烧性能的要求分布在《建筑基准法》中，见表 3.24。将材料燃烧性能划分为不燃、准不燃和阻燃（难燃）三个等级。三个等级均依据 ISO 5660-1《对火反应试验——热释放、产烟量及质量损失速率　第 1 部分：热释放速率（锥形量热仪法）》（ISO 5660-1 Reaction to fire tests-Heat release, smoke production and mass loss rate-Part 1：Heat release rate (cone calorimeter method)）测得的材料总热释放量和最大热释放量划分，不燃级也可用 ISO 1182《制品的对火反应试验　不燃性试验》（Reaction to fire tests for products—Non-combustibility test）的试验结果表示，准不燃级和阻燃（难燃）级也可用 ISO/TS 17431—2006《火灾试验 缩尺模型盒试验》（Fire tests Reduced-scale model box test）的试验结果表示，有时还附加毒性试验。特点是没有单独的分类标准，试验方法均采用国际标准。

表3.24 日本内装饰材料分级

分 级	试 验 方 法	分级指标
不燃材料	ISO 5660-1，施加 50kW/m² 辐射热源 20min	$THR{\leqslant}8MJ/m^2$
准不燃材料	ISO 5660-1，施加 50kW/m² 辐射热源 10min	$PHR{\leqslant}200kJ/m^2$
阻燃材料	ISO 5660-1，施加 50kW/m² 辐射热源 5min	

（2）美国的标准

相关的标准和分类出现在国际建筑规范（international building code）中，主要考察建筑材料的可燃性（ASTM E 136）和火焰传播性（ASTM E 84）。

ASTM E 136《750℃下垂直管式炉中的材料燃烧性能试验》（Standard test method for behavior of materials in a vertical tube furnace at 750℃），是考察 750℃下干燥的 38mm×38mm×51mm 样品在小型竖炉中的行为，结论为是否通过。

室内装修材料的易燃性主要采用 ASTM E 84《建筑材料表面燃烧特性试验方法》（Standard test method for surface burning characteristics of building materials），重点考察材料的火焰传播指数 FSI。材料的 FSI 值越小，火灾危险性越小。同时，也考察烟气增长指数 SDI。根据火焰传播指数 FSI（要求烟指数小于 450），室内装修材料的易燃性分为 A、B、C（或Ⅰ、Ⅱ 和Ⅲ）三级，即 FSI 为 0～25、25～75、76～200。同时规定高层建筑和楼道应采用 $FSI{<}25$ 的材料，$25{<}FSI{<}100$ 的材料只能用于防火要求不是很严格的场所，而 $FSI{>}100$ 的材料不符合阻燃要求。

（3）欧洲的标准

在欧盟统一的分级标准 EN 13501 颁布之前，欧洲各国都有自己的材料燃烧性能分级体系。

法国将材料燃烧性能分为 M0、M1、M2、M3、M4 和 M5 共 6 个等级；英国分为不燃和可燃两类，可燃类分为 0 级、1 级、2 级、3 级、4 级；德国分为 A1、A2、B1、B2 和 B3 共 5 个等级；荷兰和意大利均分为 0 级、1 级、2 级、3 级、4 级 共 5 个等级。最早完成区域间材料燃烧性能测试方法和评价体系统一的是瑞典、丹麦、芬兰、挪威、冰岛北欧五国。

2002 年欧洲标准化委员会颁布了欧盟统一的材料燃烧性能分级标准，即 EN13501-1：2002《建筑制品和构件的火灾分级 第 1 部分：用对火反应试验数据的分级》。该标准颁布实施后，欧盟成员国原有的材料燃烧性能分级标准同时废止。GB 8624—2012 中对建筑材料及制品（除铺地制品和管状绝热制品）、铺地制品和管状绝热制品的燃烧性能分级和试验方法来源于 EN 13501-1：2007（Fire classification of construction products and building elements-Part1：Classsfication using data from reaction to fire tests），仅仅在描述上有所不同。其中的材料燃烧性能分级与欧盟 EN 13501-1：2007 分级具有明确的对应关系（表 3.25），国内企业可依据该标准与欧盟分级体系建立对应关系，这将有助于我国建材制品参与国际交流，也有助于国外建材企业理解和使用 GB 8624—2012 标准。

表 3.25 GB 8624—2012 与 EN 13501-1：2007 的分级对应关系

GB 8624—2012 分级		EN13501-1：2007 分级
A 级	A1 级	A1 级
	A2 级	A2 级
B₁ 级	B 级	B 级/Bₙ 级/B_L 级
	C 级	C 级/Cₙ 级/C_L 级
B₂ 级	D 级	D 级/Dₙ 级/D_L 级
	E 级	E 级/Eₙ 级/E_L 级
B₃ 级	F 级	F 级

4 建筑材料及制品燃烧性能试验方法

理想的火灾试验方法应能准确模拟材料或制品的最终应用状态和相对位置，试验结果具有较高的科学价值，与计算方法或模型结合时能预测其在最终应用状态下的适用性。

4.1 试验方法分类

4.1.1 模拟真实火灾行为时遇到的困难

利用试验过程模拟材料的真实火灾行为时，试验结果通常随试验规模、试验环境、材料的几何形状及其相对位置的变化而发生变化。同时，由于火灾试验装置普遍存在一定的局限性，人们无法模拟各种火灾环境，这些都使得建筑材料和制品的燃烧性能试验结果存在明显的局限性。

如何设计科学、合理的试验方法，全面揭示材料或制品的基本火灾性能，已经成为消防科技工作者面临的一项艰巨任务。

4.1.2 试验方法分类

按空间尺度可将材料和制品的燃烧性能试验方法分为大型试验、中型试验和小型试验等3类。

4.1.2.1 大型试验

（1）整体试验

这是指试件尺寸接近实际制品，试验条件非常接近实际火灾现场的燃烧性能试验方法。一般在室外进行。试验对象是整个建筑物或整个车辆（至少是整机的核心），某些制品（例如椅子、插座等）的燃烧试验不属于大型试验。

整体试验一般参考正常使用条件进行，具有极高的参考价值，主要用于建筑、运输和矿山行业。例如，建筑领域对墙壁、吊顶、房顶、地板、窗户、燃气管道、电缆管道等进行大型燃烧试验；运输业对飞机、舰艇及车辆进行大型燃烧试验等。

整体试验的费用高、费时较长，信息/费用比偏低，因此应用较少。

（2）舱室试验

这是指在一个封闭空间内进行的燃烧性能试验方法，例如建筑物的一个房间、轿车内部、机车的一个车厢等。在此空间内火灾能够发展为轰燃。

特点是燃烧性能参数的测量过程与实验室相似，但通常试验结果与真实火灾有较高相关性。

与这类试验过程有关的舱室最佳大小和形状、试件的尺寸和位置、点火源、试验条件、数据处理方法及结论等已经有大量研究成果。美国与建筑行业相关的试验例如 ASTM E 603-07《室内火灾试验标准指南》（Standard guide for room fire experiments）、ASTM E

1537《软垫家具火灾试验方法》（Standard test method for fire testing of upholstered furniture）、ASTM E 1590《床垫火灾试验方法》（Standard test method for fire testing of mattresses）等均属于舱室规模的试验。

（3）单一材料或制品试验

这是指仅考察一种材料或制品，但试件大小与实际应用相同的燃烧试验方法。它的特点是能够对一些引发特殊火灾危害的燃烧参数给出较准确的试验结果，且费用较低。

墙角火试验 ISO 9705 就是一个典型例子，它可用于评价衬里材料或表面材料的火灾危害性。一些"部件试验"也属于此类，例如用来测定民航旅客坐椅火灾危害性的试验等。

4.1.2.2　小型试验

这是基于经验和对火灾阶段及其危害的了解开发出来的小规模试验方法。它可用于火灾的每个阶段，对材料的各种火灾特性进行简单测量。

在小型标准试验条件下，一般只能测量影响燃烧过程的某个特定方面，很多环境因素（例如通风、热效应、几何因素等）无法定量考察，所以不能完整地反映燃烧过程，试验结果也不能很好地反映材料在真实火灾中的行为。

不过，这些标准试验对性能化消防规范非常有用，而性能化消防规范是对处方式规范的完善或替代。用于建筑材料和制品燃烧性能分级的试验方法一般属于小型试验。

4.1.2.3　中型试验

为了提高试验结果与真实火灾行为之间的相关性，人们已经开发出一些中型试验（例如 ISO 建立的标准小室试验），它能够更好地在小型试验和大型试验之间建立联系。各种尺度的材料对火反应特性试验简介见表 4.1。

表 4.1　各种尺度的材料对火反应特性试验

尺度	试验标准	主要应用	获 取 参 数
小	锥形量热仪/ISO 5660/ASTM E 1354	模拟房间火灾或相邻燃烧物体场景下的材料火灾特性	热释放速率;总热释放量,有效燃烧热;质量损失速率;点燃时间;CO,CO_2 生成率;烟气消光面积
	垂直燃烧性能/UL 94	塑料、织物、橡胶等材料	分级,V-2/V-1/V-0/5V A/5V B
	极限氧指数/ASTM D 2863	塑料、织物、橡胶等材料	LOI(%)
	NBS 烟箱/ASTM E 662	固体可燃材料和组件	特殊光密度
	辐射板测试/ASTM E 162/3675	建筑制品、泡沫塑料	火焰蔓延指数
	燃烧毒性/ASTM E 1678	塑料、织物、橡胶等材料	着火时间;生烟速率;质量损失率;毒性(气体分析)

续表

尺度	试验标准	主要应用	获 取 参 数
中	房屋/墙角火试验/ISO 9705	可燃材料构件、组件或终端制品	烟气质量流量;烟气中的O_2、CO_2及CO体积分数;烟气光学密度;热释放速率
	SBI试验/EN 13823	建筑表面衬套材料	火灾增长速率($FIGRA$)指数,用于分级
	锥形量热仪/ASTM E 1623	较大物品,如构件和组件	热释放速率;烟气遮光度;CO生成率
	家具量热计/ASTM E 114-74	大型物品,如家具	热释放速率;烟气遮光度;CO生成率
大	房屋量热计/NFPA 265	墙体衬套材料的处方式准则	烟气质量流量;烟气中的O_2、CO_2及CO体积分数;烟气光学密度;热释放速率;表面可燃材料的燃烧性能
	Steiner Tunnel/UL 1256	内装饰材料、电缆	火焰蔓延(常用)、烟气发展(少用)、燃料消耗(不用)等特性,用于定性分级和控制材料选用
超大	非标准实验(耗氧原理)	超大物品或非常规情形	热释放速率、发烟量和生烟率

总之,只有从真实火灾及大型火灾物理模型出发,通过建立缩小规模但能够保持系统重要化学反应、热质传递特性和关键影响因素的试验,增强试验结果与真实火灾过程之间的关联性,才能提高试验结果对实际火灾的模拟和预测能力。这类试验的典型例子包括墙角火试验、舱室试验等。

4.2 建筑材料不燃性试验方法

4.2.1 简介

GB/T 5464—2010《建筑材料不燃性试验方法》（Non-combustibility testmethod for building materials）等同采用了 ISO 1182：2002《建筑制品对火反应试验 不燃性试验》(ISO 1182：2002 Reaction to fire tests for building products—Non combustibility test)，规定了特定条件下匀质建筑制品和非匀质建筑制品主要组分的不燃性试验方法,用于评价材料或制品在约 750℃温度下产生的热量和火焰,这种情况通常发生在固定通风条件下的火灾增长阶段。GB/T 5464 是评价制品燃烧性能是否达到 A 级的主要试验方法之一,它不适合测试有涂层、饰面层或多层制品,也不能直接评定材料的实际火灾危险性,更不能作为建筑材料和制品火灾危险性有效评价的唯一依据。对于复合制品,可以对组成该制品的各组分材料分别进行测试,还可用其他对火反应试验方法评定有涂层、饰面层或多层建筑制品的燃烧性能。

4.2.2 试验装置和试样

4.2.2.1 试验装置

试验装置为一加热炉系统，主要包括有电热线圈的耐火管及其外部覆盖的隔热层、加热炉底部的锥形空气稳流器和顶部的气流罩、加热炉支架、试样架及其插入装置、测温系统等，如图 4.1 所示。

加热炉管由表 4.2 规定的密度为(2800±300)kg/m³ 的铝矾土耐火材料制成，高(150±1)mm、内径(75±1)mm、壁厚(10±1)mm。管外缠绕 0.2mm 厚、3mm 宽的 80/20 镍铬电阻带，如图 4.2 所示。在炉壁的三条相互等距的垂直轴线(0°、120°、240°)上测定壁温，即测定每条轴线上位于加热炉高度中心处及距该中心上下各30mm 处共 3 点的温度。加热炉管安置在隔热材料制成的高 150mm、壁厚 10mm 的圆柱管中心部位，二者间的环形空间内填充氧化镁粉保温材料。

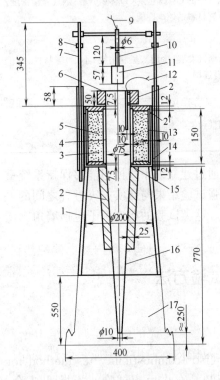

图 4.1 不燃性试验装置的结构

1—支架；2—矿棉隔热层；3—氧化镁粉；
4—耐火管；5—加热电阻带；6—气流罩；
7—插入装置；8—固位块；9—试样
热电偶；10—支撑件钢管；11—试样架；
12—炉内热电偶；13—外部隔热管；
14—矿棉；15—密封件；16—空气稳
流器；17—气流屏（钢板）

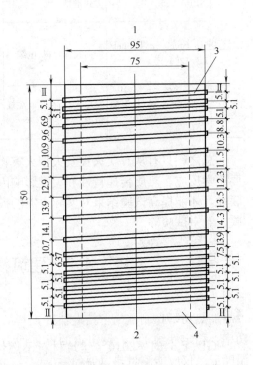

图 4.2 加热线圈布置示意图

1—顶部；2—底部；3—电阻带；4—耐火管

表 4.2 矾土耐火材料的组成要求

材　　料	含量 （质量分数） （%）	材　　料	含量 （质量分数） （%）
三氧化二铝（Al_2O_3）	>89	二氧化钛（TiO_2）	<0.25
二氧化硅和三氧化二铝 （SiO_2，Al_2O_3）	>98	氧化锰（Mn_3O_4）	<0.1
三氧化二铁（Fe_2O_3）	<0.45	其他微量氧化物 （Na、K、Ca、Mg 氧化物）	其余

　　加热炉管底部连接一个两端开口的倒锥形空气稳流器，长度为 500mm，内径从顶部的 (75 ± 1)mm 均匀缩减至底部的 (10 ± 1)mm。要求材质为 1mm 厚钢板，且内表面光滑、与加热炉接口处的密封良好，空气稳流器上半部需做保温处理。

　　气流罩的材质与空气稳流器相同，安装在加热炉顶部，高 50mm、内径 (75 ± 1)mm，与加热炉接口处内表面应光滑，应采用适当材料进行外部隔热保温。

　　加热炉、空气稳流器和气流罩的组合体应安装在稳固的水平支架上，支架有底座和用于减少稳流器底部气流抽力的气流屏，气流屏高 550mm，稳流器底部高于支架底面 250mm。

　　试样架由镍/铬或耐热钢丝制成，底部装有一层耐热金属丝网盘，试样架质量 (15 ± 2)g，悬挂在外径 6mm、内径 4mm 的不锈钢管制成的支承件底端，如图 4.3 所示。试样架插入装置为一根能够在加热炉侧面的垂直导槽内自由滑动的金属杆，保证试验期间试样准确定位于加热炉的几何中心。对于松散填充材料，试样架应为外径与试样相同的圆柱体，用耐热钢丝网制成，试样架顶部应开口，且质量不超过 30g。

　　热电偶采用丝径 0.3mm、外径 1.5mm 的一级 K 型或 N 型热电偶，炉内热电偶的热接点应绝缘、不能接地，炉内热电偶的热接点距加热炉管壁 (10 ± 0.5)mm，且位于加热炉管高度的中点处。接触式热电偶应焊接在直径 (10 ± 0.2)mm 和高 (15 ± 0.2)mm 的铜柱体上，如图 4.4 所示。

　　加热功率控制器为可控硅器件，其最大电压不超过 100V，电流的限度能调节至 100% 功率，稳定性约 1%，设定点的重复性为 $\pm1\%$，在设定范围内，输出功率应呈线性变化。温度记录仪应能测量热电偶的输出信号，精度约 1℃ 或相应毫伏值，并能生成间隔时间不超过 1s 的持续记录。图 4.5 为建筑材料不燃性试验仪的效果图。

4.2.2.2　试样

　　试样为体积 (76 ± 8)cm³、直径 $45_{-2}^{\ 0}$mm、高度 (50 ± 3)mm 的圆柱体，数量为 5 个。若试样厚度不足 (50 ± 3)mm，可通过层数叠加或调整材料以达到要求厚度。每层材料均应在试样架中水平放置，并用两根直径不超过 0.5mm 的铁丝将各层捆扎在一起，松紧程度以能排除层间空气、又不施加明显压力为宜，密度应尽可能与生产商提供的制品密度一致。松散填充材料应代表实际使用的外观和密度等特性。试样应设有直径为 2mm 的中心孔，孔深应达试样几何中心。

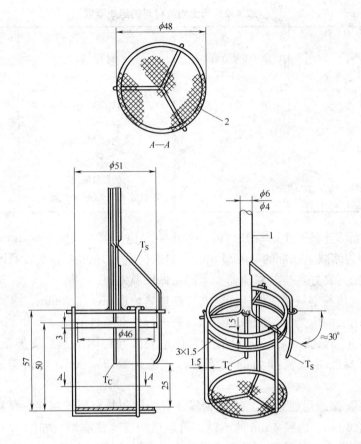

图 4.3 试样架
1—支承件钢管；2—网盘(网孔 0.9mm、丝径 0.4mm)
T_C—试样中心热电偶；T_S—试样表面热电偶(T_C 和 T_S 可任选使用)

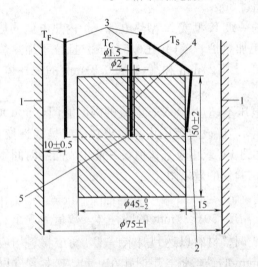

图 4.4 加热炉、试样、热电偶的位置
1—炉壁；2—中部温度；3—热电偶；
4—直径 2mm 的孔；5—热电偶与材料间的接触
T_F—炉内热电偶；T_C—试样中心热电偶；
T_S—试样表面热电偶（T_C 和 T_S 可任选使用）

图 4.5 建筑材料不燃性试验仪效果图

对于含水率较低的材料，试验前将制好的试样放置在（60±5）℃的通风干燥箱内调节20～24h，使试样达到恒重；对于含水率较高的材料，应将试样放置到通风干燥箱内在较高温度下调节，通常可选择在100℃的干燥环境中进行。试验前应称量每组试样的质量，精度达0.01g。

4.2.3 试验步骤

4.2.3.1 试验环境

试验装置不能设在风口，不要受强光或人工光照射，以利于观察炉内火焰，试验过程中室温变化不超过＋5℃。

4.2.3.2 炉温校准

使用新的加热炉或更换加热炉管、加热电阻带、隔热材料或电源时，应对炉温进行校准。

（1）炉壁温度校准

当炉内温度稳定在规定温度范围内时，记录炉壁上三条相互等距的垂直轴线上的炉壁温度，计算三条垂轴线上的平均温度和炉壁平均温度、三条垂轴线上的平均温度与炉壁平均温度的相对偏差及其平均值（后者不得超过0.5%）、三条垂轴线上同一高度处的平均温度（要求＋30mm处的平均壁温低于－30mm处的平均壁温）及其与平均炉壁温度的相对偏差（不超过1.5%），上述温度及其偏差均应达到相关要求。

（2）炉内温度校准

当炉内温度稳定在规定温度范围内并完成炉壁温度校准后，使用接触式热电偶沿加热炉中心轴线测量炉温。从中点开始，按固定步长向下移动接触式热电偶，测量中心轴线上各点温度至加热炉底部，然后从最低点向上以相同步长测定中心轴线上各点温度，再从顶部向下以相同方法测定中心轴线上各点温度至中点。

计算同一测点的平均温度，要求位于同一高度处的温度平均值应处于以下公式规定的范围内：

$$T_{min}=541653+(5901\times x)-(0.067\times x^2)+(3375\times 10^{-4}\times x^3)$$
$$-(8553\times 10^{-7}\times x^4) \tag{4.1a}$$
$$T_{max}=613906+(5333\times x)-(0.081\times x^2)+(5779\times 10^{-4}\times x^3)$$
$$-(1767\times 10^{-7}\times x^4) \tag{4.1b}$$

式中，x 为炉内高度，mm；$x=0$ 对应于加热炉底部。

具体温度范围如图4.6所示。

4.2.3.3 试验程序

检查线路及仪表间的连接是否良好，仪表的设置是否正确，试验期间加热炉不应采用自动恒温控制。试验前应确保整台装置处于良好工作状态，例如空气稳流器整洁畅通、插入装置能平稳滑动、试样架能准确位于炉内规定位置等。将试样架及其支承件从炉内移出。

开始加热，调节加热炉的输入功率，使炉内热电偶测试的炉内平均温度平衡在（750±5）℃至少10min，且在10min内其温度漂移（线性回归）不超过2℃、相对平均温度的最大偏差不超过10℃，同时连续记录温度，如图4.7所示。

将按规定制备、称重并经状态调节的试样放入试样架内，试样架悬挂在支承件上。将试

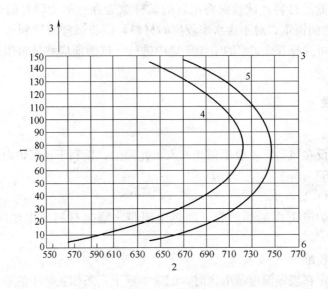

图 4.6　加热炉中心轴线上的温度分布曲线

1—炉体高度（mm）；2—温度（℃）；3—炉体顶部；4—温度下限（T_{min}）；

5—温度上限（T_{max}）；6—炉体底部

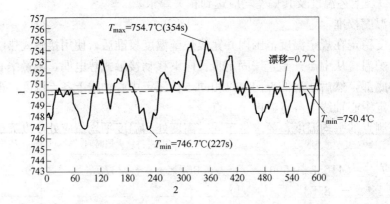

图 4.7　初始温度平衡示意图

注：平均温度 750.4℃，温度最大偏差为 4.3℃，漂移为 0.7℃。

样架插入炉内中心位置（该操作应在 5s 内完成），立即开启计时器。

试验过程中记录炉内热电偶测量的温度（主要是炉内初始温度、最高温度、最终温度），必要时需同时记录试样表面和中心温度。试验的最终温度是指试验过程最后 1min 的平均温度。

如果炉内温度在 30min 时达到最终平衡温度（即由热电偶测量的温度在 10min 内漂移不超过 2℃），可停止试验。若 30min 内未达到平衡温度则应继续试验，同时每隔 5min 检查是否达到最终平衡温度，达到平衡要求或试验时间达 60min 时应结束试验，记录试验持续时间。若试验使用了附加热电偶，则应在所有热电偶均达到最终平衡温度时或当试验时间为 60min 时结束试验。

试验期间注意观察试样的燃烧行为，记录出现的持续火焰及其时间，试样可见表面上产生持续 5s 以上的连续火焰时应视为持续火焰。

从加热炉内取出试样架，收集试验过程中试样碎裂或掉落的所有碳化物、灰和其他残余物，与试样共同放入干燥皿中冷却至环境温度后称量得试样的残留质量。

4.2.4　试验结果及其准确性

4.2.4.1　试验结果的表示

（1）温升 ΔT

温升是指试验过程中炉内的平均最大温度升高值。即

$$\Delta T = \frac{\sum_{i=1}^{5}(T_{M_i} - T_{f_i})}{5} \tag{4.2}$$

式中，T_{M_i} 为第 i 次试验时的炉内最高温度，℃；T_{f_i} 为第 i 次试验时的炉内最终温度，℃。

可用类似方法计算试样表面和中心的平均温升。

（2）质量损失率 Δm

质量损失率是指相对于试样的初始质量，试验前后 5 个试样的平均质量损失率。设置该判据的目的是排除可燃材料或低密度材料达到 A 级，但并不是说质量损失率较高的材料就是可燃材料。

（3）持续燃烧时间

5 个试样火焰持续时间总和的平均值称为持续燃烧时间，以秒为单位。

部分常用建筑材料的不燃性试验结果见表 4.3，显然内部含有一定数量有机组分的纤维增强硅酸钙板和陶瓷纤维板的温升较高。

表 4.3　常用建筑材料的不燃性试验结果

材料名称	$\Delta T_f(℃)$	持续火焰时间(s)	质量损失率(%)
无机玻璃钢	1	0	38.2
玻璃板	1	0	34.5
纤维增强硅酸钙板	16	0	15.9
无机防火板	3	0	40.4
硅酸铝棉板	1	0	0.2
菱镁板	1	0	34.5
玻璃棉板	3	0	3.8
岩棉板	3	0	4.2
陶瓷纤维棉板	76	43	14.8
铝镁保温材料	2	7	15.2
增强水泥纤维板	4	0	13.0
氟硅材料	1	0	9.4

4.2.4.2　试验结果的精确性

（1）基本概念

通常用"正确度"和"精密度"来描述一种测量方法的准确度。

正确度（trueness）：指大量测试结果的（算术）平均值与真值或接受参照值之间的一致程度。

接受参照值（accepted reference value）：用作比较的经协商同意的标准值。它来自基于科学原理的理论值或确定值、一些国家或国际组织实验工作的指定值或认证值、科学或工程组织赞助下合作实验工作中的同意值或认证值，若这三种方法均不能获得接受参照值时则使用（可测）量的期望值，即规定测量总体的均值。

精密度（precision）：在规定条件下，独立测试结果间的一致程度。在相同条件下对同一或认为相同的物料进行测试，一般不会得到相同结果。在每个测量程序中不可避免地会出现随机误差，影响测量结果的各种因素无法被完全控制。由不同操作员所做的测量和在不同设备上进行的测量通常要比在短时间内由同一操作员使用相同的设备进行测量产生的变异大。

重复性（repeatability）：在重复性条件下的精密度。重复性条件包括尽量相同的程序、人员、仪器、环境和短的时间间隔等。

重复性标准差（repeatability standard deviation）：在重复性条件下所得测试结果的标准差。它是重复性条件下测试结果分布的分散性度量，用 S_r 表示。

重复性限（repeatability limit）：一个数值。在重复性条件下，两个测试结果的绝对差小于或等于该数的概率为95%，用 r 来表示。

再现性（reproducibility）：在再现性条件下的精密度。再现性条件指改变了的测量条件，包括测量原理、测量方法、观测者、测量仪器、参考测量标准、地点、使用条件及时间。

再现性标准差（reproducibility standard deviation）：在再现性条件下所得测试结果的标准差。它是再现性条件下测试结果分布的分散性度量，用 S_R 表示。

再现性限（reproducibility limit）：一个数值。在再现性条件下，两个测试结果的绝对差小于或等于该数的概率为95%，用符号 R 表示。

（2）试验方法的统计结果

表4.4给出了利用建筑材料不燃性试验标准方法进行的循环验证试验中所用制品的物理特性，相应的统计分析结果见表4.5。在置信水平为95%下计算的统计结果，r 和 R 等于合理标准偏差的2.8倍。统计数据包括离散值，但异常值除外。

表4.4　循环试验中所用制品的物理特性

制　品	密度(kg/m³)	厚度(mm)
玻璃棉	10.9	100
石棉	145	50
纤维增强硅钙板	460	50.8
木纤维板	50	—
石膏纤维板(100wt%纸纤维)	1100	25
纤维素松散填充材料	30	—
矿棉松散填充材料	30	—
蛭石硅酸钙	190	50.1
聚苯乙烯水泥板	—	—

表 4.5　循环试验的统计分析结果

$\Delta T(℃)$	平均值 m	标准偏差 S_r	标准偏差 S_R	r	R	S_r/m （%）	S_R/m （%）
$\Delta T(℃)$	1.60～ 144.17	1.13～ 20.17	1.13～ 54.26	3.15～ 56.47	3.15～ 151.94	9.37～ 70.36	0.64～ 0.36
$\Delta m(\%)$	2.12～ 90.13	0.25～ 1.68	0.33～ 3.06	0.71～ 4.70	0.93～ 8.57	0.55～ 30.64	1.34～ 30.64
$t_f(s)$	0.00～ 251.22	0.00～ 37.05	0.00～ 61.75	0.00～ 103.73	0.00～ 172.90	9.19～ 43.37	23.94～ 136.19

（3）系列试验的统计模型

通过研究提出了系列试验的线性预测模型，表 4.6 给出了相应的系数。

表 4.6　试验结果的线性预测模型

参数	S_r	S_R	r	R
$\Delta T(℃)$	$=1.26+0.10\times\Delta T$	$=0.96+0.26\times\Delta T$	$=3.53+0.29\times\Delta T$	$=2.68+0.73\times\Delta T$
$\Delta m(\%)$	$=0.00+0.09\times\Delta m$	$=0.00+0.11\times\Delta m$	$=0.00+0.24\times\Delta m$	$=0.00+0.30\times\Delta m$
$t_f(s)$	$=0.00+0.14\times t_f$	$=0.00+0.32\times t_f$	$=0.00+0.38\times t_f$	$=0.00+0.89\times t_f$

可利用上述模型预测建筑材料和制品的不燃性试验结果。例如，假定某测试机构已给出一种制品试样的温升测量结果为 +25℃，若该实验室对相同产品进行二次测试，则重复性限 r 的估计值为

$$r=3.53+0.29\times25\approx11℃$$

即第二次试验的结果落在 +14～+36℃的概率为 95%。

如果同一产品由另一实验室测试，则再现性限 R 的评估值为

$$R=2.68+0.73\times25\approx21℃$$

即该实验室的试验结果落在 +4～+46℃的概率为 95%。

4.2.5　GB/T 5464—2010 的局限性及其与 GB/T 5464—1999 的主要差别

4.2.5.1　GB/T 5464 的局限性

在试验温度下熔化或收缩的非热稳定性材料（如可燃材料），试样热电偶不能正确测量试验数据。熔点较低的金属材料，由于试验过程中存在氧化作用，试验后试样的质量可能增加。有涂层、饰面层或多层制品在确定试样规格时存在困难。所以，不能评价这几类材料，即使表面涂层厚度和面密度非常小。

4.2.5.2　GB/T 5464—2010 与 GB/T 5464—1999 的主要差别

总体来看，GB/T 5464—2010 与 1999 版没有根本性的变化，但对于炉体温度的参数要求更全面、更具体，同时要求计算的参数增加，使用普通的温度记录仪已较难以满足要求，特别是进行温度校准时，需全面采集温度、位移（或人工测量）并进行综合计算。具体差别表现为：

2010 版标准的适用范围扩大，适用于匀质建筑制品和非匀质建筑制品，同时增加了规范性引用文件、术语和定义的内容。

试样体积调整为（76±8）cm³，1999 版标准为（80±5）cm³，试样直径与高度不变。增

加了试样的状态调节程序，试验前按 EN 13328 进行状态调节，再放入烘箱中进行干燥。要求试验前后称重精确至 0.01g，1999 版为 0.1g。

删除了加热炉管（包括固定电热线圈的耐火水泥层在内）总壁厚不超过 15mm 的要求；删除了加热炉外的圆柱管外径要求（1999 版标准外径为 200mm），但高度和厚度保持不变。加热炉与圆柱管之间的环状空间填充的氧化镁粉密度由（140±20）kg/m³ 修改为（170±30）kg/m³。

增加了松散材料的试样架，规定试样架为圆柱体，外径与试样外径相同，采用类似原标准试验架底部的金属丝网的耐热钢丝网制作，试验架顶部开口，质量不超过 30g。

增加了接触式热电偶的要求，要求采用丝径 0.3mm、外径 1.5mm 的 K 型或 N 型热电偶，用于校准炉壁温度，但要求热接点应绝缘但不能接地，将热电偶焊接在直径（10±0.2）mm 和高度（15±0.2）mm 的铜柱体上；1999 版标准为将热电偶弯折成一定形状直接接触炉壁内表面；对于另外三根热电偶即炉内、试样表面、试验中心热电偶的要求与 1999 版标准相同，但规定为绝缘型热电偶。

增加了试验环境的要求，明确试验装置不设在风口，也不受任何形式的强烈日照或人工光照，以利于对炉内火焰的观察，且试验过程中室温变化不超过 5℃。

增加了炉温平衡的要求，即炉内温度平均值平衡在（750±5）℃至少 10min，温度漂移（线性回归）在 10min 内不超过 2℃，给出了温度漂移的具体计算公式，要求温度记录仪具备实时计算的功能，或将数据传输至电脑进行计算。

增加了炉壁温度和炉内温度的校准程序。取消了 1999 版中炉壁温度（835±10）℃的要求，换作炉壁三条垂轴线的温度相对平均炉壁温度的偏差量不超过 0.5%，三条垂轴线上同一位置的平均炉壁温度的偏差量不超过 1.5%。进行炉内温度校准时，要求符合有公式规定的相应位移与温度的对应关系，同时测量热电偶的位移，记录相关数据并进行计算。

试验结束时间改为热电偶达到最终温度平衡时间或 60min，1999 版标准为 30min 或最终温度平衡时间。增加了附加热电偶的要求，原先的试样中心热电偶和试样表面热电偶变为附加热电偶，可根据需要使用。对于热稳定性较差的材料可不设试样中心热电偶。

4.2.6 其他不燃性标准试验方法

4.2.6.1 ASTM E 136 材料在垂直管式炉中的行为

在试验条件下，采用小型装置评估建筑材料的不燃性。试验装置由两个垂直的同心耐火管构成，内径分别为 76mm 和 102mm，高度为 210～250mm。利用缠绕在较大耐火管外部的电热线圈加热，允许受控空气流接近两个耐火管间的环形空间顶部并通向内管底部，内管顶部封闭。用热电偶测定 2 个同心耐火管之间、接近试样位置和试样表面三者中心处的温度。

采用颗粒状或粉末状试样，将试样放入尺寸为 38mm×38mm×51mm 的试样架内，试样的数量为 4 个。

试验方法：当炉内温度达（750±5.5）℃并持续 15min 时，将试样放置在垂直耐火管内的中心位置，要求试验持续至所有温度测量值达到最大值或试样不能通过试验时为止。试验过程中观察试样特性、燃烧剧烈程度、烟气生成、熔化和炭化等现象，试验前后对试样称重。

判据：质量损失不大于 50%，在试验开始后的前 30s 内，样品表面和内部的温升不超过 30℃且不燃烧；若质量损失大于 50%，则材料温度不超过试验前测得的材料达到稳定时的温度，且整个试验过程中样品不燃烧；没有火焰或火焰持续时间不超过 20s。

试验结论：全部 4 个样品中的 3 个通过试验，可判定材料为不燃材料。

特点：非常严格的试验方法。测试材料中即使只含有少量可燃成分也常常会导致试验失败。例如石膏板与纸面石膏板。

ASTM E 136 有一个重要缺陷，就是无法定量测量材料的热释放率或燃烧性，只能定性给出一个通过或不通过的结论。尽管如此，ASTM E 136 仍不失为一个非常严格的试验。

根据 ASTM E 136，含有可燃性黏合剂和矿物木质隔热材料、炉渣混凝土、水泥与木屑的复合材料、木纤维增强石膏板等都判定为可燃材料。石膏墙板的板芯能满足不燃性规定要求，而纸面石膏墙板却不能通过不燃性试验。此外，对可燃材料进行阻燃处理并不能使之成为不燃材料，其试验结果也达不到 ASTM E 136 的要求。

4.2.6.2 CAN/ULC S114-05 建筑材料不燃性试验

CAN/ULC S114-05 Standard method of test for determination of non-combustibility in building materials

样品尺寸：38mm×38mm×51mm；数量：3 个。

试验方法：电炉温度为 750℃，试验时间为 15min。

判据：3 个试样的出气口中废气温升均不能超过 36℃，试验开始后的前 30s 内无一试样燃烧，失重均不超过 20%。

该方法不适合于带装饰或保护涂层的材料、层压材料等的不燃性评价。

4.2.6.3 GOST 30244-94 俄罗斯建筑材料燃烧性能分级方法中的非可燃材料试验

GOST 30244-94《俄罗斯建筑材料燃烧性能分级方法》中试验方法 I（第 6 节）适用于将建筑材料列入非可燃类或可燃类的材料（表 4.7）。如果材料中有机物质的质量不超过 2%，建议根据方法 I 进行试验。不符合表 4.7 中非可燃性参数要求的任何一项时，建筑材料为可燃类材料，而不能列为非可燃类材料。

表 4.7 俄罗斯建筑材料的非可燃性参数（方法 I）

燃烧性能等级	试 验 方 法	判 据
非可燃类材料	ISO 1182	炉内温升≤50℃ 持续燃烧时间≤10s 质量损失率≤50%

该方法与我国 GB 8624—1997 中 A 级匀质材料和原德国标准 A1 级不燃材料相类似，但判据有重大变化。它要求在 750℃炉温下，材料稳定灼热燃烧持续时间不能超过 10s，而 GB 8624—1997 中 A 级匀质材料和原德国标准中 A1 级不燃材料的此项要求为不超过 20s。在 GB 8624—2012 和 EN 13501：2002 中 A1 级的性能指标为无持续燃烧（0s），炉内温升 ≤30℃，同样与 GOST 30244-94 有差别。

4.3 建筑材料可燃性试验方法

4.3.1 简介

GB/T 8626—2007《建筑材料可燃性试验方法》（Test method of flammability for building materials）等同采用了 ISO 11925-2：2002《对火反应试验 建筑制品在火焰直接冲击下

的可燃性 第2部分：单火源试验》（Reaction to fire tests-Ignitability of building products subjected to direct impingement of flame-Part 2：Single-flame source test），规定了在没有外加辐射的条件下，用小火焰直接冲击垂直放置的试样以测定建筑制品可燃性的方法。此方法适用于测试有涂层、有饰面层或多层的制品以及未被火焰点燃就产生熔化或收缩的制品，但对厚度大于10mm的多层制品必须进行附加试验。试验结果仅与试样在特定试验条件下的性能相关，可用于实验室条件下评定建筑材料是否具有可燃性，不能将其作为评价制品在实际使用中潜在火灾危险性的唯一依据。

4.3.2 试验装置

可燃性试验装置主要由燃烧箱、燃烧器、试样夹、挂杆、火焰检查装置和收集盘等部件组成。

4.3.2.1 燃烧箱

由安装有耐热玻璃门的不锈钢钢板制成，可以从箱体的正面和一个侧面完成试验操作和观察。燃烧箱经由箱体底部的方形盒体进行自然通风，方形盒体由厚度1.5mm的不锈钢制成，盒体的高度为50mm，开口面积为25mm×25mm。为了实现自然通风，箱体应放置在高40mm的支座上，同时应封闭箱体正面两支座之间的空气间隙，如图4.8所示。在只引燃燃烧器和打开抽风罩的条件下，箱体烟道内的空气流速应为（0.7±0.1）m/s。燃烧箱应放

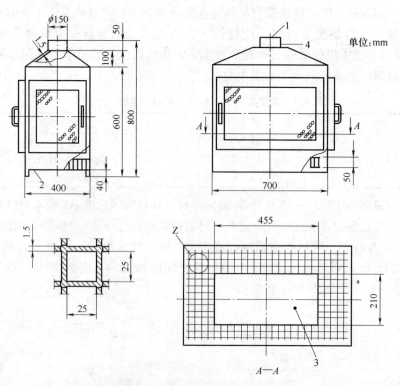

图4.8 燃烧箱示意图

1—空气流速测量点；2—金属丝网格；3—水平钢板；4—烟道

注：除规定了公差外，全部尺寸均为公称值。

置在合适的抽风罩下方。

4.3.2.2 燃烧器

燃烧器的结构如图4.9所示。燃烧器的设计应使其能在垂直方向使用或与垂直轴线成45°角。燃烧器应安装在水平钢板上，并可沿燃烧箱的中心线方向前后平稳移动。燃烧器应安装一个微调阀用于调节火焰高度。

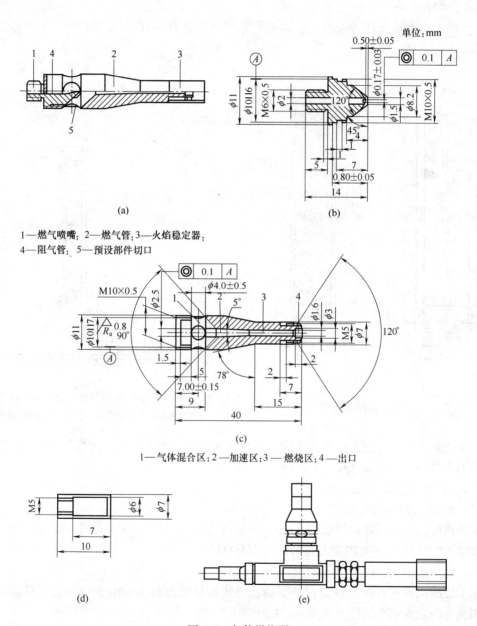

图 4.9　气体燃烧器

（a）燃烧器结构；（b）燃气喷嘴；（c）燃烧器管道；（d）火焰稳定器；（e）燃烧器和调节阀

燃气采用纯度>95%的商用丙烷。为使燃烧器在45°角方向上保持火焰稳定，燃气的压力范围应在10～50kPa。

4.3.2.3　试样夹

试样夹由两个 U 形不锈钢框架构成，宽 15mm、厚（5±1）mm，其他尺寸如图 4.10 所示。框架垂直悬挂在挂杆上，以便试样的底面中心线和底面边缘可以直接受火。为避免试样倾斜，用螺钉或夹具将两个试样框架卡紧。采用的固定方式应能保证试样在整个试验过程中不会移位，这点非常重要。

4.3.2.4　挂杆

挂杆固定在垂直立柱（支座）上，以使试样夹能垂直悬挂，燃烧器火焰能作用于试样上，如图 4.11 所示。

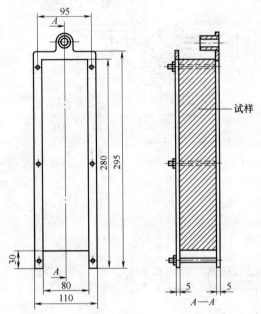

图 4.10　典型试样夹

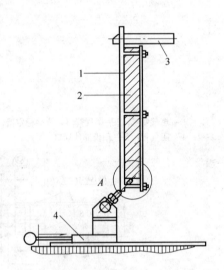

图 4.11　典型的挂杆和燃烧器定位（侧视图）
1—试样夹；2—试样；3—挂杆；4—燃烧器底座

对于边缘点火和表面点火方式来说，试样底面与金属网上方水平钢板的上表面之间的距离应分别为(125±10)mm 和(85±10)mm。

4.3.2.5　火焰检查装置

（1）火焰高度测量工具

火焰高度测量工具是以燃烧器上某一固定点为起点，用于显示火焰高度为 20mm 的工具，如图 4.12。火焰高度测量工具的偏差应不超过±0.1mm。

（2）点火定位器

用于边缘点火的点火定位器：是能插入燃烧器喷嘴的长 16mm 的抽取式定位器，用以确定同预先设定火焰在试样上的接触点的距离，如图 4.13（a）。

用于表面点火的点火定位器：是能插入燃烧器喷嘴的抽取式锥形定位器，用以确定燃烧器前端边缘与试样表面的距离为 5mm 的工具，如图 4.13（b）。

4.3.2.6　滤纸和收集盘

所采用的滤纸应为未经染色的崭新滤纸，面密度为 60kg/m²，含灰量小于 0.1%。

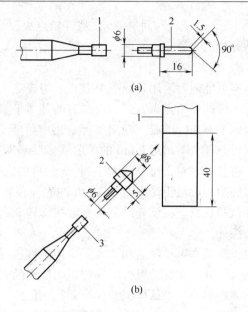

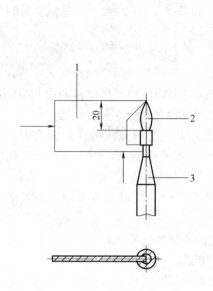

图 4.12　火焰高度测量器具
1—金属片；2—火焰；3—燃烧器

图 4.13　燃烧器定位器
（a）边缘点火
1—燃烧器；2—定位器
（b）表面点火
1—试样表面；2—定位器；3—燃烧器

采用铝箔制作的收集盘，大小为 100mm×50mm，深 10mm。收集盘放在试样的正下方，每次试验后收集盘应更换收盘。

4.3.3　试样

试样尺寸为 250^{0}_{-1}mm×90^{0}_{-1}mm。名义厚度不超过 60mm 的试样应按其实际厚度进行试验；名义厚度大于 60mm 的试样，应从其背火面将厚度削减至 60mm，按 60mm 厚度进行试验。若需要采用这种方式削减试样尺寸，该切削面不应作为受火面。对于通常生产尺寸小于试样尺寸的制品，应制作适当尺寸的样品专门用于试验。对于非平整制品，试样可按其最终应用条件进行试验（例如隔热导管），并应提供完整制品或长 250mm 的试样。

对于每种点火方式，至少应测试 6 块代表性制品试样，并应分别在样品的纵向和横向上切制 3 块试样。

若试验用的制品厚度不匀称，在实际应用中两个表面均可能受火时，则应对试样的两个表面分别进行试验。若制品的几个表面区域明显不同，但每个表面区域均能符合基本平整制品的规定时，则应再附加一组试验评估该制品。如果制品在安装过程中四周封边，但仍可以在未加边缘保护的情况下使用时，应对封边的试样和未封边的试样分别进行试验。若制品在最终应用条件下安装在基材上使用，则应按要求选取基材使试样能代表其最终应用状况。

4.3.4　试验步骤

试样和滤纸应按要求调节状态。
4.3.4.1　试验时间
本试验可选择两种点火时间即 15s 或 30s。试验开始时间就是点火开始时间。如果点火

119

时间为 15s，总试验时间是 20s，从开始点火算起。如果点火时间为 30s，总试验时间是 60s，同样从开始点火算起。

4.3.4.2　点火方式

试样可能需要采用表面点火方式或边缘点火方式，或同时采用这两种点火方式，相应的产品标准可能提出点火方式。对所有的基本平整制品，火焰应施加在试样的中心线位置，即底部边缘上方 40mm 处。应对实际应用中可能受火的每种表面分别进行试验。

对于总厚度不超过 3mm 的单层或多层基本平整制品，边缘点火的火焰应施加在试样底面中心位置处。对于总厚度大于 3mm 的单层或多层基本平整制品，边缘点火的火焰应施加在试样底边中心且距受火面 1.5mm 的底面位置处。对于所有厚度大于 10mm 的多层制品，应增加试验次数，将试样沿其垂直轴线旋转 90°，边缘点火火焰施加在每层材料底部中线所在的边缘处。

对于非基本平整制品和按实际应用条件进行测试的制品，应按规定分别进行表面点火和边缘点火，并应在试验报告中详细说明使用的点火方式。

如果在对第一块试样施加火焰期间，试样并未着火就因受热出现熔化或收缩现象，则应改用长 250mm、宽 180mm 的试样按熔化收缩制品的试验程序进行试验。

4.3.4.3　试验步骤

（1）普通制品的试验过程

将 6 个试样从状态调节室中取出，并在 30min 内完成试验。必要时，也可将试样从状态调节室取出，放入密闭箱体内的试验装置中。将试样置于试样夹中，试样的两个边缘和上端边缘用试样夹封闭，受火端距离试样夹底端 30mm。调整燃烧器至 45°角，使用定位器确定燃烧器与试样间的距离。在试样下方的铝箔收集盘内放两张滤纸，该操作应在试验前 3min 内完成。

确认燃烧箱烟道内的空气流速为（0.7±0.1）m/s。点燃位于垂直方向的燃烧器并使火焰稳定。调节燃烧器微调阀使火焰高度为（20±1）mm，要求每次点火前都必须测量火焰高度。将燃烧器沿其垂直轴线倾斜 45°，水平向前移动至火焰到达预设的试样接触点。火焰接触到试样时开始计时，按照委托方要求的点火时间进行试验，然后平稳地撤回燃烧器。

（2）熔化收缩制品的试验过程

着火前已熔化收缩的制品应采用特殊试样夹进行试验，如图 4.14 所示。试样尺寸为宽 250mm、高 180mm，所用的试样夹应能夹紧试样。试样框架为两个宽（20±1）mm、厚（5±1）mm 的不锈钢 U 形框架，垂直悬挂在挂杆上。应将试样夹安装在滑道系统上，使试样夹能沿燃烧器方向水平移动。

用试样夹固定试样，并使受火试样的底边与试样夹底边处于同一水平线上。将燃烧器沿其垂直轴线倾斜 45°，水平推进燃烧器使火焰接触到预先设定的试样底部边缘位置，要求距试样框架的内边缘 10mm。在火焰接触试样的同时启动计时装置。

对试样点火 5s，然后平稳地移开燃烧器。重新调整试样的位置，使新的火焰接触点位于上次点火形成的任意试样燃烧孔洞的边缘。在上次试样火焰熄灭后的 3～4s 内再次对试样进行点火，或在上次试样未着火后的 3～4s 内重新对试样进行点火。重复该操作，直至火焰接触点达到试样的顶部边缘结束试验，或从点火开始计时的 20s 内火焰传播至 150mm 刻度线时结束试验。若制品为着火前已熔化收缩的层状材料，所有层状材料都需进行试验。

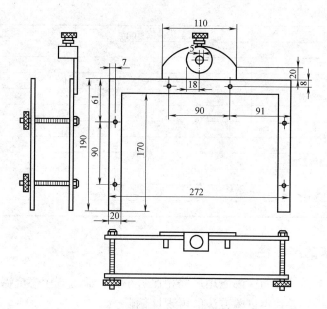

图 4.14 熔化滴落制品的试样夹结构

4.3.5 试验结果表示

对于一般制品，每块试样都应记录点火位置以及试样是否被引燃、火焰尖端是否到达距点火位置 150mm 处和发生该现象的时间、是否引燃滤纸，同时记录观察到的试样物理行为。

对于熔化收缩制品，每个试样应记录滤纸是否着火、火焰尖端是否到达距最初点火位置 150mm 处和发生该现象的时间。

在 GB/T 8624—2012 中对部分建筑材料和制品可燃性分级判据见表 4.8。

表 4.8 部分建筑材料和制品可燃性分级判据

等　　级	试验方法	点火时间	分级判据
B		30s	60s 内，Fs≤150mm
C	GB/T 8624	30s	60s 内，Fs≤150mm
D		30s	60s 内，Fs≤150mm
E		15s	20s 内，Fs≤150mm

常见建筑材料的可燃性试验结果见表 4.9。尽管热塑性塑料具有受热熔化滴落特性，但由于可燃性试验采用的燃烧器热输出很小，试样的受火面相对有限，对于阻燃程度不同的材料，试样熔化滴落物不一定引燃滤纸。所以，试验中某些热塑性塑料并未表现出实际火灾中的熔化滴落特性。

表 4.9 常见建筑材料的可燃性试验结果

材料名称	最大焰尖高度（mm）	滤纸是否被引燃
普通 XPS（挤塑聚苯乙烯）	＞150	是
EPS（发泡聚苯乙烯）	50	否
聚氨酯	120	否
PEF（发泡聚乙烯）	＞150	是
PVC（聚氯乙烯）	100	否

材料名称	最大焰尖高度(mm)	滤纸是否被引燃
海绵	>150	是
铝合金面板	15	否
铝塑板	15	否
木工板(单面涂刷涂料)	30	否
胶合板	30	否
红松板	35	否
吸音纸	30	否
PIR夹芯板(聚异氰脲酸酯)	40	否
纸面石膏板	20	否
墙纸(贴合不燃基材)	30	否
中密度板	30	否

4.3.6　试验方法的局限性

本试验方法中试样尺寸与实际应用尺寸相比太小；试验过程中燃烧器的点火位置和点火面积会影响试验结果，导致本试验方法的再现性偏低。

4.4　建筑材料燃烧热值试验方法

4.4.1　简介

GB/T 14402《建筑材料及制品的燃烧性能　燃烧热值的测定》（Reaction to fire tests for building materials and products--Determination of the heat of combustion）等同采用了 ISO 1716：2002《建筑制品对火反应试验　燃烧热值测定》（Reaction to fire tests for products Determination of the gross heat of combustion），规定了在标准条件下将一定质量的试样置于体积恒定的氧弹量热仪中，测量试样燃烧热值的试验方法。要求氧弹量热仪用标准苯甲酸校准。在标准条件下，试验以测试温升为基础，在考虑所有热损失及汽化潜热的条件下，计算试样的燃烧热值。该试验方法用于测定制品燃烧的绝对总热值，与制品的形态无关。

总热值 PCS（gross heat of combustion）是指单位质量的材料完全燃烧，且燃烧产物中的水（包括材料中所含水挥发生成的水蒸气和材料燃烧时生成的水蒸气）均凝结为液态时放出的热量，单位为 MJ/kg。

净热值 PCI（net heat of combustion）是指单位质量的材料完全燃烧，且燃烧产物中的水仍以气态形式存在时放出的热量。它等于总热值减去材料燃烧后生成的水蒸气在氧弹内凝结为水时释放的汽化潜热后的差值，单位为 MJ/kg。

4.4.2　试验装置和试样

4.4.2.1　试验装置

试验装置主要由高压氧弹和氧弹量热仪组成，如图 4.15 所示。

氧弹是不锈钢外壳构成的封闭容器，用于放置试样，尺寸为（300±50）mL，质量不超过 3.25kg，弹筒厚度至少是弹筒内径的 1/10，试验时氧弹内充有压力为 3MPa 的高纯氧。量热仪内筒是磨光的金属容器，用来容纳氧弹。测试时将充好氧气的氧弹放入氧弹量热仪的内筒中，并用温度恒定的蒸馏水将氧弹淹没。工作原理是根据由试样剧烈燃烧所释放的热量导致氧弹温度的升高，氧弹将热量传递给周围的水使水温升高，利用经校准的蒸馏水热容量，计算单位质量试样的热释放量，即得总燃烧热值。要求测温装置的分辨率为 0.005K。

"香烟"制样法使用的装置由心轴和模具组成，一般用金属制成。心轴的中心为中空，用于穿过点火丝，如图 4.16 所示。

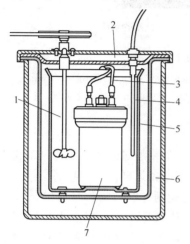

图 4.15　燃烧热值试验装置
1—搅拌器；2—内筒盖；3—点火丝；4—温度
计；5—内筒；6—外筒；7—氧弹

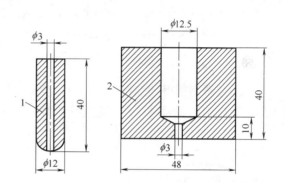

图 4.16　制备香烟装置示意图
1—心轴；2—模具（单位为 mm）

4.4.2.2　试样

（1）基本要求

应对制品的每个组分进行评价，包括次要组分。如果非匀质制品不能分层，则需单独提供制品的各组分。如果制品可以分层，分层时制品的每个组分应与其他组分完全剥离，相互不能黏附有其他成分。

（2）取样

样品应具有代表性，对匀质制品或非匀质制品的被测组分，应任意截取至少 5 个样块作为试样。若被测组分为匀质制品或非匀质制品的主要成分，则样块最小质量为 50g。若被测组分为非匀质制品的次要成分，则样块最小质量为 10g。

对于松散填充材料，从制品上任意截取最小质量为 50g 的样块作为试样；对于含水制品，将制品干燥后任意截取最小质量为 10g 的样块作为试样。

（3）非匀质制品的面密度

对于非匀质制品，要求在最小面积为 250mm×250mm 的试样上测量制品中每一组分的面密度（kg/m²）。

例如，某层压制品由 5 层组成，分别为外部次要组分 A、内部次要组分（黏合剂）B、内部主要组分 C、内部次要组分（黏合剂）D、外部主要组分 E，如图 4.17 所示。若测得 5 种组分的面密度分别为 M_A、M_B、M_C、M_D、M_E，则该制品的面密度为：$M = M_A + M_B +$

$M_C+M_D+M_E$。

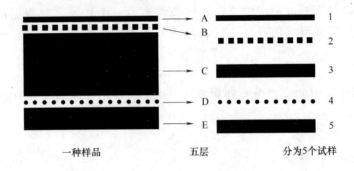

一种样品　　　　　　五层　　　　　分为5个试样

图 4.17　非均质制品的取样要求

1—最小面积 $0.5m^2$ 和最小质量 10.0g；2—固化后最小质量为 10.0g（粘接剂）；3—最小面积 $0.5m^2$
和最小质量 50.0g；4—固化后最小质量为 10.0g（粘接剂）；5—最小面积 $0.5m^2$ 和最小质量 50.0g

（4）制样方法

通过研磨能得到细粉末样品时，应以坩埚法制备试样。如果通过研磨不能得到细粉末样品，或以坩埚试验时试件不能完全燃烧，应采用"香烟"法制备试样。

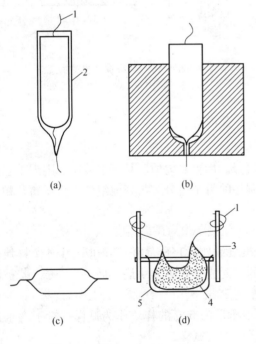

图 4.18　"香烟"制备过程示意图
1—点火丝；2—"香烟纸"；3—电极；4—"香烟"；5—坩埚

坩埚试验制样法：将称量好的试样和苯甲酸混合物放入坩埚中，将点火丝连接到两个电极上，调节点火丝的位置使其与坩埚内的试样接触良好。

"香烟"制样法：先将称量好的点火丝穿入心轴至其中心，用已称量的"香烟纸"将心轴包裹，并将其边缘重叠处用胶水粘结。纸的一端与点火丝拧在一起，将裹有"香烟纸"的心轴放入模具中，如图 4.18（a）所示；取出心轴后，固定"香烟纸"在模具中的位置，准备装填试样 [图 4.18（b）]；将称量好的样品和苯甲酸的混合物放入"香烟纸"，从模具中拿出装有试样和苯甲酸混合物的"香烟纸"，分别将"香烟纸"两端拧在一起，制成香烟状样品 [图 4.18（c）]；将包裹了样品的"香烟"称量后放入坩埚中，同时将点火丝紧密地包裹缠绕在电极线上，如图 4.18（d）所示。

（5）数量要求

试验用试样和苯甲酸的质量均为 0.5g，必要时应称量点火丝、棉线和"香烟纸"。一般要求对 3 个试样进行试验。如果试验结果不能满足有效性要求，则需对另外 2 个试样进行试验。

（6）状态调节

试验前，应将粉末试样、苯甲酸和"香烟纸"按照 EN 13238 的要求进行状态调节。

4.4.3 试验步骤

试验应在标准试验条件下进行，试验室内温度要保持稳定。对于手动装置，房间内的温度和量热筒内水温的差异不能超过±2K。

4.4.3.1 水当量的测定

通常将量热装置的热容称为水当量。量热仪、氧弹及其附件的水当量 E（MJ/K）可通过测定 5 组质量为 0.4～1.0g 的标准苯甲酸样品的总热值进行标定。

标定过程：

（1）压缩已称量的苯甲酸粉末，用制丸装置将其制成小丸片，或使用预制的小丸片。要求预制的苯甲酸小丸片燃烧热值与试验时采用的标准苯甲酸粉末燃烧热值一致。

（2）称量小丸片（精度 0.1mg）并将小丸片放入坩埚；将点火丝连接到两个电极并使已称量的点火丝接触到小丸片。

（3）按规定进行试验。

水当量 E 应为 5 次标定结果的平均值，以 MJ/K 表示。每次标定结果与水当量 E 的偏差不能超过 0.2%。

4.4.3.2 试验程序

（1）检查两个电极与点火丝的接触是否良好。在氧弹中倒入 10mL 的蒸馏水，以吸收试验过程中产生的酸性气体；拧紧氧弹密封盖，连接氧弹与氧气瓶阀门，小心开启氧气瓶，给氧弹充氧使压力为 3.0～3.5MPa。

（2）将氧弹放入量热仪内筒，向量热仪内筒注入一定质量的蒸馏水，使其能够淹没氧弹。用水量应与校准过程中所用的水量相同，精确到 1g。检查并确保氧弹没有泄漏（没有气泡）。

（3）将量热仪内筒放入外筒，安装测温装置，开启搅拌器和计时器。

（4）调节内筒水温，使其和外筒水温基本相同。要求每分钟记录一次内筒水温，直到 10min 内的连续读数偏差不超过±0.01K，将此温度作为起始温度（T_i）。

（5）接通电流回路，点燃样品。量热仪内筒开始快速升温，在此期间尽量使绝热量热仪外筒的水温与内筒水温保持一致，最高温差不能超过±0.01K。每分钟记录一次内筒水温，直到 10min 内的连续读数偏差不超过±0.01K，将此温度作为最高温度（T_m）。

（6）从量热仪中取出氧弹，放置 10min 后缓慢泄压。打开氧弹，如果氧弹中无煤烟状沉淀物且坩埚上无残留炭，可认为试样燃烧完全。清洗并干燥氧弹。

（7）若用坩埚法进行试验时，试样不能完全燃烧，应用"香烟"法重新试验。如果用"香烟"法试验，试样仍不能完全燃烧，应用"香烟"法重复试验。

4.4.4 试验结果处理

4.4.4.1 试样燃烧总热值的计算

由于试验是在恒容条件下进行的，对于自动测试仪，试样的燃烧总热值可由下列公式计算得出，单位为 MJ/kg。

$$PCS = \frac{E(T_m - T_i + c) - b}{m} \tag{4.3}$$

式中，PCS 为总热值，MJ/kg；E 为量热仪、氧弹及其附件和氧弹内水的水当量，MJ/K；T_i 为起始温度，K；T_m 为最高温度，K；b 为试验中所用助燃物（包括点火丝、棉线、"香烟纸"、苯甲酸等）燃烧热值的修正值，MJ（除非已知助燃物的燃烧热值，否则必须对其进行测量）；镍铬合金、铂金和纯铁点火丝的热值分别为 1.403MJ/kg、0.419MJ/kg、7.490MJ/kg；c 为与外部进行热交换的温度修正值，K（使用了绝热护套的修正值为 0）；m 为试样的质量，kg。

4.4.4.2 制品燃烧总热值的计算

（1）基本原则

① 匀质制品的平均值为制品的 PCS 值。

② 非匀质制品的 PCS 值应根据各组分的 PCS 值计算。

③ 非匀质制品中各成分的 PCS 值或匀质材料的 PCS 平均值，对于燃烧时发生吸热反应的制品或组件，得到的 PCS 值可能会是负值。如果 3 组试验结果均为负，则应在试验结果中注明，并给出实际结果的平均值。

④ 计算非匀质制品 PCS 值时，若某一组分的热值为负值，在计算制品总热值时可将该热值设为 0；金属成分不需要测试，计算时直接将热值设为 0。

（2）匀质制品

匀质制品的样品应进行 3 次试验。如果试验结果的有效性符合要求（表 4.10），则试验有效。制品的热值为 3 次测试结果的平均值。

表 4.10　试验结果的有效性判据

总燃烧热值	3 组试验的最大和最小值偏差	有效范围
PCS	≤0.2MJ/kg	0～3.2MJ/kg
PCS^a	≤0.1MJ/m²	0～4.1MJ/m²

a　仅适用于非匀质材料。

如果 3 次试验结果的有效性不符合要求，应补充测试同一制品的两个备用样品。从 5 个试验结果中去掉最大值和最小值，用剩余 3 个数值计算试样的总热值。对同一制品，最多测试 5 个试样。

（3）非匀质制品

对于非匀质制品，应首先计算每种单组分的总热值（MJ/kg 或 MJ/m²）；然后用单组分的总热值和面密度计算非匀质产品的总热值。

以图 4.17 中的层压制品为例。若每个组分的 3 次测量结果为：

$$PCS_{A1}　PCS_{B1}　PCS_{C1}　PCS_{D1}　PCS_{E1}$$
$$PCS_{A2}　PCS_{B2}　PCS_{C2}　PCS_{D2}　PCS_{E2}$$
$$PCS_{A3}　PCS_{B3}　PCS_{C3}　PCS_{D3}　PCS_{E3}$$

计算得各组分的总热值（即试验结果平均值，MJ/kg）分别为：

$$PCS_A、PCS_B、PCS_C、PCS_D、PCS_E$$

或以面密度表示的各组分总热值（MJ/m²）：

$$PCS_{SA}=M_A\times PCS_A,\ PCS_{SB}=M_B\times PCS_B,\ PCS_{SC}=M_C\times PCS_C,\ PCS_{SD}=M_D\times PCS_D,\ PCS_{SE}=M_E\times PCS_E。$$

制品外部次要组分的总热值为：

$$PCS_{Sext} = PCS_{SA} + PCS_{SB} \text{（MJ/m}^2\text{）} \text{ 或 } PCS_{Sext} = (PCS_{SA} + PCS_{SB})/(M_A + M_B)$$

（MJ/kg）

制品的总热值为：

$$PCS_S = PCS_{SA} + PCS_{SB} + PCS_{SC} + PCS_{SD} + PCS_{SE} \text{（MJ/m}^2\text{）}$$

或 $PCS = PCS_S/M$ （MJ/kg）

4.4.4.3 净热值的计算

净热值（PCI）为总热值（PCS）与水蒸气冷凝为液态水时释放的汽化潜热（q）的差值，即

$$PCI = PCS - q \tag{4.4}$$

通过氢含量的测定计算燃烧后氧弹内冷凝水的量。试验时要求将样品制成粉状试样并进行状态调节。氢含量试验次数与燃烧热值试验次数相同。冷凝水含量 w 为 3 次试验结果的平均值。且有

$$q = 2449w \tag{4.5}$$

4.4.5 试验方法的局限性

材料燃烧热值是材料的固有性质，与材料的最终应用无关。在 GB/T 8624 中，制品燃烧总热值仅作为 A1 和 A2 级普通建筑材料和制品的分级判据。部分常见建筑材料的燃烧热值见表 4.11。从表中可以看出，高分子材料的热值明显高于无机材料和金属制品的热值，金属制品的热值是在测量可燃组分的热值的基础上根据质量比推算出来的。

表 4.11　常见建筑材料的燃烧热值

材料名称	燃烧热值 （MJ/kg）	材料名称	燃烧热值 （MJ/kg）
橡胶/PVC 保温材料	17.9	酚醛泡沫铝箔复合夹芯板	3.1
橡胶/PE 保温材料	17.5	彩钢吸声板	0.6
PEF 保温材料	33.0	PVC 塑胶地板	11.7
石材蜂窝板	1.6	防火铝塑板	4.0
铝蜂窝板	0.1	软接头消防帆布	5.9
氟碳铝单板	0.05	纺织玻璃壁布	3.9
酚醛外墙保温系统	1.5		

试验方法的局限性表现为：

（1）测量非匀质制品的热值时，可能出现制样不均匀或代表性不强的现象。

（2）由于苯甲酸粉末的助燃效果与苯甲酸以粉末和试样粉末混合程度有关，可能达不到理想的助燃效果。

（3）氧弹量热仪通常为环境恒温式量热仪，待测建筑材料和制品在充满高压氧气的氧弹中燃烧，得到的是其恒容燃烧热。火灾现场中物质的燃烧都是在大气中进行的，燃烧释放出的热量是其恒压燃烧热，它的大小等于恒容燃烧热加上燃烧过程中气体对外界做的功。

（4）试验过程中，环境恒温式氧弹量热仪始终保持环境温度恒定，弹体所处的内筒不可避免地会与外筒发生热交换。因此，内筒水的温升不仅与氧弹内物质燃烧放热量有关，还受

内外筒之间温差引起的热交换的影响。因此，必须对测得的内筒水的温升进行校正，消除由其带来的温升测量误差。

4.5 建筑材料或制品的单体燃烧试验方法

4.5.1 简介

GB/T 20284—2006《建筑材料或制品的单体燃烧试验》（Single burning item test for building materials and products）等同采用 EN 13823-2002《建筑制品对火反应 不含铺地材料的建筑制品单项燃烧试验》（Reaction to fire tests for building products—Bulding products excluding floorings exposed to the thermal attack by a single burning item），最新版为 2010 版。规范了确定平板式建筑材料和制品在单体燃烧试验（SBI）中对火反应性能的方法，不包括铺地材料以及 2000/147/EC 中指出的制品，对于某些制品（例如线性制品像套管、管道、电缆等）需采用特殊规定，其中管状隔热材料采用附录 H 规定的方法。

这种试验是基于墙角火试验场景设计的实验室规模试验，即在室内墙角设置一定强度的火源，测定紧邻墙角两壁面处装饰面层对火反应行为。理论依据是耗氧原理，属于中型试验。具体方法是将由两个成直角的垂直翼组成的试样暴露在直角底部的主燃烧器产生的火焰（30.7kW）中，测定并观察 20min 试验过程中试样的燃烧性能。性能参数包括热释放速率、产烟量、火焰横向传播和燃烧滴落物及颗粒物等。

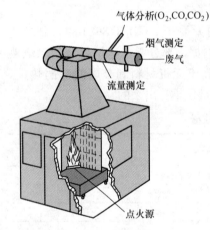

图 4.19 单体燃烧试验方法示意图

可通过测量试验期间氧气体积分数的变化和管道中烟气流量、CO_2 体积分数等指标，计算某一时刻的热释放速率。试验过程中热释放速率与时间比值的最大值就是燃烧增长速率指数 $FIGRA$。通过烟气消光系统测定烟气光密度。通过目测法测量火焰横向传播和燃烧滴落物及颗粒物等指标。表 4.12 给出了平板状建筑材料及制品的 SBI 试验分级判据。图 4.19 为单体燃烧试验方法示意图。

表 4.12 平板状建筑材料及制品的 SBI 试验分级判据

级别	分级判定依据
A2	$FIGRA_{0.2MJ} \leqslant 120W/s, LFS <$ 样品（大板）边沿, $THR_{600s} < 7.5MJ$
B	$FIGRA_{0.2MJ} \leqslant 120W/s, LFS <$ 样品（大板）边沿, $THR_{600s} < 7.5MJ$
C	$FIGRA_{0.4MJ} \leqslant 250W/s, LFS <$ 样品（大板）边沿, $THR_{600s} < 15MJ$
D	$FIGRA_{0.4MJ} \leqslant 750W/s$

4.5.2 试验装置

SBI 试验装置包括燃烧室系统、试验主体装置、排烟系统、综合测量系统和数据采集系统等，如图 4.20 所示。

4.5.2.1　燃烧室系统

燃烧室和控制室均为砖混结构，其中燃烧室内部尺寸为 3000mm × 3000mm × 2400mm，墙体由砖石砌块建成。燃烧室的一面墙上有一个 1470mm×2450mm 的开口（等于框架的尺寸），以便将小推车从外部移入燃烧室，试验中该开口用小推车背面封闭，但小推车下方可以进空气；与试样垂直的两面墙上均设有窗口；此外，还需设置一个门，以便操作人员进入。燃烧室的开口面积（不包括小推车底部的空气入口和集气罩排烟口）不应超过 0.05m²。样品可采用左向或右向安装，小推车在燃烧室定位后，与 U 型卡槽接触的长翼试样表面与燃烧室墙面之间的距离为（2100 ± 100）mm。图 4.21 为 SBI 燃烧室设计尺寸图。图 4.22 为燃烧室设计俯视图。

4.5.2.2　试验主体装置

小推车上安装两个相互垂直的样品试件，底部直角处装有一紧靠 U 型卡槽并与其顶边高度相同的等腰直角三角形砂盒燃烧器（主燃烧器）。燃烧室地面铺设方便小推车进出的滑轨，内部设有固定框架，用于支撑集气罩和小推车定位，框架上安装三角形辅助燃烧器，如图 4.23 所示。

辅助燃烧器固定在与试样夹角相对的框架柱上，其顶部高出燃烧室地板 1450mm。为保

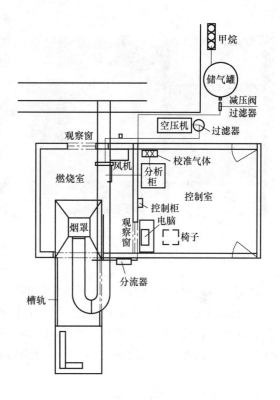

图 4.20　试验室平面图

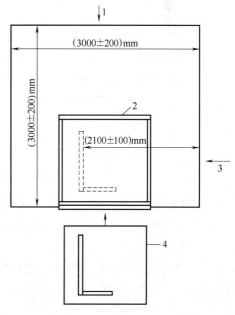

图 4.22　SBI 燃烧室设计俯视图
1—试验观察位置；2—固定框架；3—试验观察位置（左向安装试样）；4—小推车（左向安装试样）

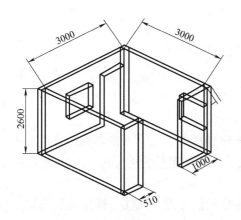

图 4.21　SBI 燃烧室设计尺寸图

图4.23　小推车和框架

护试样免受辅助燃烧器火焰辐射的影响，在辅助燃烧器斜边处装有 370mm×550mm 的矩形屏蔽板。

丙烷燃烧器系统主要由气源（丙烷）、供气开关、质量流量控制器、管路、燃气分流装置、砂盒燃烧器、电子点火器等组成。

4.5.2.3　排烟系统

排烟系统用于收集和排除试验时燃烧室内产生的烟气，主要由集气罩、收集器、排烟管、风机等组成，如图4.24所示。

集气罩固定在框架顶部，用以收集燃烧产生的所有气体；集气罩上部为收集器，内部带有节气板和连接排烟管的水平出口。

排烟管使用内径为（315±5）mm 的隔热保温圆管，一般采用 J 型安装。依次包括与收集器相连的接头、内置 4 支热电偶的 500mm 管道、1000mm 管道、2 个 90°弯头、内置叶片导流器和节流孔的 1625mm 管道、2155mm 综合测量管道（配有压力探头、4 支热电偶、气体取样探头和白光消光系统等）、500mm 管道以及与排烟管相连的接头等部分。

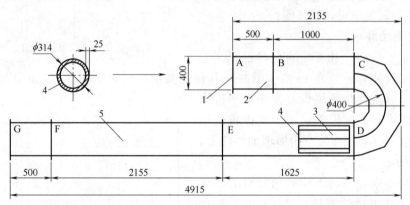

图4.24　排烟管道全视图

1—与收集器相连的接头；2—温度测定；3—叶片导流器；4—减压环；
5—测量部分（包括压差、温度、烟气和样品）

在 298K 的标准条件下，排烟系统应能以 0.50～0.65m³/s 的速度持续抽排烟气。排烟管配有 2 个用于烟气测定的侧管，其轴线高度与排烟管轴线高度相同且与之垂直。

4.5.2.4　综合测量系统

由 3 支热电偶、双向压力探头（皮托管）、气体取样探头、消光系统等组成。3 支热电偶均为 0.5mm 的铠装绝缘 K 型热电偶，触点均位于距轴线半径为 87mm 的圆弧上，夹角为 120°。

气体取样探头与气体调节装置和 O_2、CO_2 气体分析仪相连。氧气分析仪为顺磁型，测量范围为 16%～21%；CO_2 分析仪为 IR 型，测量范围为0%～10%。

消光系统为白炽光型，用柔性接头安装在排烟管的侧管上，由白炽灯、透镜系统、探测器等组成，主要用于光密度测定，如图 4.25 所示。

应向侧管内导入空气使光学器件保持良好的洁净度，以符合光衰减漂移的要求。

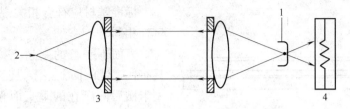

图 4.25　烟气光密度测量系统示意图
1—通光孔；2—光源；3—透镜；4—光接收器

4.5.2.5　数据采集系统及其他装置

数据采集系统用于自动记录数据。此外，还包括环境温度、湿度、压力、清晰度等测定装置。

4.5.3　试样

4.5.3.1　试样规格

试样为角型，长翼和短翼分别为 1000mm×1500mm、495mm×1500mm，厚度为 200mm。若厚度超过 200mm，应切除背火面多余部分。

在长翼的受火面距试样夹角最远端的边缘、且距试样底边的高度分别为 500mm、1000mm 处画两条水平线，以观察火焰的横向传播情况。

试样数量：3 组。

4.5.3.2　试样安装

（1）实际应用安装方法

采用制品要求的实际应用方法进行安装时，试验结果仅对该应用方式有效。

（2）标准安装方法

采用标准方法进行安装时，试验结果对包括标准安装方法在内的多种实际应用方式有效。安装方式除符合相关制品规范外，还应满足以下规定：

对于自支撑板材，应自立于距背板至少 80mm 处；有通风间隙要求时，通风间隙的宽度至少为 40mm。此时，要求离试样最远端间隙的侧面敞开，并去掉试样两翼后面的两块活动板，同时要求两个试样翼后的间隙为敞开式连接。对于其他类型的板，例如复合夹芯板、风管、PC 板等，相应的要求正好相反。

以机械方式固定在基材上的板，应采用适当的紧固件固定在相同基材上进行试验，且延伸出试样的紧固件应能保证试样翼与底部 U 型卡槽和另一试样翼完全相靠。例如，部分保温材料、PVC 墙裙板等用膨胀螺钉固定在封面上。

以机械方式固定在基材上且要求其后有间隙的板，应将其与基材和背面间隙共同试验，基材与背板间的距离不少于 40mm。例如，矿物棉吸音吊顶等用轻钢龙骨固定在墙面上。

要求粘接在基材上的制品，应将其粘接在基材上后再进行试验。例如，部分外保温材料等。

试验制品有水平接缝时，应将水平接缝设置在样品的长翼上，且距样品底边 500mm。试验制品有垂直接缝时，应将垂直接缝设置在样品的长翼上，且距夹角棱线 200mm。有空气槽的多层制品，试验时空气槽应为垂直方向。

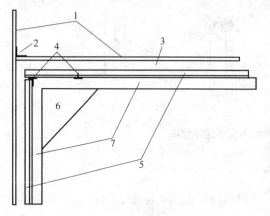

图 4.26　试样和背板的安装示意图

1—背板；2—L 形角条；3—空隙；4—接缝；5—试样翼边；6—燃烧器；7—U 型卡槽

标准基材应符合相关规定，其尺寸应与试样相同。

表面不平整的制品，受火面中 250mm² 具有代表性的面上最多只能有 30% 的面与 U 型卡槽后侧所在的垂直面相距 10mm 以上。因为样品表面的位置对接受燃烧器火焰的释放热有影响，不应偏离太远。试样和背板的安装方法如图 4.26 所示。

（3）管状隔热材料的安装和固定条件

① 试件的尺寸

用于本试验的管状隔热材料的内径 22mm、厚度 25～75mm、长度 1500mm；厚度小于 25mm 的制品，应将其叠加至 25mm 后再进行试验。通常认为内径 22mm 管状隔热材料的试验数据能够代表其他内径尺寸的制品，厚度 75mm 管状隔热材料的试验数据能够代表较大厚度的制品。

制品必须按 25mm 厚度进行试验，或按大于 25mm 且非常接近最大厚度时的厚度进行试验。厚度在 25～50mm 之间时，应按 25mm 和实际最大厚度进行试验，所得的最差试验结果适用于厚度小于所测最大厚度的所有制品。厚度在 50～75mm 之间时，应按 25mm、最接近 50mm 和实际最大厚度进行试验，所得的最差试验结果适用于厚度小于所测最大厚度的所有制品。

最大外径超过 500mm 的圆柱形管道或平整表面上的保温材料，应按平板类建筑材料进行试验。

② 试件安装

管状隔热材料应安装在钢管上，要求钢管外径 21.3mm、壁厚 2.5～2.6mm、长度 1500mm。钢管应垂直安装在小推车中，至少将钢管的一端进行封闭以防止热对流，但应注意不得完全封闭。相邻管道的隔热保温材料外表面之间、外表面与背板之间的缝隙为 25mm。每个翼上的管道应为最密排列，同时试验期间应保证钢管的位置固定。带饰面/涂层的制品应对其整体进行试验。

实际使用中未固定的管状隔热材料，除非试验中会下滑，否则不应固定；实际使用中未固定或用机械固定的管状隔热材料可用钢丝在顶端固定；用胶粘接的管状隔热材料应与胶接缝一道进行安装，且在 SBI 试验中面向燃烧器。

4.5.3.3　试样翼在小推车上的安装

安装试样短翼和背板到小推车上时，背板延伸部分在主燃烧器的侧面且试样的底边与小推车底板上的短 U 型卡槽相靠。安装试样长翼和背板到小推车上时，背板一端边缘与短翼背板延伸部分相靠且试样底边与小推车底板上长 U 型卡槽相靠。

试样双翼在顶部和底部均应用固定件夹紧，同时应保证试验过程中交角棱线不会变宽。试验样品的暴露边缘和交角处的接缝可用一种与实际使用相同的附加材料保护，但此时两翼边的宽度应包含该附加材料在内。

安装完成后应进行拍照。以长翼中心点为视景中心拍摄长翼受火面整体照片，要求镜头与长翼表面垂直；在距小推车底板 500mm 处，镜头水平且与翼的垂直面约成 45°时拍摄长翼的垂直外边特写照片；使用附加材料时，应对使用这种材料的边缘和接缝拍照。

4.5.4　试验步骤

4.5.4.1　系统检查和流速控制

试验前校准气体分析、烟气测量和排烟系统。

将排烟管的体积流速 V_{298}（t）设为 $0.60\text{m}^3/\text{s}$，试验期间应控制此体积流速为 $0.50\sim0.65\text{m}^3/\text{s}$。记录排烟管道中热电偶和环境的初始温度，要求环境温度为（20 ± 10）℃，管道内部与环境温度的差值不超过 4℃，同时记录环境的大气压和相对湿度。点燃两个燃烧器的引火源，试验过程中燃气供给速度应基本恒定。

4.5.4.2　开始记录并引燃燃烧器

启动计时器开始自动记录时间 t、燃气的质量流量 m_{gas}、皮托管压差 ΔP、白光系统信号 l（透光率）、气流中 O_2 和 CO_2 的摩尔分数（x_{O_2}、x_{CO_2}）、小推车底部空气入口处的温度 T_0、排烟管中 3 支热电偶的温度（T_1、T_2、T_3）等数据。t 为 120s 时点燃辅助燃烧器并将丙烷气质量流量调到（647 ± 10）mg/s，此操作应在 30s 内完成。试验期间应严格控制燃气流量。设置辅助燃烧器是为了测量燃烧器的热释放速率。t 为 300s 时将丙烷气从辅助燃烧器切换到主燃烧器，观察并记录引燃主燃烧器的时间。

4.5.4.3　受火过程中的观察与记录

持续观察并记录试样在 1260s 内的燃烧行为。在 $500\sim1000\text{mm}$ 间的任何高度下，记录火焰到达试样长翼远边缘处并持续 5s 的现象。只记录受火后 600s 内和燃烧滴落物/颗粒物滴落在燃烧器区域外的小推车底板上的现象，注意分别按滴落后持续燃烧时间是否超过 10s 记录。记录表面闪燃、烟气有无未被吸进集气罩而从小推车溢出并流进旁边的燃烧室、部分试样脱落、夹角缝隙扩大、试样变形或垮塌、其他对解释试验结果或判断试验提前结束有重要作用的现象。

4.5.4.4　停止试验

（1）$t \geqslant 1560\text{s}$ 时停止向燃烧器供气，停止自动记录数据。试样燃烧完全停止至少 1min 后，记录试验结束时烟气的透光率和 O_2、CO_2 的摩尔分数（x_{O_2}、x_{CO_2}），同时记录试验结束时的现象。

（2）出现下列情况之一时，提前结束试验，试验结果无效：

①试样的热释放速率超过 350kW 或连续 30s 内平均值超过 280kW；

②排烟管道温度超过 400℃ 或连续 30s 内平均值超过 300℃。

掉在燃烧器沙床上的滴落物会明显干扰燃烧器火焰或使火焰熄灭。若滴落物堵塞了一半燃烧器，可认为燃烧器受到实质性干扰，可利用三角形格栅保护主燃烧器，防止出现此类现象。

要求记录停止向燃烧器供气的时间和原因。

试验过程中的主要事件：

$t=0s$，启动数据采集系统；

$t=120s$，点燃辅助燃烧器，调整燃气质量流量；

$210s \leqslant t \leqslant 270s$，用于测定燃烧器的热和烟气输出，以便在 $t=300s$ 后从燃烧器和试样的总热输出和烟气输出中扣除燃烧器的影响，称这段时间为基准时段；

$300s \leqslant t \leqslant 1560s$，切换燃烧器，试样开始接受主燃烧器火焰的作用，这段时间为受火时间；

$t \geqslant 1560s$，停止向燃烧器供气和数据的自动记录。

4.5.5　试验结果表示

4.5.5.1　试验数据的处理

（1）数据的同步

这是指试验过程中两个或多个随时间变化的量保持一定的相对关系。

① 用 T_{ms} 同步 xO_2 和 xCO_2

燃气从辅助燃烧器向主燃烧器切换时，在一小段时间里两个燃烧器的总热输出低于一个燃烧器的标准热输出，相应地热释放速率曲线出现一个波谷而 xO_2 曲线出现一个波峰，据此可对上述数据进行同步处理。

假定根据自动同步程序计算出的漂移与由校正程序确定的分析仪滞后时间相差大于 6s，则该自动同步程序或测量的滞后时间不正确。

测温起始时间 $t_{0\text{-}T}$：相对于基准时段的平均值 $\overline{T}_{ms}$（210s…270s），270s 后综合测温区中温度 $T_{ms}(t)$ 下降超过 2.5K 前一个数据点的时间，即

$$\overline{T}_{ms}(210s\cdots270s) - T_{ms}(t_{0\text{-}T}) \leqslant 2.5K \wedge \overline{T}_{ms}(210s\cdots270s) \tag{4.6}$$

测 xO_2 起始时间 $t_{0\text{-}O_2}$：相对于基准时段的平均值，270s 后氧浓度（摩尔分数）升高超过 0.05% 前一个数据点的时间，即

$$xO_2(t_{0\text{-}O_2}) - x\overline{O}_2(210s\cdots270s) \leqslant$$
$$0.05\% \wedge xO_2(t_{0\text{-}O_2}+3) - x\overline{O}_2(210s\cdots270s) > 0.05\% \tag{4.7}$$

测 xCO_2 起始时间 $t_{0\text{-}CO_2}$：相对于基准时段的平均值，270s 后 CO_2 浓度（摩尔分数）下降超过 0.02% 前一个数据点的时间，即

$$x\overline{CO}_2(210s\cdots270s) - xCO_2(t_{0\text{-}CO_2}) \leqslant$$
$$0.02\% \wedge x\overline{CO}_2(210s\cdots270s) - xCO_2(t_{0\text{-}CO_2}+3) > 0.02\% \tag{4.8}$$

沿时间轴将 xO_2 和 xCO_2 平移，使 xO_2 波峰和 xCO_2 波谷与 T_{ms} 曲线的波谷相对应，即 $t_{0\text{-}T} = t_{0\text{-}O_2} = t_{0\text{-}CO_2}$，要求两种位移均不超过 6s。

若由于波峰和波谷太小无法按上述方法进行同步处理，可通过目测进行评判。

② 为方便计算，将所有数据平移至 $t=300s$

例如，$t_0 = t_{0\text{-}T} = t_{0\text{-}O_2} = t_{0\text{-}CO_2} = 300s$。

这些数据包括 $m_{气体}$、$\Delta\rho$、l、xO_2、xCO_2、T_0、T_1、T_2、T_3 和 T_{ms} 等。位移应小于 15s。后续的所有计算均用经平移处理后的数据进行。

（2）设备响应时间

① 燃烧器切换响应时间

燃烧器切换响应时间等于 $t_上$ 与 $t_下$ 之差，其中

$t_上$ 为270s后 O_2 浓度上升已超过向上方向中"90%的燃烧器输出档"的第一个数据点对应的时间。

$$xO_2(t_上)>0.1\overline{xO_2}(30s\cdots90s)+0.9\overline{xO_2}(210s\cdots270s)\qquad(4.9)$$

$t_下$ 为 O_2 浓度下降已超过向下方向同等程度的第一个数据点对应的时间。

$$t_下>t_上\wedge xO_2(t_下)<0.1\overline{xO_2}(30s\cdots90s)+0.9\overline{xO_2}(210s\cdots270s)\qquad(4.10)$$

波峰宽度是在标准燃烧器为90%贡献水平时测量的，对应于燃烧器的切换响应时间。判据为

$$t_上-t_下\leqslant12s\qquad(4.11)$$

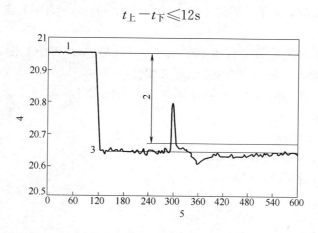

图4.27　试验初始阶段的氧气浓度

1—起始浓度水平；2—90%（即基线水平与起始输入水平差值的90%）的标准燃烧器贡献〔使用的 O_2 试验起始水平是燃烧器点燃前（$30s\leqslant t\leqslant90s$）的平均 O_2 浓度，O_2 的基准浓度水平是辅助试验燃烧器燃烧过程中（$210s\leqslant t\leqslant270s$）的平均 O_2 浓度〕；3—基线浓度水平；4— O_2 的百分浓度；5—时间，s；$t_上$ 为303s；$t_下$ 为312s

图4.27为某试验过程中初始阶段的氧气浓度变化曲线，响应时间的确定方法见图4.28。从图4.28中可以看出，该试验过程中的响应时间为9s。

② 温度读数

对于综合测量区的3支热电偶，任意时刻其温度读数与平均值 T_{ms} 〔$(T_1+T_2+T_3)/3$〕的差值在10个以上数据点均不应超过1%。若1支热电偶的读数在10个以上数据点均超过1%，则其他2支热电偶在10个以上数据点均不应超过1%，在试验数据处理时应将前者从中排除。其他情况下均采用3支热电偶的读数计算 T_{ms}。仅使用2支热电偶做计算时，应在试验报告中注明。

③ 气体浓度和光衰减测量中的漂移

测量中的漂移定义为初始值与结束值间的差值。即

$$|xO_{2-初始}-xO_{2-结束}|\leqslant0.02\%\qquad(4.12)$$

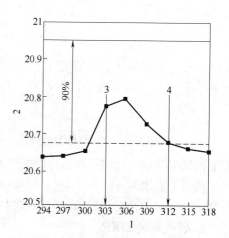

图4.28　燃烧器响应时间确定方法示意图

$$|x_{CO_2-初始} - x_{CO_2-结束}| \leqslant 0.02\% \tag{4.13}$$

$$|l_{初始} - l_{结束}| \leqslant 0.02 \tag{4.14}$$

式中，$x_{O_2-初始}$ 和 $x_{CO_2-初始}$ 为 O_2 和 CO_2 的初始浓度，即 x_{O_2}（30s…90s）、x_{CO_2}（30s…90s）；$x_{O_2-结束}$ 和 $x_{CO_2-结束}$ 指至少在试验结束 60s 后，根据目测无燃烧产物进入排烟管时的 O_2 和 CO_2 的浓度。

l 指光接收器的输出信息，%。初始值和结束值的定义与气体浓度类似，二者间的差值可能主要由光学测量系统透镜上的烟尘沉积物所致。

（3）受火时间

受火时间指从试样暴露于主燃烧器的火焰中开始（$t = t_0 = 300$s）至停止向燃烧器供应丙烷为止（t'）的时间。

注意检查燃烧器关闭后第一数据点 t' 与下一数据点（$t' + 3$s）时，丙烷的质量流量 $m_{气体}$ 是否低于 300mg/s，以保证燃烧器已经关闭。

$$[m_{气体}(t'-3) \geqslant 300mg/s] \wedge [m_{气体}(t') < 300mg/s] \wedge [m_{气体}(t'+3) < 300mg/s] \tag{4.15}$$

（4）热输出

① 热释放速率 HRR

a. 试样和燃烧器的总 HRR：$HRR_总$

排烟系统体积流速 $V_{298}(t)$ 为

$$V_{298}(t) = cA \frac{k_t}{k_\rho} \sqrt{\frac{\Delta p(t)}{T_{ms}(t)}} \tag{4.16}$$

式中，$V_{298}(t)$ 为 298K 排烟系统体积流速，m^3/s；$c = (2T_0/\rho_0)^{0.5} = 22.4 \ K^{0.5} m^{1.5} kg^{-0.5}$（可由 298K 空气密度计算得到）；$A$ 为综合测量区中排烟管道的横截面积，m^2；k_t 为流量分布因子；k_ρ 为双向探头流量计的雷诺校正系数，一般为 1.08；$\Delta p(t)$ 为压力差，Pa；$T_{ms}(t)$ 为综合测量区的温度，K。

耗氧系数 $\phi(t)$ 为

$$\phi(t) = \frac{\overline{x}O_2(30s\cdots90s)\{1 - xCO_2(t)\} - xO_2(t)\{1 - \overline{xCO_2}(30s\cdots90s)\}}{\overline{x}O_2(30s\cdots90s)\{1 - xCO_2(t) - xO_2(t)\}} \tag{4.17}$$

式中，$xO_2(t)$ 为 O_2 的摩尔分数，$xCO_2(t)$ 为 CO_2 的摩尔分数。

x_{a-O_2} 的计算

$$x_{a-O_2} = \overline{x}O_2(30s\cdots90s)\left[1 - \frac{H}{100p}\exp\left\{23.2 - \frac{3816}{T_{ms}(30s\cdots90s) - 46}\right\}\right] \tag{4.18}$$

式中，x_{a-O_2} 为环境温度下氧气（含水蒸气）的摩尔分数；$xO_2(t)$ 为 O_2 的摩尔分数；H 为相对湿度，%；p 为大气压，Pa；$T_{ms}(t)$ 为综合测量区的温度，K。

$HRR_总(t)$ 为

$$HRR_总(t) = EV_{298}(t)x_{a-O_2}\left(\frac{\phi(t)}{1 + 0.105\phi(t)}\right) \tag{4.19}$$

式中，$HRR_总(t)$ 为试样和燃烧器的总热释放速率，kW；E 为 298K 时消耗单位体积氧的热释放量，数值为 17200kJ/m^3；$V_{298}(t)$ 为排烟系统的体积流速，标准条件下温度设为 298K，kJ/m^3；x_{a-O_2} 为环境温度下氧气（含水蒸气）的摩尔分数；$\phi(t)$ 为耗氧系数。

b. 燃烧器的 HRR

燃烧器的平均 HRR 可根据基准时段（210s $\leqslant t \leqslant$ 270s）的平均 $HRR(t)$ 计算，即

$$HRR_{\text{av-燃烧器}} = \overline{HRR_{\text{总}}} \ (210\text{s}\cdots270\text{s}) \tag{4.20}$$

式中，$HRR_{\text{av-燃烧器}}$ 为燃烧器的平均热释放速率，kW；$HRR_{\text{总}}(t)$ 为试样和燃烧器的总热释放速率，kW。

相应的标准偏差为

$$\sigma_{\text{bh}} = \frac{\sqrt{n\sum\limits_{t=210\text{s}}^{270\text{s}}\{HRR_{\text{燃烧器}}(t)\}^2 - \Big\{\sum\limits_{t=210\text{s}}^{270\text{s}}HRR_{\text{燃烧器}}(t)\Big\}^2}}{n(n-1)} \tag{4.21}$$

式中，n 为数据点数（$n=21$）。

燃烧器的稳定性和热释放水平判据为

$$HRR_{\text{av-燃烧器}} = (30.7\pm2.0)\ \text{kW} \tag{4.22}$$

标准偏差为

$$\sigma_{\text{bh}} < 1\text{kW} \tag{4.23}$$

c. 试样的 $HRR(t)$

试样的热释放速率 $HRR(t)$ 等于总热释放速率 $HRR_{\text{总}}(t)$ 减去燃烧器的平均热释放速率。

$t>312\text{s}$ 时，

$$HRR(t) = HRR_{\text{总}}(t) - HRR_{\text{av-燃烧器}} \tag{4.24}$$

式中，$HRR(t)$ 为试样的热释放速率，kW。

在将燃料从辅助燃烧器切换到主燃烧器的过程中（最长 12s），两个燃烧器的总热输出小于 $HRR_{\text{av-燃烧器}}(t)$，致使上式结果为负值。为此，规定

$t=300\text{s}$ 时，

$$HRR(300) = 0\text{kW} \tag{4.25}$$

$300\text{s} \leqslant t \leqslant 312\text{s}$ 时

$$HRR(t) = \max.\{0\text{kW}, HRR_{\text{总}}(t) - HRR_{\text{av-燃烧器}}\} \tag{4.26}$$

式中，$\max.\{a, b\}$ 为 a、b 两者中的最大值。

d. 试样的 HRR_{30s}

试样的 HRR_{30s} 是指在某 30s 时段内试样的平均热释放速率。

$$HRR_{\text{30s}}(t) = \frac{0.5HRR(t-15) + HRR(t-12) + \cdots + HRR(t+12) + 0.5HRR(t+15)}{10} \tag{4.27}$$

② $THR(t)$ 和 THR_{600s}

试样的总热释放量 $THR(t)$ 和试样在受火期最初 600s（$300\text{s} \leqslant t \leqslant 900\text{s}$）内的总放热量 THR_{600s} 为

$$THR(t_{\text{a}}) = \frac{3}{1000}\sum_{300\text{s}}^{t_{\text{a}}}(\max.[HRR(t), 0]) \tag{4.28}$$

$$THR_{\text{600s}} = \frac{3}{1000}\sum_{300\text{s}}^{900\text{s}}(\max.[HRR(t), 0]) \tag{4.29}$$

式中，$THR(t_{\text{a}})$ 为试样在 $300\text{s} \leqslant t \leqslant t_{\text{a}}\text{s}$ 内的总热释放量，MJ。

③ $FIGRA_{\text{0.2MJ}}$ 和 $FIGRA_{\text{0.4MJ}}$

燃烧增长速率指数 $FIGRA$ 等于 $HRR_{\text{av}}(t)/(t-300)$ 的最大值乘以 1000。只计算受火

期内 HRR_{av} 和 THR 超过规定值的时段。

$$FIGRA = 1000 \times \max. \left(\frac{HRR_{av}(t)}{t-300} \right) \qquad (4.30)$$

式中，$HRR_{av}(t)$ 等于 HRR_{30s}，但受火期的最初 12s 仅对从开始受火（$t=300s$）到待考察数据点的范围内所有数据点进行平均。

例如，$t=300s$，$HRR_{av}(300s)=0$；$t=306s$，$HRR_{av}(306s)=\overline{HRR}(300s \cdots 312s)$；$t$ 为所有数据点的时间。

限制条件是 THR 的起始值分别为 0.2MJ 和 0.4MJ 时，需分别满足：

$$HRR_{av}(t) > 3kW、THR(t) > 0.2MJ \text{ 和 } 300 \leqslant t \leqslant 1500s;$$
$$HRR_{av}(t) > 3kW、THR(t) > 0.4MJ \text{ 和 } 300 \leqslant t \leqslant 1500s。$$

若在整个试验期间均不满足上述条件，则相应的 $FIGRA$ 等于 0。

（5）产烟

① 试样和燃烧器的总产烟率 $SPR_{总}$

排烟管中的体积流速 $V(t)$ 为

$$V(t) = V_{298}(t) \frac{T_{ms}(t)}{298} \qquad (4.31)$$

式中，$V_{298}(t)$ 为 298K 时排烟系统的体积流速，m^3/s；$T_{ms}(t)$ 为综合测量区的温度，K。

排烟系统中试样和燃烧器的总产烟率 $SPR_{总}(t)$ 为

$$SPR_{总}(t) = \frac{V(t)}{L} \ln \left[\frac{\bar{l}(30s \cdots 90s)}{l(t)} \right] \qquad (4.32)$$

式中，$SPR_{总}(t)$ 为试样和燃烧器的总产烟率，m^2/s；L 为穿越排烟管道的光路长度，其大小等于排烟管的直径，m；$l(t)$ 为光接收器的输出信号，%。

② 燃烧器的平均产烟率 $SPR_{av-燃烧器}$

燃烧器的平均产烟率 $SPR_{av-燃烧器}$ 等于基线时段的平均 $SPR_{总}(t)$

$$SPR_{av-燃烧器} = \overline{SPR}_{总}(210s \cdots 270s) \qquad (4.33)$$

相应的标准偏差 σ_{bs}

$$\sigma_{bs} = \frac{\sqrt{n \sum_{t=210s}^{270s} \{SPR_{燃烧器}(t)\}^2 - \left\{ \sum_{t=210s}^{270s} SPR_{燃烧器}(t) \right\}^2}}{n(n-1)} \qquad (4.34)$$

式中，$SPR_{燃烧器}(t)$ 为燃烧器的产烟率，m^2/s；n 为数据点数目（$n=21$）。

相应的产烟水平档和稳定性判据

$$SPR_{av-燃烧器} = (0 \pm 0.1) \ m^2/s \qquad (4.35)$$

基准时段的标准偏差为

$$\sigma_{bs} < 0.01 m^2/s \qquad (4.36)$$

③ 试样的产烟率 $SPR(t)$

$t > 312s$ 时，试样的产烟率为

$$SPR(t) = SPR_{总}(t) - SPR_{av-燃烧器}(t) \qquad (4.37)$$

考虑到将燃气从辅助燃烧器切换到主燃烧器的过程中，两个燃烧器的总产烟率可能小于 $SPR_{av-燃烧器}(t)$。为此，作如下规定：

$t=300$s 时，$SPR(300)=0$m^2/s；

300s≤t≤312s 时，$SPR(t)=$max.$[0,SPR_总(t)-SPR_{av-燃烧器}]$ （4.38）

应注意，试样开始产生可燃挥发物时，燃烧器火焰的烟气生成很可能不稳定。

④ 试样在 60s 内的产烟率 $SPR_{60s}(t)$

即试样在 60s 内的平均产烟率

$$SPR_{60s}(t)=\frac{\{0.5SPR(t-30s)+SPR(t-27s)+\cdots+SPR(t+27s)+0.5SPR(t+30s)\}}{20}$$ （4.39）

⑤ 试样的总产烟量 $TSP(t)$ 和受火期最初 600s 内的总产烟量 TSP_{600s} (t)

二者的计算分别为：

$$TSP(t_a)=3\sum_{300s}^{t_a}(\text{max.}[SPR(t),0])$$ （4.40）

$$TSP_{600s}=3\sum_{300s}^{900s}(\text{max.}[SPR(t),0])$$ （4.41）

式中，$TSP(t_a)$ 为试样在 300s≤t≤t_a 区间内的总产烟量，m^2。

⑥ 烟气生成速率指数 $SMOGRA$

烟气生成速率指数 $SMOGRA$ 为 SPR_{av} $(t)/(t-300)$ 的最大比值乘以 10000。仅对受火期内超过 SPR_{av} 和 TSP 的起始值部分进行计算。

$$SMOGRA=10000\times\text{max.}\left(\frac{SPR_{av}\ (t)}{t-300}\right)$$ （4.42）

式中，$SPR_{av}(t)$ 等于 SPR_{60s}，但受火期的最初 27s 仅对从开始受火（$t=300$s）到待考察数据点的范围内所有数据点进行平均。

例如，$t=300$s，$SPR_{av}(300s)=0$m^2/s；$t=306$s，$SPR_{av}(306s)=\overline{SPR}$（300s$\cdots$312s），$t$ 为所有数据点的时间。

若在整个试验期间 $SPR_{av}(t)$ 均不超过 0.1m^2/s 或全部试验后不超过 6m^2 的产烟量，则试样的 $SMOGRA$ 等于 0。

（6）校准

丙烷的热释放速率理论值 $q_{气体}(t)$

$$q_{气体}(t)=\Delta h_{c,eff}m_{气体}(t)$$ （4.43）

式中，$\Delta h_{c,eff}$ 为丙烷的有效燃烧低热值，等于 46360kJ/kg；$m_{气体}$ (t) 为丙烷的质量流量，kg/s。

30s 内丙烷的平均质量流量 $q_{气体,30s}$ (t) 为

$$q_{气体,30s}(t)=\frac{\{0.5q_{气体}(t-15)+q_{气体}(t-12)+\cdots+q_{气体}(t+12)+0.5q_{气体}(t+15)\}}{10}$$ （4.44）

4.5.5.2 试验结果表示方法

（1）燃烧性能

用平均热释放速率 $HRR_{av}(t)$、总热释放量 $THR(t)$ 和 $1000\times HRR_{av}(t)/(t-300)$ 曲线表示燃烧性能，试验时间为 0s≤t≤1500s。

亦可用燃烧增长速率指数 $FITRA_{0.2MJ}$、$FIGRA_{0.4MJ}$ 和 600s 内的总热释放量 THR_{600s} 的值以及判定是否出现火焰横向传播至试样边缘处的现象描述燃烧性能。

（2）产烟特性

用产烟率 $SPR_{av}(t)$、总产烟量 $TSP(t)$ 和 $10000 \times SPR_{av}(t)/(t-300)$ 的曲线表示产烟特性，试验时间为 $0s \leqslant t \leqslant 1500s$。

亦可用烟气生成速率指数 $SMGRA$ 的值和 $600s$ 内生成的总产烟量 TSP_{600s} 的值表示产烟特性。

（3）燃烧滴落物/颗粒物

用是否同时生成燃烧滴落物和颗粒物或只生成其中一种表示这一特性。

4.5.6　试验方法的局限性

单体燃烧试验 SBI 属于中型试验方法，是欧洲专门为材料燃烧性能新分级体系建立的一个标准试验方法，在阻燃试验和标准的统一方面已经获得了成功。同样，单体燃烧试验也是 GB 8624—2012《建筑材料及制品燃烧性能分级》中等级划分所采用的最重要试验方法，用于从 A2 到 B2 的建筑制品燃烧性能评价。

4.5.6.1　与 ISO 9705 的相关性

ISO 9705-1《火灾试验——表面制品的全尺寸房间试验》（Fire tests—Full-scale room test for surface products）是目前国际上普遍使用的大型单室火灾试验，该试验中建立的火灾场景也是 GB 8624—2012《建筑材料及制品燃烧性能分级》中使用的参考火灾场景。因此，必须了解建筑制品的 SBI 试验结果与 ISO 9705 试验结果之间的相关性。

欧盟在 1997 年进行的 SBI 循环试验中共测试了 30 种建筑制品，试验中用燃烧增长速率 $FIGRA$ 作为主要评价参数，相应的 SBI 和 ISO 9705 试验结果见表 4.13。从中可以看出，在 30 种制品中有 26 种制品的试验结果之间具有良好的相关性。根据 ISO 9705 试验结果，可以将这些建筑制品分为 4 种类别，即不发生轰燃的制品、10min 后发生轰燃的制品、2～10min 内发生轰燃的制品和 2min 内发生轰燃的制品，据此确定的 SBI 分级判据见表 4.14。

表 4.13　1997 年 SBI 循环试验的部分结果

编号	制品名称	SBI 试验结果		ISO 9705 试验结果
		$FIGRA$(W/s)	THR_{600}(MJ)	发生轰燃时间(s)
M01	纸面石膏板	21	1.0	>1200
M02	FR PVC	81	5.9	>1200
M03	FR XPS	1375	40.5	96
M04	Alu/纸油面 PUR 泡沫板	1869	28.6	101
M05	喷漆云杉板条(细木工制品)	681	15.1	106
M06	FR 粗纸板	25	2.3	>1200
M07	FR PC 三层板	1027	17.2	>1200
M08	喷漆纸面石膏纤维板	16	0.8	>1200
M09	石膏纤维板上的墙纸	154	1.4	>1200
M10	石膏纤维板上的 PVC 壁毯	374	6.5	675
M11	石棉上的塑面钢板	78	1.2	>1200
M12	未喷漆云杉板条(细木工制品)	440	15.7	170

续表

编号	制品名称	SBI 试验结果		ISO 9705 试验结果
		$FIGRA$(W/s)	THR_{600}(MJ)	发生轰燃时间(s)
M13	聚苯乙烯上的石膏纤维板	9	0.8	>1200
M14	酚醛泡沫	82	3.2	640
M15	刨花板上的膨胀涂料	16	1.9	700
M16	蜜胺面 MDF 板	601	24.0	150
M17	PVC 水管	92	9.4	—
M18	PVC 电缆	435	45.4	—
M19	未饰面的矿物纤维	1	0.7	>1200
M20	蜜胺面刨花板	381	20.1	165
M21	金属面挤塑聚苯乙烯夹芯板	21	1.3	970
M22	普通型刨花板	404	26.9	155
M23	普通型胶合板(桦木)	399	21.7	160
M24	刨花板上的墙纸	479	26.7	165
M25	中等密度纤维板(Ⅰ)	436	33.4	190
M26	低密度纤维板	1103	39.7	58
M27	FR PUR 上的石膏纤维板	17	0.7	>1200
M28	喷漆吸音矿物纤维瓷砖	0	0.7	>1200
M29	钙硅板上的织物墙纸	108	1.9	>1200
M30	纸面玻璃纤维	3923	6.7	18

表 4.14 SBI 和 ISO 9705 试验的分级判据

燃烧性能 等级	$FIGRA$(SBI) (W/s)	$FIGRA$(ISO 9705) (kW/s)	轰燃时间 (ISO 9705)
A1	—	≤0.15	无轰燃
A2	≤120	≤0.15	无轰燃
B	≤120	≤0.5	无轰燃
C	≤250	≤1.5	10min 后发生轰燃
D	≤750	≤7.5	2～10min 内发生轰燃
E	—	≥7.5	2min 内发生轰燃
F	无要求		

上述试验中存在明显差异的制品包括阻燃聚碳酸酯板(FR PC 三层板)、金属面挤塑聚苯乙烯夹芯板、PVC 电缆、PVC 水管。其中,前两者不仅 SBI 结果存在很大偏差,而且它们的两种试验结果之间不存在可比性。尽管聚碳酸酯板的 SBI 试验结果表明其热释放速率较高,但在 ISO 9705 试验过程中不会发生轰燃;而金属面挤塑聚苯乙烯夹芯板的 SBI 试验结果表明该制品仅产生很小的热释放速率,但在 ISO 9705 试验中却会发生轰燃。PVC 导管和电缆则不适合房间内火灾这一参考火灾场景。

考虑到金属面夹芯板由隔热芯材双面复合较薄的金属面板制成，受火初期金属面板可以避免可燃性隔热芯材的直接受火，但热量能够传给芯材，使夹芯板内部产生的可燃气体逐渐增加。因此，金属面板和拼接缝的机械性能决定了夹芯板的火灾行为。直接受火时，金属面板会出现弯曲变形而使拼接缝裂开，释放夹芯板内部的可燃气体并着火，后者的剧烈燃烧可能使金属面板与隔热芯材表面完全分离，促使可燃芯材的充分燃烧导致轰燃发生。但在 SBI 试验中点火源和试样尺寸均较小，不足以引起金属面板发生严重变形，所以使用可燃芯材的金属面夹芯板能够表现出良好的抗燃性。对阻燃聚碳酸酯板的试验也可能存在类似的尺度效应。

4.5.6.2 实际应用中存在的问题

（1）制品的安装固定规则不明确

试验采用的制品安装固定程序将影响试验结果，但目前我国的防火材料产品标准还没有涉及建筑制品燃烧性能试验的安装固定规则。以挤塑聚苯乙烯泡沫板（XPS）为例，一种方法是在 XPS 表面覆抹厚 3mm 的聚合物砂浆层（内部铺设 160g、4mm×4mm 网格布），并采用聚合物砂浆封边，XPS 背面采用界面剂和聚合物砂浆与厚 12mm 纸面石膏板粘接；另一种方法是对 XPS 未进行表面和封边处理，但其他安装固定方式相同。显然，这两种不同的安装固定方式改变了 SBI 的试验对象，前者的测试对象是内部包含了该制品的 XPS 保温系统，受火面是聚合物砂浆涂抹层；而第二种测试对象是 XPS 自身，受火面就是 XPS 面。试验结果如图 4.29 所示，采用第一种安装固定方式的 XPS 系统燃烧性能等级为 B，而采用第二种方式时燃烧性能等级为 C。

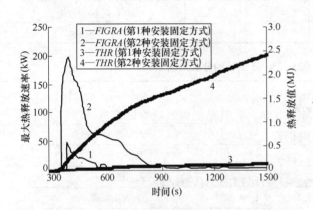

图 4.29　不同安装固定方式下 XPS 的 SBI 试验结果对比

（2）FIGRA 参数的局限性

FIGRA 是试验过程中材料的热释放速率与时间之比的最大值，影响 FIGRA 的因素为热释放速率 HRR 和时间，材料的热释放速率峰值 PHRR 与 FIGRA 之间不一定同步，用 FIGRA 作为燃烧性能分级判据时可能产生偏差。如果材料的 HRR 在试验初期有较大的波峰，就可能使 FIGRA 处于较差等级要求的范围；相反，在试验后期即使 HRR 较高，其 FIGRA 也可能处于较好等级要求的范围内。

FIGRA 的这一特点很可能对引燃速率较高但总热释放量较低的建筑制品的燃烧性能分级不利，而对引燃速率较低但在试验中后期热释放速率较高的制品燃烧性能分级有利。

（3）产烟性和燃烧滴落物/微粒附加分级

SBI 产烟分级参数是制品的产烟速率和产烟总量。试验结果的统计分析发现，基于产烟速率的 SMOGRA 参数是影响制品产烟分级的决定性参数，而反映总产烟量的 TSP_{600s} 参数作为分级判据的作用则十分有限。

大型对比试验和 SBI 的产烟数据相关性研究表明，SBI 与房间内火灾参考场景的产烟数据之间的相关性很差。从表 4.15 中可以看出，5 种参考场景中的房间、风管和走廊与 SBI

的产烟数据相关性均不显著，而竖井和角状墙面与 SBI 的产烟数据的相关性良好。主要原因是竖井和角状墙面的火灾场景连续处于良好通风条件下，这与 SBI 的试验通风条件非常相似，而相关性差的其他三种火灾场景则不满足这一通风条件。

表 4.15　SBI 试验的 *SMOGRA* 数据与大型试验的相关性

参考场景	尺寸(m)	相关系数 R^2	
		$SMOGRA(\mathrm{m^2/s^2})$	$TSP(\mathrm{m^2})$
房间	3.6×2.4×2.4	0.151	0.352
风管	7.2×1.2×0.3	0.016	0.461
走廊	7.7×1.2×2.4	0.061	0.007
竖井	3.5×2.2×4.9	0.793	0.953
角状墙面	高 7.2，两翼分别为 3.6 和 4.2	0.896	0.818

受火过程中制品产生燃烧滴落物/微粒的行为与其属性相关。大量的 SBI 试验结果表明，如果制品产生燃烧滴落物/微粒，燃烧时间一般会超过 10s；而且该项规定过于精确，不易观察记录。因此，附加分级中 d1 级的设定缺乏可操作性，其作用有限。

4.5.6.3　试验方法的精确度

在 SBI 的第二次循环试验中发现：

（1）连续性分级参数（$FIGRA_{0.2MJ}$、$FIGRA_{0.4MJ}$、THR_{600s}、$SMOGRA$ 和 TSP_{600s}）的重复性和再现性分别为 11%～20% 和 21%～34%。

（2）参与循环试验的所有实验室测量的热释放速率数据均符合要求，90% 实验室测量的产烟数据符合要求。

（3）标准规定的校准程序处于可接受水平，能够评价实验室按一定精确度水平测量热释放速率和产烟速率方面的能力。标准校准程序对 SBI 试验的精确度至关重要，可以帮助发现并解决 SBI 试验装置存在的问题。循环试验中，许多实验室花了较长时间才做到符合校准要求。因此，SBI 的校准程序还有许多改进的空间，尤其是测烟系统方面需进一步完善。

（4）对于一些观察性参数，试验结果仍存在着较大偏差。

4.6　铺地材料燃烧性能试验方法

4.6.1　简介

GB/T 11785—2005《铺地材料的燃烧性能测定　辐射热源法》（Reaction to fire tests for floorings-Determination of the burning behaviour using a radiant heat source）等同采用了 ISO 9239-1：2002《铺地材料燃烧性能 第 1 部分：用辐射热源法测量燃烧性能》（Reaction to fire tests for floorings Part 1：Determination of the burning behaviour using a radiant heat source），它规定了评定铺地材料燃烧性能的试验方法。该方法是在燃烧试验箱中，用小火焰点燃水平放置并暴露于倾斜热辐射场中的铺地材料，评估其火焰传播能力，试验结果可反映铺地材料（包括基材）的燃烧性能。

这种方法适用于各种铺地材料，例如纺织地毯、软木板、木板、橡胶板和塑料地板及地板喷涂材料，背衬材料、底层材料或者铺地材料其他方面的任何改变都可能影响试验结果。

该方法仅适用于测试和描述一定试验条件下铺地材料表现出的燃烧性能，不能单独用于描述或评定铺地材料的实际火灾危险性，也不能作为材料燃烧危险性有效评价的唯一依据。

4.6.2 试验装置和试件

4.6.2.1 试验装置

铺地材料试验装置主要由试验箱、辐射热源、试件夹、点火器、排烟系统、热电偶、热流计和校准试件等组成。试验装置必须放在离墙和吊顶至少400mm的地方。图4.30给出了该试验装置的透视图。

（1）试验箱

试验箱由厚度（13±1）mm、标称密度650kg/m³的硅酸钙板和尺寸为（110±10）mm×（1100±100）mm的防火玻璃构成。防火玻璃安装在箱体前面，以便在试验过程中观察整个试件的长度。试验箱外面可以安装金属保护层。在观察窗口下方安装一个门，方便试件平台的移动。

从试件夹具内边缘起，试件两侧应分别安装刻度间隔为50mm和10mm的钢尺。试验箱下面由可滑动的平台构成，它能保证试件夹具处于固定的水平位置。在试验箱和试件夹具之间总的空气流通面积为（0.23±0.03）m²，并平均分配于试件长边的两侧。

（2）辐射热源

辐射热源为一块安装在金属框架中的多孔耐火板，它的辐射面尺寸为（300±10）mm×（450±10）mm。辐射板应能承受900℃的高温，空气和燃

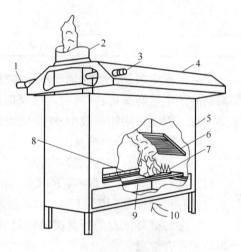

图4.30　试验装置透视图

1—照明装置；2—排烟管道；3—光接收器 4—烟罩；5—试验箱；6—辐射板；7—点火器喷出的引燃焰；8—钢尺；9—试件和试件夹具连同滑动平台；10—试验箱下部的空气入口

气混合系统通过适当的控制装置保证试验结果的重复性和再现性。辐射加热板安装在试件夹具上方，它的长边与水平方向夹角为（30±1）°。

（3）试件夹

试件夹具由耐火且厚度为（2.0±0.1）mm的L形不锈钢材料做成，如图4.31所示。试件暴露面的尺寸为（200±3）mm×（1015±10）mm，试件夹具两端用两螺钉将其固定在滑动钢制平台上。试件可通过各种方式固定在试件夹具上（例如钢夹等），夹具总厚度为（22±2）mm。

（4）点火器

点火器用不锈钢制成，内径为6mm，外径为10mm。点火器上有两排孔，中心线上平均分布19个直径为0.7mm的放射状孔，中心线下60°的线上平均分布16个直径0.7mm的放射状孔，如图4.32所示。

试验中丙烷气流速控制在（0.026±0.002）L/s，点火器的位置应保证从下排孔产生的火焰能在试件零点前（10±2）mm处与试件接触，此时点火器应在试件夹具边缘上方3mm

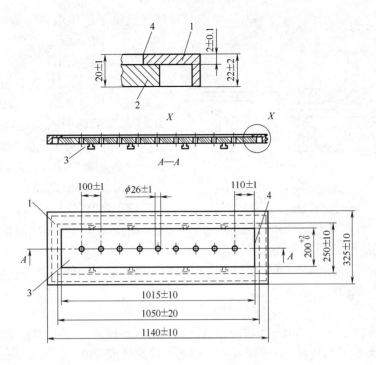

图 4.31　试件及试件夹具

1—试件夹；2—校准试件；3—固定螺钉；4—零点

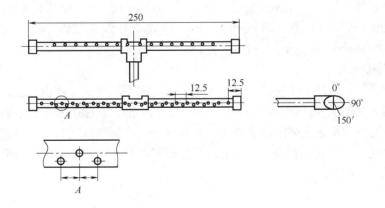

图 4.32　点火器

处。不需要点火时，点火器应能移到试件零点位置 50mm 以外。点火器在试件上方的位置如图 4.33 所示。使用热值约为 83MJ/m² 的商用丙烷作为试验用燃气。在丙烷流量正常控制和点火过程中，点火火焰高度为 60～120mm。

（5）排烟系统

排烟系统与箱体烟道不直接相连。当校准试件在规定位置、辐射板未工作和样品出入口关闭时，箱体烟道内的气体流速应为（2.5±0.2）m/s。排烟系统的排烟能力为 39～85m³/min。

安装在箱体烟道内的风速仪精度为±0.1m/s，用于测量排烟通道中的流速。风速仪的

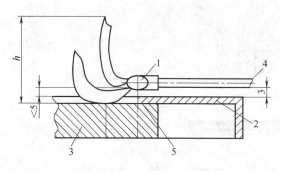

图 4.33 点火过程中点火器与试件的相对位置
1—点火器；2—试件夹具；3—试件；4—丙烷；5—零点；
h—引火火焰高度

测量点位于箱体烟道下边缘以上（250±10）mm 的中心线上。

（6）辐射高温计

为了控制辐射板的热输出，应使用测量范围为 480～530℃（黑体温度）、精度为±0.5℃ 的辐射高温计，安装在距辐射板约 1.4m 处，用于检测辐射板上直径 250mm 的圆面温度。辐射高温计的灵敏度应固定在 1～9μm 的波长范围内。

（7）热电偶

在铺地材料辐射试验箱中应安装一支直径 3.2mm 的绝缘式不锈钢铠装 K 型热电偶，并固定在箱体的纵向垂面中心，距顶板 25mm，离箱体烟道内壁 100mm。第二个热电偶插在箱体烟道中间，距箱体烟道顶部（150±2）mm。每次试验后要清洁热电偶。

（8）热流计

应选用无开口、直径 25mm 的热流计（例如 Schmidt-Boelter 型）测量试件的辐射通量。热流计的量程为 0～15kW/m²，要求在整个辐射通量测量范围内进行校准。使用时需为热流计准备温度为 15～25℃ 的冷却水源。热流计的精度为±3%。

（9）校准试件

校准试件由厚（20±1）mm、密度（850±100）kg/m³ 的无涂层硅酸钙板制成，其尺寸为长（1050±20）mm、宽（250±10）mm。沿着中心线从试件零点开始，在 110mm、210mm、……、910mm 的位置开有直径为（26±1）mm 的圆孔。

（10）光测量系统

根据需要，可通过测量光衰减程度确定烟气的光密度。测试系统由光源、透镜组、窄缝和光电池组成，如图 4.34 所示。光测量系统应安装到箱体烟道的纵轴上测量光衰减。光电池和光源应置在排烟系统外的独立框架上，该框架与排烟系统间只存在点连接。在箱体烟道和排烟罩之间，应安装几根内径 50mm 的钢管并与净化空气连接，每根管子中净化空气的流量应控制为 25L/h。

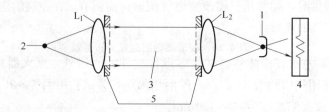

图 4.34 光测量系统
1—窄缝；2—光源；3—烟粒；4—光接收器；5—排烟管壁

4.6.2.2 试件

制取 6 个尺寸为（1050±5）mm×（230±5）mm 的试件。一个方向制取 3 个，在与之垂直的方向制取另外 3 个试件。如果试件厚度超过 19mm，长度可减少至（1025±5）mm。

　　试件采用与实际使用方式相同的方法安装在模拟实际地面的基材上。试件使用的黏合剂与实际应用的相比应具有一定代表性。如果实际应用中要求使用某种特定黏合剂，应在试验准备时选用该黏合剂，否则应在报告中注明。试验时因收缩而从试件夹具框上脱离的铺地材料，安装方法变化时会得到不同的试验结果。因此，在热辐射场中有收缩趋势的铺地材料，应特别注意使用可靠的安装方法。

　　作为试件一部分的背衬材料同样要具有代表性。如果试件由小块样品拼接而成，安装时应将接点放在离零点250mm处。如果这些小块未黏结为一体，则应通过机械方式将试件边缘固定在基材上。

　　需要对铺地材料的燃烧性能进行耐久性试验时，材料的清洗和洗涤处理应参照相关产品说明书中规定的程序进行。试件应按 EN 13238 的规定进行状态调节。对于黏合在基材上的铺地材料，它的养护时间至少为 3 天。

4.6.3　试验步骤

4.6.3.1　校准程序

　　每个月或每次装置有大的变动时，应按下面的程序进行校准，如果连续校准未出现变化，可将校准周期延长到 6 个月。

　　在试验箱中，将滑动平台、校准试件及夹具安置在试验位置，在排气扇打开、试件出入口关闭情况下调节箱体烟道内气体流速为（2.5±0.2）m/s，点燃辐射板，使其加热 1h 以上，至试验箱体温度达到稳定，在此期间应关闭点火器。将热流计插入410mm处的圆孔中测量辐射通量，要求热流计的探测表面与校准试件面平行并高出 2～3mm，30s 后读数。如果辐射通量为（5.1±0.2）kW/m²，可开始校准辐射通量曲线。否则，需调节辐射板的燃气/空气流量。热流计每次读数前应至少使辐射板的燃气流量稳定 10min。

　　依次在每个圆孔中插入热流计，应确保热流计的探测面和测试时间满足规定要求。依次记录不同测试位置的辐射通量数据。完成 910mm 点处辐射通量的测量后，再测量410mm点处的辐射通量，以检验测试过程中辐射通量的变化情况。以测量位置为横坐标、辐射通量为纵坐标值绘制一条平滑曲线，可得辐射通量曲线。若该辐射通量曲线在表 4.16 规定的范围内，即可完成试验装置的校准和辐射通量曲线的标定。否则，需调节燃气流量并至少稳定10min 后，按上述程序重新进行校准，直至辐射通量曲线满足表 4.16 的要求。注意，调节试件热端的辐射通量时，通常是只需改变燃气流量；而调节试件冷端的辐射通量，可能需要同时改变燃气和空气的流量。

表 4.16　校准热辐射通量分布要求

测试位置(mm)	辐射通量(kW/m²)	允许误差(kW/m²)
110	10.9	±0.4
210	9.2	±0.4
310	7.1	±0.4
410	5.1	±0.2
510	3.5	±0.2
610	2.5	±0.2
710	1.8	±0.2
810	1.4	±0.2
910	1.1	±0.2

移走校准试件，关闭样品出入口，5min 后测量辐射板的黑体温度和试验箱体温度，记录校准值。

根据需要，还应对烟气测量系统进行校准。要求在试验前、组装、维护和修理后或烟气测量系统的支架、排气系统的主要部件更换后，对光测量系统进行校准，此外应至少每 6 个月进行一次校准。校准包括两部分内容，即输出稳定性检查和滤光片检查。

4.6.3.2　试验程序

设定排烟系统的空气流量，移走校准试件，关闭试件出入口，点燃辐射板预热至少 1h，直到箱体温度稳定。测量辐射板的黑体温度，与校准时记录的温度相比，黑体温度的偏差应在 ±5℃ 范围内，箱体温度偏差应在 ±10℃ 范围内。如果黑体温度和箱体温度超出上述要求，应调整辐射板的燃气/空气输入量。重新测试温度前，试验装置至少需稳定 15min。试验温度符合要求时可开始试验。若需测量烟气的光密度，应调节测烟系统使其输出值等于100%。试验前应保证测试系统稳定，并用净化空气检查光源和观察系统，必要时可做进一步调节使其满足要求。

将试件（包括它的底层材料和基材）安装在试件夹上，用钢夹固定此组合件，或者根据样品特性和使用说明书采用其他安装方法。对于多层纺织地毯，试验前可用真空吸尘器清洁表面，将试件安装在夹具内，再放到滑动平台上。

在距离试件零点至少 50mm 以外点燃点火器，将滑动平台移入试验箱并立即关上试件出入口。开始计时，同时启动记录装置。点火器预热 2min 后，使点火器火焰在距试件夹具内边缘 10mm 处与试件接触。持续点火 10min 后，将点火器移至离试件零点 50mm 以外，熄灭点火源。在试验过程中，辐射板燃气和空气应保持稳定。试验开始后，每隔 10min 测量火焰前沿与零点间的距离；观察并记录试验过程中的重要现象，例如闪燃、熔化、起泡、火焰熄灭后的灼热燃烧时间和位置、烧穿基材等。另外，记录火焰到达每个 50mm 刻度线处的时间和试验过程中任意时刻火焰前沿所到达的最远距离，精确到 10mm。试验应在 30min 后结束，除非委托方要求更长的试验时间。若有需要，还应在试验过程中测试排气管道中烟气的光密度，并按连续或不超过 10s 的间隔记录。

测试某一方向以及与该方向垂直的两块试件。找出其中 CHF 和/或 $HF\text{-}30$ 值较低者，再用与该制作方向相同的另两个试件重复进行测试。

黑体温度和箱体温度未达到要求时，不能进行下一个试验。安装新试件时，试验夹应处于室温状态。

4.6.4　试验结果表示

利用辐射通量曲线将观察到的火焰传播距离换算为 kW/m^2，计算临界辐射通量，精确到 $0.2kW/m^2$。试件未点燃或火焰传播没有超过 110mm 时，它的临界辐射通量大于 $11kW/m^2$；试件火焰传播距离超过 910mm 时，它的临界辐射通量小于 $1.1kW/m^2$。由试验人员在试验 30min 时将火焰熄灭的试件没有 CHF 值，只有 $HF\text{-}30$ 值。

用 CHF 和/或 $HF\text{-}30$ 值报告 4 次试验结果时，应同时说明制样方向，并由制样方向相同的 3 个试件的试验数据计算出临界辐射通量平均值（CHF 和/ $HF\text{-}30$）。对于试验持续时间超过 30min 的试件，记录火焰熄灭时间和火焰传播的最远距离，并转化成 CHF 值。

为了确定 $HF\text{-}X$ 值，例如 $HF\text{-}10$、$HF\text{-}20$、$HF\text{-}30$，需记录火焰到达每 50mm 刻度时

的时间和每隔 10min 火焰传播的距离，同时记录火焰熄灭时间和火焰传播的最远距离。

若有要求，还应报告烟气测量的结果。具体要求为记录最大光衰减值和试验过程中的光衰减-时间曲线，通过积分计算试验过程中的烟气总量并表示为%×min。

4.6.5　试验方法的局限性

4.6.5.1　试验方法的重复性和再现性

在 GB/T 11785 中，火焰熄灭处到试件零点的距离越近，对应的临界辐射通量（CHF）越大，铺地材料越不易燃烧；反之，则铺地材料越易燃。在 GB/T 11785 试验方法的建立过程中，通过 13 家实验室对 10 种铺地材料进行试验，考察了试验方法的重复性和再现性，结果见表 4.17。

表 4.17　GB 11785 中试验方法的重复性和再现性

	HF-30 (kW/m^2)	重复性		再现性	
		标准偏差 S_r	S_r/m(%)	标准偏差 S_R	S_R/m(%)
颗粒板	4.4	0.1	3.4	0.6	12.6
木地板	7.8	1.6	19.9	1.9	24.7
PVC	10.7	0.2	2.3	0.6	5.6
橡胶板	6.4	0.8	13.0	1.5	23.9
尼龙地毯(纺织背衬)	3.8	0.4	10.5	0.8	21.3
尼龙地毯(阻燃纺织背衬)	7.6	1.1	14.8	1.8	23.6
尼龙地毯(橡胶背衬)	3.7	0.8	20.5	1.0	27.1
丙纶地毯	2.7	0.2	6.5	0.4	13.4
丙纶地毯(针刺地毯)	5.2	1.1	21.4	2.4	47.2
羊毛/尼龙混纺地毯(80/20)	7.8	0.8	10.0	1.5	18.9

4.6.5.2　影响试验结果准确性的因素

辐射热源法中，热辐射源、校准过程、试件夹等因素对试验结果有明显的影响。热辐射板和供气系统的稳定性、可控性是试验结果重复性和再现性好的基础。空气中的水分对热辐射通量的稳定性影响较大，甚至会造成辐射板爆燃或熄灭。校准程序对试验装置的准确度会产生较大影响，必须严格按要求校准试验装置。对于受火时会产生较大收缩的试件，试件夹的可靠性也会对试验结果产生明显影响。

基材的选择对实验室评估铺地材料燃烧性能会产生重要影响，必须选择符合或接近实际使用的基材。在检测报告中应注明试验条件，尤其是注明试样底衬材料的类型，以增强试验结果对实际工作的指导作用。

4.7　材料产烟毒性危险分级方法

4.7.1　简介

GB/T 20285—2006《材料产烟毒性危险分级》（Toxic classification of fire effluents hazard for materials）规定了材料产烟毒性危险等级的评价、试验装置及试验方法，适用于能稳定产烟的材料烟气毒性危险分级，但不适用于不能稳定产烟材料的烟气毒性危险分级。该标准分级方法是根据我国在实验室定量制取材料烟气和实验小鼠急性吸入烟气染毒试验方法学研究取得的成果和材料产烟毒性评价的实践经验制定的。其中的产烟部分参考了 DIN 53436《通风条件下材料的热分解产物及其毒物学检验》（Generation of thermal decomposition products from materials in an air stream for toxicological testing）的相关内容，染毒部分参考了 JIS A1321《建筑物内部装修材料和施工程序的不燃性试验方法》（Testing method for incombustibility of internal finish material and procedure of buildings）的相关内容，试验方法用装置可连接配有测烟系统的集烟箱，用于测定待测材料的生烟性。

4.7.2　基本原理

4.7.2.1　基本术语

材料稳定产烟（generating stably smoke from a material）：是指任意时刻材料的产烟质量稳定、烟生成物相对比例不变的产烟过程。

材料产烟浓度（concentration of the specimen mass for smoke）：一种反映材料火灾场景烟气与材料质量关系的参数，即单位空间所含产烟材料的质量数，mg/L。

材料产烟率（yield of smoke from material）：材料在产烟过程中进入空间的质量相对于材料总质量的百分率。它是一种反映材料热分解或燃烧程度的参数。

充分产烟率（sufficient yield of smoke）：材料最大或接近最大的产烟率。

烟气流量（flow of fire effluents）：一种描述烟气流动性能的参数，即单位时间内烟气流的体积，L/min。

材料产烟速率（rate of generating smoke from a material）：单位时间内材料发生热分解和燃烧的质量，mg/min。

吸入染毒（inhalation exposure）：人或动物处于污染环境中，以呼吸方式为主，同时包括部分感官接触毒物引起的一类伤害过程。

急性吸入染毒（acute inhalation exposure）：染毒时间较短（一般为 30min 内）的一种吸入染毒。

终点（end point）：实验动物丧失逃离能力或死亡等生理反应点。

4.7.2.2　方法学原理

利用等速载气流、稳定供热的环形炉对质量均匀的条形试样进行等速移动扫描加热，实现材料的稳定热分解和燃烧，产生各组分浓度稳定的烟气流。同一材料在相同产烟浓度下，以充分产烟和无火焰情况下的毒性最大。

对于不同材料，以充分产烟和无火焰情况下的烟气进行动物染毒试验，将实验动物达到试验终点所需的产烟浓度作为判定材料产烟毒性危险级别的依据。相应地，产烟浓度较低材料的产烟毒性危险越高；反之，则材料的产烟毒性危险越低。

按各级别规定的材料产烟浓度进行试验，可以判定材料的产烟毒性危险等级。

4.7.2.3　材料产烟毒性危险分级

（1）级别的划分

材料产烟毒性危险分为 3 级：安全级（AQ 级）、准安全级（ZA 级）和危险级（WX

级）；其中，AQ 级又分为 AQ$_1$ 级和 AQ$_2$ 级，ZA 级又分为 ZA$_1$ 级、ZA$_2$ 级和 ZA$_3$ 级。不同级别材料的产烟浓度指标见表 4.18。

表 4.18　不同级别材料的产烟浓度指标

级别	安全级（AQ）		准安全级（ZA）			危险级（WX）
	AQ$_1$	AQ$_2$	ZA$_1$	ZA$_2$	ZA$_3$	
浓度（mg/L）	≥100	≥50.0	≥25.0	≥12.4	≥6.15	<6.15
要求　麻醉性	实验小鼠 30min 染毒期内无死亡（包括染毒后 1h 内）					
刺激性	实验小鼠在染毒后 3 天内平均体重恢复					

（2）级别判定的试验终点

以材料达到充分产烟率的烟气对一组实验小鼠按表 4.18 规定级别的浓度进行 30min 染毒试验，根据试验结果作如下判定：

若一组实验小鼠在染毒期内（包括染毒后 1h 内）无死亡，则判定该材料在此级别下麻醉性合格；

若一组实验小鼠在 30min 染毒后不死亡及体重无下降或体重虽有下降，但 3 天内平均体重恢复或超过试验时的平均体重，则判定该材料在此级别下刺激性合格；

以麻醉性和刺激性皆合格的最高浓度确定该材料产烟毒性危险级别。

4.7.3　试验装置、试件和实验动物

4.7.3.1　试验装置

试验装置由环形炉、石英管、石英舟、烟气采集配给组件、小鼠转笼、染毒箱、温度控制系统、炉位移系统、空气供给系统、小鼠运动记录系统组成，如图 4.35 所示。

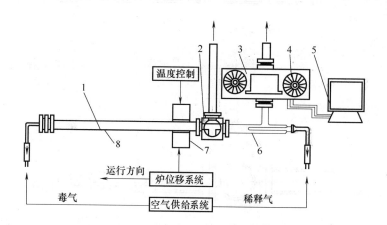

图 4.35　材料产烟毒性试验装置示意图

1—试样石英舟；2—三通旋塞；3—染毒箱；4—小鼠转笼；
5—计算机；6—配气管；7—环形炉；8—石英管

（1）环形炉

环形炉由炉壳、炉体、炉管和电加热丝组成，环形炉炉管内壁为供热面。炉管内径为 $\phi 47^{+1}_{-1}$ mm，长度为 100^{+10}_{-5} mm。电加热丝绕组及功率应满足环形炉供热强度要求，如图

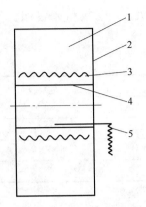

图 4.36　环形炉示意图

1—炉体；2—炉壳；3—电热丝；
4—炉管；5—控温热电偶

4.36 所示。

（2）石英管及石英舟

石英管及石英舟由石英玻璃制成，石英舟如图 4.37 所示。石英管公称通径为（36±1）mm，管壁厚（2±0.5）mm，长度 1000_0^{+300} mm。

（3）烟气采集配给组件

烟气采集配给组件如图 4.38 所示，由三通旋塞、稀释气输入管和配气弯管组成，所有烟气流动管公称通径为（36±1）mm，管壁厚（2±0.5）mm。

（4）小鼠转笼

小鼠转笼由铝材制成，如图 4.39 所示。转笼的质量为（60±10）g；小鼠转笼在支架上应能灵活转动，无固定静止点。

（5）染毒箱

染毒箱由无色透明的有机玻璃材料制成，如图 4.40 所示。染毒箱有效空间体积约 9.2L，可容纳 10 只小鼠进行染毒试验。

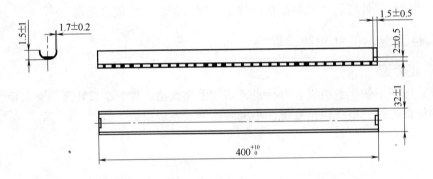

图 4.37　石英舟示意图

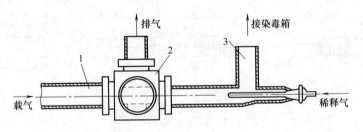

图 4.38　烟气配给组件示意图

1—石英管；2—三通旋塞；3—配气弯管

（6）温度和炉位移控制系统

温度控制系统由控温热电偶、冷端温度补偿器和温度控制器组成。控温热电偶为外径 1mm 的铠装 K 型热电偶，其测试端应紧贴在环形炉中段内壁表面，冷端经温度补偿后与温度控制器连接。温度控制器宜采用比例微分积分（P.I.D）温度控制方式，满足对环形炉内

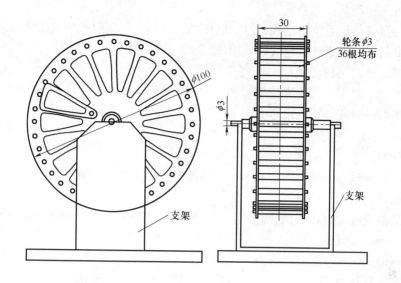

图 4.39　小鼠转笼示意图

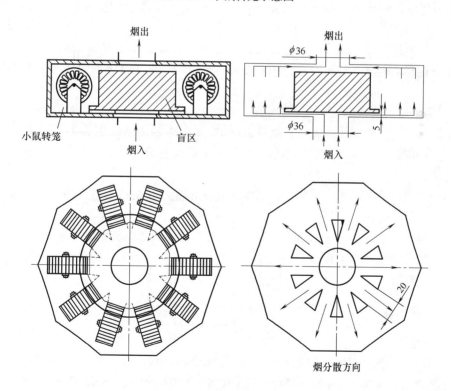

图 4.40　染毒箱示意图

壁温度静止时波动在±1℃、运行时波动在±2.5℃的要求。温度控制系统对环形炉的温度控制应满足相关要求。

　　炉位移系统能够将环形炉位移速率控制为（10±0.1）mm/min，同时要求环形炉的可移动距离≥600mm。

（7）载气和稀释气供给系统

载气和稀释气供给系统由空气源（瓶装压缩空气或空气压缩机抽取洁净的环境空气）和可调节的 2.5 级气体流量计及输气管线组成。

（8）小鼠运动记录系统

小鼠运动记录采用红外或磁信号监测小鼠转笼的转动情况，每只小鼠的时间-运动图谱应能定性反映任一时刻转笼的角速度。

4.7.3.2　试件

（1）试件制作

可成形试样的试件应制成均匀长条形。不能制成单一条状的试样，应将试样加工拼接成均匀长条形试件。

受热易弯曲或收缩材料的试件制作可采用缠绕法或捆扎法（用 $\phi0.5mm$ 铬丝）将试件固定在平直的 $\phi2mm$ 铬丝上。

颗粒状试样应铺在石英试样舟内。

流动性液体材料的试件制作应采用浸渍法或涂覆法将试样和惰性载体制成均匀不流动试件，放在石英试样舟内。浸渍用惰性载体宜从干燥矿棉、硅酸铝棉、石英砂或玻璃纤维布中选取，涂覆用惰性载体宜使用玻璃纤维布。计算产烟浓度和产烟率时，应扣除惰性载体的质量。

（2）试件处理

试件应在环境温度（23±2）℃、相对湿度（50±5）％的条件下调节状态至少 24h 使质量恒定。

4.7.3.3　实验动物要求

实验动物应为符合 GB 14922.1 和 GB 14922.2 要求的清洁级实验小鼠。要求从取得实验动物生产许可证的单位获取实验小鼠，其遗传分类应符合 GB 14923 规定的近交系或封闭群要求。

对实验小鼠应作环境适应性喂养。试验前 2 天实验小鼠的体重应有所增加，试验时周龄为 5～8 周，质量为（21±3）g。

每组试用实验小鼠为 8 只或 10 只，要求雄雌各半，随机编组。

实验小鼠饮用水符合 GB 5749 的要求；饲料符合 GB 14924.3 的要求；环境和设施符合 GB 14925 的要求。

4.7.4　试验步骤

4.7.4.1　校准程序

（1）环形炉的供热强度校准

校温参照物由外径 1mm 的 K 型铠装热电偶（2 级）和 1Cr18Ni9Ti 材料感温片经高熔银焊焊接而成。

安置校温参照物的位置如图 4.41 所示。连接温度记录仪，载气流量调节为 5L/min，环形炉内壁温度可设定为 300～1000℃ 中的任一数值。使环形炉升温，控制静态温度为 ±1.0℃ 并维持至少 2min。运行炉子对校温参照物进行扫描加热，同时记录由校温参照物测得的时间-温度曲线，要求该曲线符合表 4.19 中的规定。

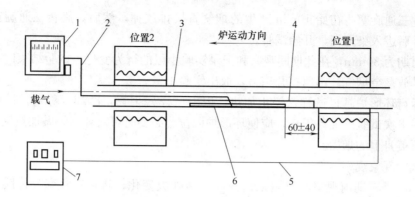

图 4.41　校温参照物的安装示意图

1—温度记录仪；2—校温热电偶；3—石英管；4—石英舟；5—控温热电偶；

6—校温参照物；7—温度控制系统

表 4.19　环形炉的供热强度规定

测量时间（min）	$t_{\theta\max}-10$	$t_{\theta\max}-5$	$t_{\theta\max}$	$t_{\theta\max}+5$	$t_{\theta\max}+10$
测量温度占 $\theta_{\max}$ 的百分率（%）	15 ± 10	65 ± 10	100	70 ± 10	45 ± 10

注：1. $\theta_{\max}$ 为峰值温度；

2. $t_{\theta\max}$ 为峰值温度 $\theta_{\max}$ 出现的时刻。

（2）试验加热条件的确定与表征

试验加热条件由载气流量和环形炉内壁控温热电偶的设定温度（或控温设定毫伏值）确定。

试验加热条件用两次校准试验的时间-温度曲线的峰值温度（$\theta_{\max}$）平均值 T 表征，且两次 $\theta_{\max}$ 值的差值 $\leqslant\pm0.75\% \ T$。

如果改变载气流量或重新设定环形炉内壁控温热电偶（或两者同时改变）时，T 值的变化在 $\pm0.75\% \ T$ 范围内，可认为加热条件相同。

应定期校准试验加热条件 T。更换炉丝或变动控温热电偶位置后，应重新进行校准。

4.7.4.2　试验程序

（1）加热温度 T 的选定

正式试验前应根据不同材料确定加热温度 T，使该材料能够充分产烟而不发生有焰燃烧。

将试件放入石英试样舟内，选取一加热温度 T 进行没有实验小鼠的预试验。

按规定进行 30min 预试验，要求达到充分产烟率；否则，应调整加热温度重新进行预试验，以达到充分产烟率为止。

（2）试验操作

调节环形炉到合适位置（如图 4.41 所示），按选定加热温度 T 预设环形炉的内壁温度，开启并调节载气至设计流量，参照校温操作程序使环形炉升温并达到稳定。

在试验前 5min 应将实验小鼠按编号称量、装笼，安放到染毒箱的支架上，合上箱盖，开启稀释气至设计流量。控制温度波动在 ±1℃并稳定 2min 后，放入装有试件的石英舟，使试件前端距环形炉 20mm；启动炉运行，加热扫描试件。当环形炉行进到试件前端时开始计时，通过三通旋塞将初始 10min 产生的烟气直接排放掉。然后，旋转三通旋塞使烟气和稀释气混合后进入染毒箱，开始试验。

试验周期为 30min，在此期间观察和记录实验小鼠的行为变化。试验结束时，旋转三通旋塞直接排放剩余烟气。迅速打开箱盖，取出实验小鼠。

继续运行环形炉越过试样，停止加热，取出试样残余物，冷却、称量，计算材料产烟率。为做好下次试验的准备工作，应使环形炉回位。必要时可对环形炉做加热反运行，清洁石英管或石英舟上的烟垢。

（3）试验现象观察

在 30min 染毒期内观察小鼠运动情况，包括呼吸变化、昏迷、痉挛、惊跳、挣扎、无法翻身、欲跑不能等症状；小鼠眼区的变化情况包括闭目、流泪、肿胀、视力丧失等。记录出现上述现象的时间和死亡时间。

染毒刚结束和染毒后 1h 内应观察并记录小鼠行动的变化情况。

染毒后的 3 天内，应观察小鼠各种症状的变化情况，每天称重、记录各种现象及死亡等情况。

（4）烟气毒性伤害性质的确定

① 实验小鼠出现下列症状和特征时，烟气毒性判定为"麻醉"：

a. 染毒期间小鼠有昏迷、惊跳、痉挛、失去平衡、仰卧、欲跑不能等症状出现；出现这些症状的时间与试验烟气浓度有关，浓度越高，出现上述症状的时间越早。

b. 小鼠运动图谱显示：染毒期间小鼠有较长时间停止运动或在某一时刻后不再运动的丧失逃离能力的特征图谱；试验烟气浓度越高，出现丧失逃离能力的时间越早。

c. 在足够高的烟气浓度中，小鼠会在 30min 染毒期或其后 1h 内死亡；试验烟气的浓度越高，出现死亡的时间越早。

d. 染毒未死亡小鼠应能在半天内恢复行动和进食，体重无明显下降，1 至 3 天内可见体重增加。

② 实验小鼠出现下列症状和特征时，烟气毒性判定为"刺激"：

a. 染毒期小鼠感烟跑动，寻求躲避，有明显的眼部和呼吸行为异常，口鼻膜黏液增多。轻度刺激表现为闭目、流泪、呼吸加快；中度和重度刺激表现为眼角膜变白、肿胀，甚至视力丧失，呼吸急促和咳嗽。

b. 小鼠运动图谱显示小鼠几乎一直跑动。

c. 小鼠染毒后行动迟缓，虚弱厌食。根据受刺激伤害的程度，在 3 天内小鼠的平均体重可能恢复、下降，也可能出现死亡现象。

4.7.5 试验结果计算和分级结论表示

4.7.5.1 材料产烟浓度

计算公式为：

$$C = VM/FL \tag{4.45}$$

式中，C 为材料产烟浓度，mg/L；V 为环形炉移动速率，10mm/min；M 为试件质量，mg；F 为烟气流量，L/min；L 为试件长度，mm。

试验进行 30min，试件长度 L 取作 400mm。

烟气流量由载气流量和稀释气流量组成，具体关系为：

$$F = F_1 + F_2 \qquad (4.46)$$

式中，F 为烟气流量，L/min；F_1 为载气流量，L/min；F_2 为稀释气流量，L/min。一般情况下，载气流量 F_1 取作 $5L/min$；当烟气流量 $F \leqslant 5L/min$ 时，取 $F = F_1$、$F_2 = 0$。

4.7.5.2 产烟率的计算

计算公式为：

$$Y = \frac{M - M_0}{M} \times 100 \qquad (4.47)$$

式中，Y 为材料产烟率，%；M 为试件质量，mg；M_0 为试件经环形炉一次扫描加热后残余物质量，mg。

按式（4.47）获得产烟率后，有下述情况之一时该产烟率可视为充分产烟率：

（1）产烟过程中只出现阴燃而无火焰，残余物为灰烬；

（2）产烟率＞95%；

（3）加热温度升高 100℃，产烟率的增加 ≤2%。

4.7.5.3 烟气毒性伤害性质判定

根据试验结果给出材料产烟毒性危险等级。

4.7.6 试验方法的局限性

4.7.6.1 试验方法的提出

GB/T 20285—2006 的指导思想主要来自国际标准化组织技术报告 9122（1990）《火灾烟气毒性试验 第 2 部分：确定火灾烟气急性吸入毒性的生物鉴定指南（基本原理、准则和方法学）》[ISO T R 9122-2：1990 Toxicity testing of fire effluents-Part2：Guidelines for biologogicalassays to determine the acute inhalation toxicity of fire effluents（basic principles, criteria and methodology）]。

该标准中建立的材料产烟毒性试验装置是吸取了德国标准 DIN 53436《通风条件下材料热解产物的制备及毒性试验》中移动式加热制烟技术和日本标准 JIS A1321 中的材料生烟性测试技术，科学地解决了材料产烟毒性试验定量化、重复性和再现性的技术难题，实现了材料分解速率的人为控制、稳态浓度烟气的连续制取、烟气的定量描述、产烟浓度及产烟率的准确计算，适用于不同材料的不同产烟情况（包括不同产烟率和不同产烟浓度）以及进行不同时间的动物染毒评价。

4.7.6.2 在 GB 8624 中的应用

产烟毒性是建筑材料及制品燃烧性能分级的重要指标之一，在 A2、B 和 C 级中都要求给出烟气毒性附加分级信息。之所以作为附加等级列出，是考虑到目前国内可燃材料的毒性试验数据较少，不易实现用毒性分级数据作为燃烧性能等级划分的依据。GB 8624—2012 中毒性附加分级 t 与 GB/T 20285—2006 中烟气毒性分级的对应关系见表 4.20。部分材料的产烟毒性等级见表 4.21。

表 4.20 毒性分级 t 与 GB/T 20285—2006 中烟气毒性分级的对应关系

GB/T 20285—2006	安全级（AQ 级）		准安全级（ZA 级）			危险级
	AQ₁	AQ₂	ZA₁	ZA₂	ZA₃	（WX）
GB 8624—2012	t_0			t_1		t_2

表 4.21 部分材料的产烟毒性等级

试样编号及材料名称	产烟浓度 (mg/L)	加热温度 (℃)	产烟率 (%)	30min 或 3 天内死亡率(%)	小鼠试验前质量 (g)	小鼠试验后质量			毒性级别判定
						1 天 (g)	2 天 (g)	3 天 (g)	
1. 阻燃聚氯乙烯电缆槽盒	6.15	600	84.4	0.0	21.7	20.7	20.6	21.0	WX
2. 防火刨花板	25.47	600	84.0	0.0	28.3	27.4	28.1	28.4	ZA$_1$
3. 岩棉装饰板	100.1	752	7.1	0.0	18.5	20.1	20.8	21.3	AQ$_1$
4. 阻燃聚氨酯硬质泡沫塑料	6.15	646	88.9	12.5	21.9	20.8	21.5	22.8	WX
5. 水泥木屑板	25.6	600	43.7	0.0	25.4	25.3	25.5	26.8	ZA$_1$

4.7.6.3 试验方法的局限性

火灾烟气毒性的研究非常复杂，涉及多学科的交叉领域，不仅包括火灾科学的相关内容，还包括化学、物理、环境科学、生物毒理学、行为学等有关内容。不同的试验方法往往有不同的结果，即使采用相同试验条件对一组物质进行试验，产物的毒性次序也可能明显不同。

GB/T 20285—2006 试验方法仅适用于能稳定产烟材料的烟气毒性危险分级，不适用于无法稳定产烟材料的烟气毒性危险分级。在实际火灾中，随着环境温度变化，材料的产烟率和烟气成分都会发生明显变化，而 GB/T 20285—2006 试验方法同样无法给出燃烧产物的实际组成及其动态变化，所以也无法提出降低材料和制品热解和燃烧烟气毒性的具体建议。

4.8 建筑材料的烟密度试验方法

4.8.1 简介

GB/T 8627—2007《建筑材料燃烧或分解的烟密度试验方法》（Test method for density of smoke from the burning or decomposition of building materials）修改采用了 ASTM D 2843—1999《塑料燃烧或分解产生的烟气密度试验方法》（Standard test method for density of smoke from the burning or decomposition of plastics）（最新版为 2010 版），规定了测量建筑材料在燃烧或分解试验条件下静态产烟量的试验方法，提出了建筑材料燃烧或分解的烟密度试验装置、试验步骤和试验结果计算的具体要求。

易燃材料的产烟程度受材料的数量、形状、湿度、通风、温度和供氧量的影响显著。此试验方法用于在标准试验条件下确定建筑材料燃烧和分解时的产烟程度。它的基本原理是通过测量材料燃烧产生的烟气中固体尘埃对光的反射所造成的光通量损失评价烟密度大小。试验时，将试样直接暴露在火焰中，产生的烟气被完全收集在试验烟箱内，通过光电系统测量光束穿过 300mm 光路后烟气的吸光率，绘制烟密度曲线；试验期间要求观察试样燃烧或分解的火焰和烟气等现象。

它适合于测量和描述可控试验条件下材料、制品、组件对热和火焰的反应，不能用来描述和评价材料、制品或组件在真实火灾条件下的火灾毒性和危险性。当考虑了与特定的最终使用时火灾危险性评价相关的所有因素时，测试结果可以用作火灾危险性评估的参数。

4.8.2 试验装置和试样

4.8.2.1 试验装置

烟密度试验仪主要由烟箱、样品支架、点火系统和光电系统等几部分组成。

（1）烟箱

烟箱的构造如图 4.42 所示。烟箱由装有耐热玻璃门的 300mm×300mm×790mm 防锈

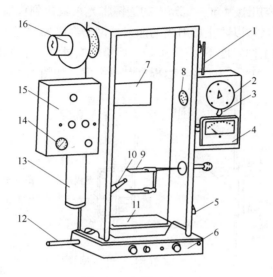

图 4.42　烟箱示意图

1—温度计；2—计时器；3—温度补偿器；4—光度计；5—烟箱门轴；6—操作面板；7—安全标志；
8—光束入口；9—试件支架；10—本生灯；11—接物盘；12—空气导入管；13—丙烷气瓶；
14—压力计；15—光源；16—风机

蚀金属材料构成，固定在 350mm×400mm×57mm 的基座上，基座上设有控制器。应对烟箱内部进行表面处理以防止其腐蚀。箱体底部四周有 25mm×230mm 的开口，但其余部分应密封。在烟箱一侧安装一个 1700L/min 的排风机，排风机的进风口与烟箱内部连通，排风口与通风橱相连。如果烟箱位于集烟罩下，则不必连接到通风橱。烟箱门的左右两侧距底座 480mm 高处各有一个开口直径为 70mm 的不漏烟玻璃圆窗，作为测量光线的出入口。在烟箱背部装有一块距底座 480mm 可更换的 90mm×150mm 白色塑料板，透过它可看到白底红字的逃生标志"EXIT"。白色背景是为了便于观察材料的火焰、烟气和燃烧特性，有助于确定能见度与测试值之间的关系。

（2）样品支架

样品放在一个边长为 64mm 的正方形框槽上，该正方形框架由 6mm×6mm×0.9mm 不锈钢网格构成，位于底座上方 220mm 的中心位置。不锈钢框槽通过一根固定在烟箱右侧的钢质手柄支撑。在样品支架的下方 76mm 处有另一个不锈钢框槽，用于支撑一个正方形石棉板，石棉板用来收集试验中的滴落物。通过转动样品支架的手柄，可使燃烧样品落进盛有少量水的盘中熄灭。

（3）点火系统

样品用丙烷压力为 276kPa 的点火源引燃。当燃气从直径为 0.13mm 的小孔中通过时，

利用丙烷文氏管使空气与之混合后进入点火器。点火器应能提供足够的空气。应能够快速调整点火器的位置，以便点火器的轴线落在底座上方 8mm 处，点火器从烟箱后方夹角处沿对角向上倾斜 45°。点火器出口距烟箱后方的参考点 260mm。烟箱外部管道的长度至少 150mm，应能够将空气导入点火器中。

（4）光电系统

光源为灯丝密集型球形灯泡，工作电压为 5.8V，安装在烟箱左外侧的一个光源盒内，距底座 480mm 高。一个焦距为 60～65mm 的透镜将光束聚焦到仪器右侧的光电池上，光电池的正面应设置圆形网格箱以防止散射光的照射。网格经暗黑抛光处理，开口的深度至少为宽度的 2 倍。光电池的工作温度不高于 50℃。烟箱的右外侧装有光度计，该仪表应有两个量程，即 0%～100% 和 90%～100%，以提高其灵敏度，如图 4.43 所示。

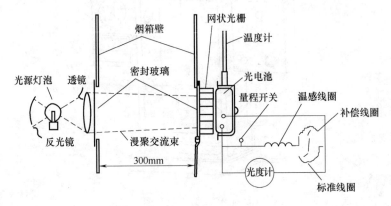

图 4.43　烟箱光学系统示意图

4.8.2.2　试验样品

标准样品为 (25.4±0.3)mm×(25.4±0.3)mm×(6.2±0.3)mm。可以采用厚度小于 6.2mm 的材料进行试验，也可按照其实际使用厚度或者直接叠加到厚度大约 6.2mm。同样，也可采用厚度大于 6.2mm 的材料进行试验，即可按照其实际使用厚度或将材料加工到厚度 6.2mm。但试样最大厚度为 25mm，否则应切割其背火面使试样厚度小于 25mm。应在报告中说明试样厚度和对应的烟密度值。

每组试验样品为 3 块，试样加工可采用机械切磨的方式，要求试样表面平整，无飞边、毛刺。

4.8.3　试验程序

4.8.3.1　基本程序

依次打开光源、安全出口标志、排风机的电源。打开丙烷气，调整丙烷压力为 276kPa，立即点燃点火器。设置温度补偿，调整光源使光吸收率为 0。将样品水平放置在支架上，使点火器就位后火焰正好在样品下方。将计时器调到零点。

关闭排风机和烟箱门，立即将点火器移至样品下方，开启计时器。如果在集烟罩下操作，应关闭排烟风机和集烟罩门。每 15s 记录 1 次光吸收率，持续 4min，同时观察以下现象，包括样品出现火焰时间、火焰熄灭时间、样品烧尽时间、烟气累积使安全出口标志变模糊的时间和其他燃烧特性（例如熔化、滴落、起泡、成炭等）。试验结束后，打开排风机排出烟箱中的烟气。如果在集烟罩内，应在打开集烟罩门之前打开排烟风机排尽烟气。打开烟箱门，用清洁剂和水清除光度计、安全出口标志和玻璃门上的燃烧沉积物，清除筛子上的残留物或更换筛子进行下一个试验。要求按上述程序试验3次。

4.8.3.2　特殊程序

对于能够大量滴落的材料，应在烟箱中引入第二个燃烧器或辅助燃烧器（独立供给丙烷气），并用锥形不锈钢收集盘替代石棉板收集盘，如图4.44所示。应同时点燃辅助燃烧器和标准燃烧器，辅助燃烧器在138kPa下工作，其火焰位置应在收集盘的中心。

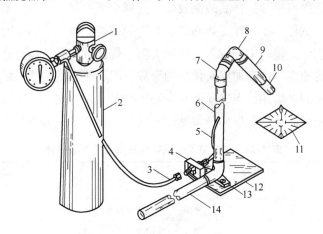

图4.44　辅助燃烧器

1—低压丙烷气调节阀；2—气瓶；3—混气管；4—铝制托架；5—可弯曲铜管；6—铜管；
7—45°挤压弯铜管；8—90°挤压弯铜管；9—滑套；10—燃烧器头；11—收集盘；
12—铝制安装板；13—90°固定法兰；14—铜管

4.8.3.3　校准程序

每次试验前或每天至少1次用经计量的光吸收率为50%的滤光片和完全不透光的滤光片对光学系统进行校准。校准时光通量的显示值与标准滤光片的标定值之差的3次平均值应小于3%（绝对值）。

4.8.4　试验结果表示

4.8.4.1　绘制光吸收率-时间曲线

计算每组3个样品每隔15s的光吸收率数据平均值，绘制光吸收率-时间曲线。

4.8.4.2　给出最大烟密度

以光吸收率-时间曲线的最高点作为最大烟密度。

4.8.4.3　计算烟密度等级

用光吸收率-时间曲线与横坐标形成封闭区面积代表试样的总产烟量，用该面积除以纵、横坐标端点形成的面积再乘100即得烟密度等级。

4.8.5　试验方法的局限性

材料燃烧时的生烟特性与燃烧条件（如热流、氧化剂量、样品几何形状、是否存在引火源等）及试验条件（室温、实验室体积、通风情况等）等密切相关。火灾中烟的形成是一个几乎无法重现的过程，定量描述这一过程非常困难。GB/T 8627 试验方法仅用于测量材料在受火过程中的静态产烟量，不可用于评价材料的动态产烟特性。部分材料的产烟速度缓慢，在 4min 受火期内不能充分产烟，使用此试验方法可能使结果出现较大偏差。对于受热易分层材料，试验结果的重复性较差。

样品支架网格对产烟性有较大影响。不锈钢网格越大，样品与火焰的接触面积越大，燃烧越充分，产烟量越少，烟密度值越小；反之，烟密度值越大。因此，试验过程中要严格控制样品支架的不锈钢网格尺寸。样品的摆放位置同样会影响试验结果。当试样在火焰中心位置时，火焰可以包裹试样，使试样受热均匀而在瞬间燃烧，减少了阴燃时间，降低了试样的产烟量。当试样摆放位置偏离中心时，试样近火侧燃烧比较充分，而燃烧中心向厚边扩散的时候，会加快阴燃的速度，也会加快炭化层的形成，阻断热量的传递，使阴燃时间延长，产烟量增加，烟密度值随之增加。当试样偏离中心距离较大时，部分试样无法达到阴燃温度，几乎不产烟，烟密度反而会降低。部分常见建筑材料的烟密度试验结果见表 4.22。

表 4.22 部分常见建筑材料的烟密度试验结果

材料名称	试样厚度（mm）	SDR	材料名称	试样厚度（mm）	SDR
PVC(聚氯乙烯)	0	54	橡塑(表面复合铝箔)	19	60
PC(聚碳酸酯)	3	73	铝塑板	4	31
PIR(聚异氰脲酸酯)泡沫	25	62	墙纸(贴合基材)	6.5	1
XPS(挤塑聚苯乙烯)泡沫	25	56	中密度纤维板	18	59
PF(酚醛)泡沫	20	18	红松板	29	16
PIR(表面复合铝箔)泡沫	20	59	羊毛吸声板	8	14
PIR(表面复合彩钢板)泡沫	25	71	木制吸声板	15	17
胶合板	1	14	高温高压板	8	13
胶合板	8	26			

4.9 表面制品的实体房间火试验方法

4.9.1 简介

GB/T 25207—2010《火灾试验　表面制品的实体房间火试验方法》（Fire tests--Full-scale room test for surface products）修改采用了 ISO 9705：1993 Fire tests--Full-scale room test for surface products（英文版），规定了表面制品实体房间火的试验装置和试验方法，适用于墙壁内表面及顶棚的表面制品，尤其是因某种原因（绝热基材、接缝、较大的不规则表面的影响）不能以实验室规模进行试验的制品等（例如热塑性材料），但不适合评价制品的耐火性能。该试验方法是测试建筑材料和制品燃烧性能的主要试验方法之一。它以模拟墙角火灾场景（所以又称为墙角火试验）作为标准试验条件，规定试验样品完全按实际用途进行安装，测试结果仅适用于特定的样品安装方式，是目前最可靠的标准试验方法之一。

表面制品（surface product）是指用于建筑物内墙和（或）吊顶上的表面材料，例如顶板、贴砖、护板、墙纸、喷或刷的涂层等。该试验的基本原理是通过设置在地面中心的热流计测量总热流量，估算房间内火从点火源向其他物体蔓延的可能性。通过测量燃烧的总热释放速率估算火焰向房间外物体蔓延的可能性，用某些有毒气体的生成率表示毒性危害程度，用遮光烟气的生成量表示对能见度的影响，借助光学影像记录火灾增长过程。

4.9.2 试验装置和试样

4.9.2.1 试验装置

由试验房间、点火源、热流计、锥形收集器、排烟管道、烟气测量系统、烟气冷却器和风机等组成，如图 4.45 所示。

（1）试验房间

标准试验房间由相互垂直的四面墙、地板和顶板组成。

室内净空尺寸为：长（3600±50）mm；宽（2400±50）mm；高（2400±50）mm。试验房间的门设在 2400mm×2400mm 一侧墙的中心，其他墙体、地板及顶板均无通风口，门的尺寸为（800±10）mm×（2000±10）mm。试验房间由不燃材料构成，密度 500～800kg/m³。

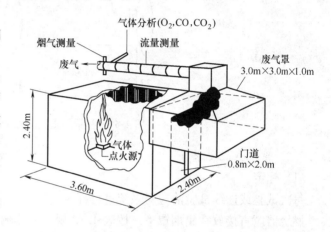

图 4.45 试验装置透视图

试验房间应设置在通风条件好、干燥的室内。室内空间应足够大，以保证外界环境不影响试验火。

（2）点火源

点火源应满足下列要求：

① 点火源为丙烷气体燃烧器，燃烧器填充多孔、惰性材料（例如砂），上表面为方形，其构造应使气流均匀到达整个开孔表面；

② 燃烧器放置在与门相对角落的地面上，器壁与试样接触；

③ 燃烧器气源为纯度不低于 95% 的丙烷。供气流量测量精度不低于±3%。燃烧器的热输出应控制在规定值的±5%范围内。

使用其他点火源时应给出详细说明。

（3）试验房间的热流测量

热流计应是 Gardon 或 Schmidt-Boelter 型，设计量程为 50kW/m²。接收表面为平整的黑色表面，视角 180°。热流计的精度不低于±3%，重复性误差在 0.5% 以内。热流计安装在试验房间地面的几何中心上，接收表面在地面以上 5～30mm 处，热辐射到达表面前不应穿过任何窗孔。

试验房间的其他待测参数包括气体温度、试样表面温度、房间门口的气体流量和门口的热辐射通量等。

（4）燃烧产物收集系统

能够收集试验期间燃烧产生的全部烟气，且不干扰门口的火羽流。常压和 25℃时，排烟能力不低于 3.5m³/s。

（5）排烟管道内的测量系统

排烟管道中装有体积流量计，还有测定 O_2、CO 和 CO_2 浓度的气体分析仪以及光学烟密度计，各种测量仪表的精度等性能参数应达到规定要求。图 4.46 给出了测量烟密度的光学系统示意图。

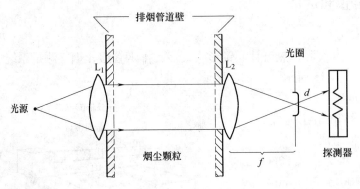

图 4.46　测量烟密度的光学系统

4.9.2.2　系统性能要求

（1）标定

每次试验或连续试验前应对系统进行标定。

燃烧器应直接放在集烟罩下，按表 4.23 规定的热输出进行标定。从燃烧器引燃前 1min 开始采集数据，要求时间间隔不超过 6s。火源稳定后，对每一热输出水平计算 1min 内的平均热释放速率，要求与由气体流量计算的热输出平均值间的偏差在 5% 以内。

表 4.23　燃烧器的热输出

时间（min）	热输出（kW）
0～2	0
2～7	100
7～12	300
12～17	100
17～19	0

（2）系统响应

系统的响应时间是由点火源输出阶跃到给定值至热释放速率为该给定值的 90% 所需时间。将燃烧器放置在集烟罩下方 1m 的中心处时，燃烧器输出阶跃变化的滞后时间不得超过 20s。按表 4.23 标定时，采集数据间隔不超过 6s。

（3）精度

排烟管道的流量由 2m³/s（25℃、0.1MPa）到最大值平均分为 4 级。燃烧器的热输出为 300kW。在每级的稳定状态下，测得的 1min 内平均热释放速率与实际热输出的平均值相比，误差应不超过 10%。

4.9.2.3 试样制备

尽可能按与实际使用相同的方法安装试样。

以板材形式进行试验时，尽量使用板材的标准宽度、长度和厚度。

将试样固定在基材上或直接固定在试验房间内部，最好采用该制品的实际安装方式。

薄型表面制品、可熔化的热塑制品、涂料等根据其实际使用情况选用不同基材，例如A1级纤维增强硅酸钙板、A1级其他板材、刨花板、石膏板、钢、矿棉等。

涂料按委托方要求涂敷在基材上。

试样（除不吸湿试样外）应在101.325kPa、（23±2）℃、相对湿度（50±5）％的条件下达到质量恒定。对于木质基材或蒸发性材料，则需在上述条件下至少存放4周，才能进行安装和试验。

4.9.3 试验步骤

4.9.3.1 初始条件

从安装试样到试验开始，试验房间内和周围环境的温度为（20±10）℃，试验房间门中心1m内水平风速不超过0.5m/s，燃烧器表面清洁并与墙角接触。在旋转燃烧器的墙角内表面上画300mm×300mm方格，以便确定火焰蔓延范围。试验前对试样进行拍照或摄像。

4.9.3.2 试验程序

启动所有记录和测量装置，采集2min后点燃燃烧器，随后在10s内将燃烧器的热输出调整到要求的输出水平。随着火势的发展适当调整风机的排烟量，保证集烟罩能收集全部燃烧产物。试验过程用照片和摄像记录并标明最小刻度为1s的时间，注意观察并记录吊顶引燃、火焰蔓延至墙壁和吊顶、燃烧器热输出变化、门口出现火焰以及其他异常现象的时间和特点。

发生轰燃、试验进行20min或15min后结束试验，继续观察燃烧现象至燃烧停止或持续观察时间达2h为止。试验结束后，记录试样损坏程度。

4.9.4 试验结果表示

绘制地板几何中心的热流、排烟管道的体积流量、总热释放速率、CO产生量、CO_2产生量、烟的产生量等随时间的变化曲线。

详细说明火灾发展状况。亦可补充绘制试样的表面温度、门口的垂直温度分布、通过门口的质量流量和对流热流、碳氢化合物（CH_n）和氮氧化合物（NO_x）及氰化物（HCN）的生成量等随时间的变化曲线。

该方法以是否发生轰燃和轰燃时间作为重要参数来评价试样的火灾危险性，试验结果中的其他参数则作为评价火灾危险性的辅助参数。

5 部分典型制品的燃烧性能试验

5.1 木制品的燃烧试验

5.1.1 木制品的 SBI 试验

常见木制品一般分为人造板、结构板、胶合板、实木板和地板五种类型。制品的最终使用状态对其燃烧性能分级有很大影响。

为了对人造板进行测试分级，构件全部（1.5m×1.5m）暴露于 SBI 装置的火焰作用中。构件的安装与实际使用状态相同。图 5.1 给出了试样在 SBI 试验中的安装示意图。图 5.2 给出了 SBI 试验中实际安装情况。

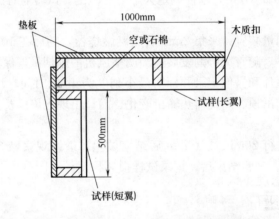

图 5.1 试样在 SBI 试验中的安装示意图

图 5.2 SBI 试验中人造板的实际安装形式：燃烧前（左）和暴露于火中（右）

5.1.2　不同木制品的试验结果

5.1.2.1　人造板

对大部分木质人造板（试验时制品背面留有空隙），均能达到 D 级（EN 13501）要求，只有少数低密度产品和一种非常薄的自支撑产品例外。用铁钉固定的 9mm 薄板，试验时背面留有空隙，试验结果也没有超出 D 级。采用水平、垂直连接，以及使用不同的基材都没有明显影响材料的火灾行为。对于烟气，所有产品都以非常高的 $SMOGRA$ 值达到 s1 级。试样（表面未做处理）的 $FIGRA$ 值与其密度的关系如图 5.3 所示。

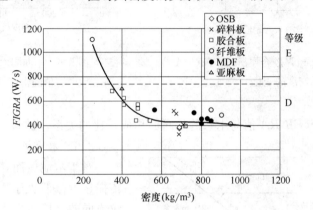

图 5.3　以硅酸钙为基材的木板试样的 $FIGRA$ 值与密度的关系

试验结果表明低密度材料的 $FIGRA$ 值较高，能达到 E 级下限的 $FIGRA$ 值（750W/s），对应的密度是 350kg/m³。但对烟气参数如 TSP，则没有类似规律。此外，当密度超过 500kg/m³ 时，木质板的 $FIGRA$ 值与密度关系不大（图 5.3）。

5.1.2.2　结构板

厚度为 22mm 的密度不同的支撑板（试验时背面与基材留有空隙），其 $FIGRA$ 值随着木材密度的增加而减小，并且所有值都低于 D 级上限 750W/s，如图 5.4 所示。试验发现试样背面空隙的大小对厚木板的燃烧性能影响较小。

5.1.2.3　胶合板

对于厚度为 40mm，采用不同材质、不同密度和不同黏胶制成的层压板，试验时试样背面与基材之间留有空隙，其 $FIGRA$ 值随密度的变化如图 5.5 所示。增加木材密度，$FIGRA$ 减小，并且所有值都低于 D 级上限 750W/s。

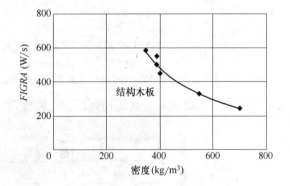

图 5.4　厚度为 22mm 的木板，
$FIGRA$ 值随密度的变化

5.1.2.4　实木板

对于厚度为 9～21mm 的实木板，试验时木板与基材之间留有空隙，其 $FIGRA$ 值随密度的变化如图 5.6 所示。试验结果表明，当木材的密度高于 390kg/m³ 时，所有 $FIGRA$ 值都低于 600W/s，更低于 D 级上限 750W/s；厚度对其 *FIGRA* 值的影响并不明显。

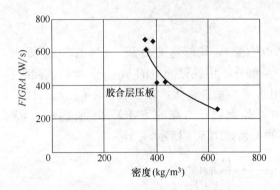

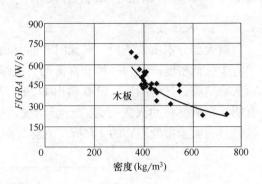

图 5.5　厚度为 40mm 厚胶合层压板，*FIGRA* 值随密度的变化

图 5.6　不同实木板，*FIGRA* 值随密度的变化

5.1.2.5　方木条

对于方木条，其 *FIGRA* 值与木条的暴露面积成正比的关系，试验结果如图 5.7 所示。

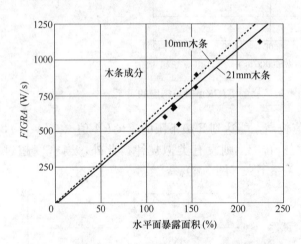

图 5.7　方木条的 *FIGRA* 值随相对暴露面积的变化

5.1.2.6　木地板

对于木地板而言，顺纹方向的火焰传播速度一般大于横纹方向。通常用顺纹方向的火焰传播来表征木地板的火焰传播特性。木地板在实际使用中，其表面通常使用高分子涂层进行处理，以增强耐磨性和美观性。关于涂层对木地板燃烧特性的影响，人们已经做过较为深入的研究。图 5.8 给出了不同材质的木地板表面处理前后火焰蔓延的临界辐射热通量（*CHF*）。从图中的对比数据可看出，使用表面涂层后，木地板的火焰蔓延的临界辐射热通量反而增大。这说明木地板经表面处理后，其传播火焰的危险性没有增加，反而有降低的趋势。

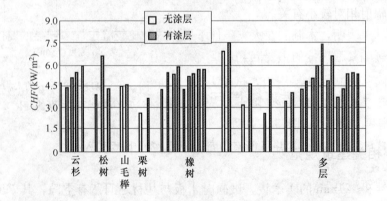

图 5.8　不同木地板表面处理前后临界辐射热通量（*CHF*）对比

木地板的临界辐射热通量与其密度有一定的函数关系。不论其表面是否使用涂层进行处理，木地板的密度增大时，其 *CHF* 也随之增大。图 5.9～图 5.11 给出了相应的试验结果。

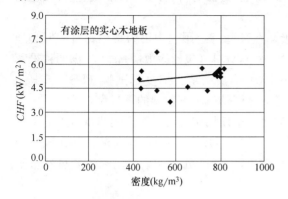

图 5.9　表面有涂层的实木地板的 *CHF*
与密度的关系

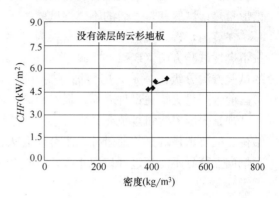

图 5.10　表面无涂层的实木地板的 *CHF*
与密度的关系

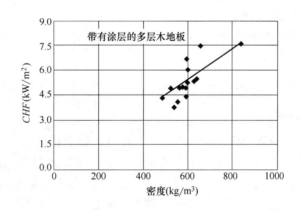

图 5.11　表面有涂层的复合木地板的 *CHF* 与密度的关系

在 SBI 试验中木地板的 *FIGRA* 与其密度之间没有明显的影响关系。这可能与地板在试验中所受到热辐射相对较小有关。

上述试验结果表明，木制品在火灾条件下燃烧特性比较稳定。木制品的厚度、密度和最终使用状态是影响其耐火性的主要因素。

5.2　建筑外墙包覆材料燃烧性能试验

5.2.1　国外相关建筑规范

澳大利亚建筑规范 BCA：2004。BCA 基本上采用可燃性试验（AS 1530.1）和早期火灾危害试验（AS/NZS 1530.3）来规范建筑外墙及其表面材料的使用。

在日本，建筑和结构制品由日本建筑标准、内阁命令和部门通知等进行规范管理。建筑的某些部分被要求是耐火结构、准耐火结构或阻燃结构。根据燃烧性能，所有材料被分为不燃材料、准不燃材料或阻燃材料。采用几种小尺度试验方法对材料进行分级，这些方法包括锥形量热计试验和日本版的不燃性试验。

在英国，建筑规范规定外墙材料为"0"级。在某些特定用途中可为难燃材料，但必须按不燃性试验方法（BS 476 Part 11）进行试验。表面材料（包括涂敷层），可根据两种推荐的试验方法分级：一是火焰传播试验（BS 476 Part 7）；二是火焰蔓延试验（BS 476 Part 6）。前者测量火焰在试件表面传播的距离，后者估算试件对火灾发展的贡献大小。

加拿大国家建筑规范允许在要求不燃结构的建筑中使用包含可燃组件的非承重外墙组合结构。但要求该墙必须通过外墙组合体着火试验（CAN/ULC S 134）。判断标准是在试验中火焰向上蔓延不能超过开口以上 5m，并且在开口以上 3.5m 处，火焰作用墙体的热通量不大于 35kW/m²。

美国统一建筑规范（UBC）要求外墙在一般情况下应为不燃结构。如果使用泡沫塑料作外墙保温材料，必须通过 UBC 26-4 或 UBC 26-9，或 NFPA 285 的标准试验。

新西兰采用不燃性试验（AS 1530.1）和热释放和烟气释放速率的耗氧试验（AS/NZS 3837）作为外墙包覆材料的标准试验。

在瑞典，要求建筑立面为不燃结构，或者能够通过全尺寸表面火灾试验（SP FIRE 105）的其他结构。

5.2.2 建筑立面全尺寸和中尺寸试验方法

5.2.2.1 NFPA 268（2001）

该方法使用低于 12.5kW/m² 辐射热通量，并在点火器火花作用下，试验建筑外墙表面材料的点燃能力。当出现超过 5min 的连续火焰时，停止试验。持续试验最长时间为 20min。图 5.12 为试验设备图。调整辐射板和试件的距离，使得试件上的热通量为 12.5kW/m²。

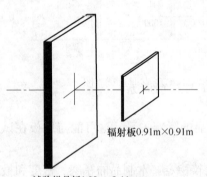

辐射板0.91m×0.91m

试验样品板1.22m×2.44m

图 5.12 NFPA268 标准试验装置图

5.2.2.2 ISO 中尺寸立面试验

ISO 13785 Part 1 中尺寸试验用于分析或评估材料的燃烧性能，而大尺寸是考虑到最终使用状态下的试验。试件由 1.2m×2.4m 和 0.6m×2.4m 的两面墙组成相互垂直的墙角，试验材料安装在墙上，安装方式与实际应用相同。该试验设备由试件支撑架和点火源组成。点火源由丙烷燃烧器提供，输出功率 100kW，在试验中测量温度和热通量。该试验标准中没有给出性能判定准则。

5.2.2.3 ISO 全尺寸试验

ISO 13785 Part 2 全尺寸试验装置（图 5.13），由一个容积 20～100m³ 的燃烧室和一面底部带有 2m×1.2m 开口的主墙组成。主墙开口以上高 4m、宽 3m，并带有一个 1.2m 宽的垂直翼墙，形成 90°墙角。可用常见燃料制造窗口喷出火焰，使得在开口以上 0.5m 处试样接受的热通量达到 55kW/m²；在开口以上 1.5m 处达到 35kW/m²。该试验标准也没有给出判断准则。

5.2.2.4 竖直通道试验（ASTM，1992年）

该试验装置由一个燃烧室（高1.9m、进深1.5m、宽0.85m）和带有两个开口的墙组成（图5.14）。一个开口在底部（高0.44m、宽0.85m），另一个在顶部（高630mm、宽850mm）。试样的尺寸宽0.85m，高7.32m，两个全尺寸的垂直板安装在试样的两侧，并向试样表面外突出0.5m。由丙烷燃烧器产生窗口喷出火焰，使得试样开口以上0.5m处热通量为50kW/m^2，开口以上1.5m处热通量为27kW/m^2。如果火焰蔓延没有超过试样底部以上5m，并且在开口以上3.5m处热通量不超过35kW/m^2，则试样的火灾性能可以接受。

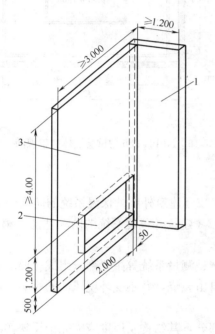

图5.13 ISO 13785 第2部分试验
装置立面图

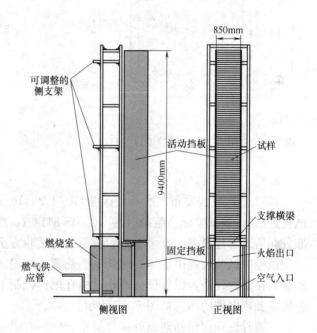

图5.14 竖直通道试验图

5.2.2.5 NFPA 285 （1998）

该试验方法用来评估包含可燃组件的非承重组合外墙的燃烧性能。评价内容：

（1）组合墙抵抗火焰沿外立面垂直蔓延的能力。

（2）组合墙抵抗火焰沿可燃夹芯层在楼层之间垂直蔓延的能力。

（3）组合墙抵抗火焰沿内立面垂直蔓延的能力。

（4）组合墙抵抗火焰从初始区域到相邻区域的横向蔓延能力。

试验装置是一个两层结构，如图5.15和图5.16所示，高4.6m、宽4.1m。每个房间3.05m×3.05m，地板到顶棚的高度是2.13m。在底层有一个模拟的窗户开口，高0.76m、宽1.981m。地基高0.76m，试验的墙体要求至少高5.33m、宽4.06m。墙体的燃烧性能通过现象和温度数据来判断。

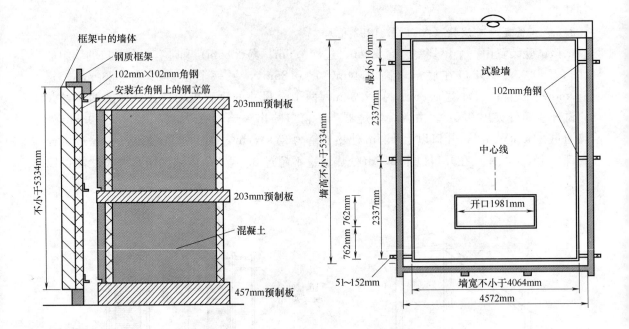

图 5.15　NFPA 285 中试验墙体的侧视图　　　　图 5.16　NFPA 285 中试验墙体的正视图

5.2.2.6　GB/T 29416（2012）

2012 年，我国发布了推荐性标准 GB/T 29416－2012《建筑外墙外保温系统的防火性能试验方法》。该试验标准编制时参考了 BS 8414-1：2002《建筑外包覆系统的防火性能　第 1 部分：适用于建筑表面非承重外包覆系统的试验方法》。

该标准试验装置由墙体、燃烧室、热源、垮塌区域、测量系统等主要部分组成。要求试验装置在室内建造，以保证火源和试样在燃料控制下自由燃烧，并不受环境风向的影响。试验装置及热电偶的布置如图 5.17 所示。

试验时试样应包括建筑外墙保温系统的所有组成部分，其结构及厚度应能完全反映实际工程的使用情况，并且按照委托方提供的设计要求进行安装。试验中出现如下所列现象之一，即判定试样的试验结果不合格：

（1）试验过程中如果出现全面燃烧等不安全因素，试验提前终止；

（2）持续火焰：在整个试验期间内，试样出现燃烧，且持续可见火焰在垂直方向上高度超过 9m，或水平方向自主墙与副墙夹角处沿主墙超过 2.6m 或沿副墙超过 1.5m；

（3）外部火焰蔓延：在试验开始后的 30min 内，水平准位线 2 上的任一外部热电偶的温度超过初始温度 600℃，且持续时间不少于 30s；

（4）内部火焰蔓延：在试验开始后的 30min 内，水平准位线 2 上的任一内部热电偶的温度超过初始温度 500℃，且持续时间不少于 30s；

（5）垮塌区域火焰蔓延：在整个试验期间内，从试样上脱落的燃烧残片火焰蔓延至垮塌区域之外；或者试样在试验过程中存在熔融滴落现象，滴落物在垮塌区形成持续燃烧，且持续时间大于 3min；

（6）阴燃：在整个试验期间内，试样因阴燃损害的区域，垂直方向上超过水平准位线 2

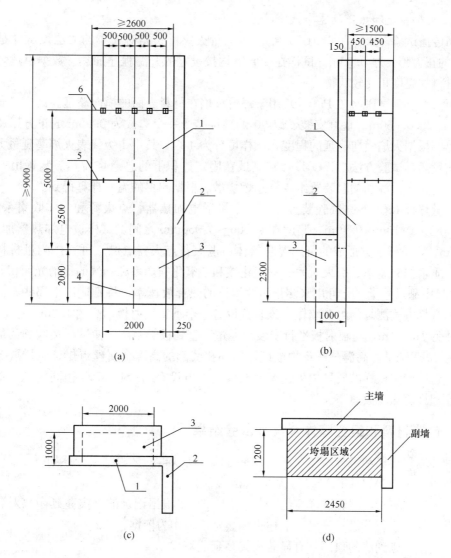

图 5.17   试验装置结构、尺寸（单位：mm）及热电偶示意图

（a）正视图；（b）侧视图；（c）俯视图；（d）垮塌区域

1—主墙；2—副墙；3—燃烧室；4—燃烧室中心线；5—水平准位线 1；6—水平准位线 2；┿—水平准位
线 1 上的热电偶（外部温度）；⊞—水平准位线 2 上的热电偶（外部温度＋内部温度）

或水平方向在水平准位线 1 和 2 之间达到副墙的外边界；

（7）系统失去稳定性：在整个试验期间内，试样出现全部或部分垮塌，而且垮塌物落到垮塌区域之外。

5.2.3   外墙包覆材料分级的小尺寸试验方法

5.2.3.1   不燃性试验

外墙包覆材料的小尺寸的不燃性试验主要有 BS 476 Part 4、BS 476 Part 11、ISO 1182、ASTM E 136-82。

5.2.3.2　火焰蔓延和热释放速率试验

火焰传播试验（BS 476 Part 5）给出了测量火灾增长相对大小的方法。试样是边长为0.225m 的正方形，厚 0.05m。试样在 20min 内按设定的升温程序加热，数据由热烟气温度和不燃材料的温度相比较获得。

表面火焰蔓延（BS 476 Part 7）用于评价火焰在材料表面的横向蔓延。试样长 0.925m、宽 0.28m、厚 0.050m。垂直安装，以 90°的角度接受一个边长为 0.90m 的正方形燃气辐射板的加热。根据火焰横向蔓延的程度，试样可分为 4 级，其中 1 级代表火焰蔓延最大。

弹式量热计试验方法（ISO 1716）测试在固定体积下的总燃烧潜热。装置由一个氧气瓶、量热计、点火源和测温装置组成。总燃烧潜热根据测得的温升计算得到。

锥形量热计 ISO 5660 试验装置，由一个锥形电加热器、点火源和气体收集系统组成。试验试样尺寸 0.10m×0.10m，厚度在 0.006～0.050mm 之间。试样被电加热器加热（0～100kW/m²），试样上方形成的可燃混合气体由电火花点火器点燃。可直接测量材料的热释放速率、质量损失速率、引火时间、一氧化碳和二氧化碳产率和烟气的比消光面积。

ICAL 中型尺寸量热计可用来测量组合墙体的热释放速率，特别适用于那些不能用锥形量热计以常规方式测量的组合墙体。该装置设有一个垂直辐射板，高约 1.3m，宽 1.5m。试样的尺寸为 1m×1m，与辐射板平行安装，通过调整到板的距离，使试样接收到的最大辐射热通量为 60kW/m²。高温分解产物被试样顶部和底部的高温金属丝点燃，试样放置在台秤上，通过台秤确定试样的质量损失速率，试样正上方设有与 ISO 9705 相同的集气罩，根据耗氧量原理计算热释放速率。

5.2.4　包覆材料和组合墙体全尺寸试验结果

各种外墙包覆层和组合墙体在不同试验方法下所获得的试验结果分述如下。

5.2.4.1　加拿大 CAN/ULC-S 134 标准试验

用一个三层装置，试验试样宽约 5m，高 10.3m。根据记录的火灾蔓延距离对各种组合墙体的燃烧性能进行分级。分级以下述火焰蔓延现象作为依据：

（1）火焰蔓延到墙的顶部（有显著火灾蔓延危险）。

（2）火焰蔓延超过了外加火焰区域，但在试验结束前停止蔓延或发生后退（有一定火灾蔓延危险）。

（3）没有火焰蔓延到外加火焰区域之外（较小的、可忽略的火灾蔓延危险）。

部分不同覆层系统的试验结果见表 5.1。

表 5.1　加拿大全 CAN/ULC-S134 标准试验尺寸试验

组　合　墙	火焰距离 (m)	热通量(kW/m²)	
		@3.5m	@5.5m
基准试样 外表为不燃板的混凝土砖墙	2.0	16	10
外墙组合体在火焰作用区以上没有火焰蔓延			
外表为石膏板内衬玻璃纤维隔热层的木框墙	3.0	15	10
外墙组合体有火焰蔓延,但在试验结束前停止蔓延或后退			

组　合　墙	火焰距离（m）	热通量（kW/m²）	
		@3.5m	@5.5m
外表为乙烯基树脂封边石膏板内衬玻璃纤维隔热层的木框墙	3.0	23	17
外表为铝箔封边封纸板,内衬玻璃纤维隔热层的木框墙	4.5	70	20
外表为 12.7mm 厚阻燃胶合板,以隔热酚醛树脂泡沫填充空隙的未阻燃木桩墙	3.0	29	20
表面为 0.75mm 厚铝箔,以隔热酚醛树脂泡沫填充缝隙的阻燃木桩墙	3.2	20	12
外表为 76mm 厚聚苯乙烯泡沫、玻璃纤维网丝和 7mm 合成石膏组成的复合板,内衬玻璃纤维隔热层的钢柱墙	4.5	31	8
外表为复合板(由 6mmFRP 膜和 127mm 聚氨酯泡沫芯构成)的混凝土砖墙	4.0	24	10
火焰蔓延到组合墙的顶部			
外表为 8mm 厚封纸板,内衬玻璃纤维隔热层的木框墙	7.5	61	79
外表为聚乙烯基树脂封边 8mm 厚封纸板,内衬玻璃纤维隔热层的木框墙	7.5	82	111
外表为 25mm 厚膨胀聚苯乙烯和 19mm 厚胶合板构成,内衬玻璃纤维隔热层的木框墙	7.5	30	31

5.2.4.2　加拿大竖直隧道试验

竖直隧道试验结果见表 5.2。根据两个火焰蔓延距离和热流密度的大小,竖直隧道试验将试验的组合墙体明确分为可接受和不可接受两类。

表 5.2　加拿大国家研究所的竖直隧道试验

组　合　墙	火焰距离（m）	热流密度（kW/m²）	
		@3.5m	@5.5m
可接受			
外表为不燃板的混凝土砖墙	2.0	12	7
外表为乙烯基树脂封边石膏板,内衬玻璃纤维隔热层的木框墙	2.8	—	19
外表为 12.7mm 厚阻燃胶合板,以隔热酚醛树脂泡沫填充空隙的未阻燃木桩墙	2.8	14	9
表面为 0.75mm 厚铝箔,以隔热酚醛树脂泡沫填充缝隙的阻燃木桩墙	2.3	16	14
外表为 76mm 厚聚苯乙烯泡沫、玻璃纤维网丝和 7mm 合成石膏组成的复合板,内衬玻璃纤维隔热层的钢柱墙	2.0	18	10
不可接受			
外表为铝箔封边封纸板,内衬玻璃纤维隔热层的木框墙	4.5	45	24
外表为复合板(由 6mmFRP 膜和 127mm 聚氨酯泡沫芯构成)的混凝土砖墙	7.3	42	18
外表为 8mm 厚封纸板,内衬玻璃纤维隔热层的木框墙	7.3	70	65
外表为聚乙烯基树脂封边 8mm 厚封纸板,内衬玻璃纤维隔热层的木框墙	7.3	67	60

5.2.4.3 新西兰建筑研究协会 (BRANZ) 的全尺寸试验

新西兰建筑研究协会使用一面高 6m、宽 3.6m 的立墙试验 4 种墙面包覆材料。试验装置如图 5.18 所示。试验墙面至少延伸到开口顶部 5m 以上，开口尺寸为 0.6m×2.1m。试验时在开口中心线以上 1.0m 处，从第 5min 到第 15min 的平均热通量达到 70kW/m²。火源由两个 1.0m×0.25m×0.1m 的油盘提供，燃油总量约为 0.4m³，燃烧热值约 42MJ/kg。试验结果见表 5.3。

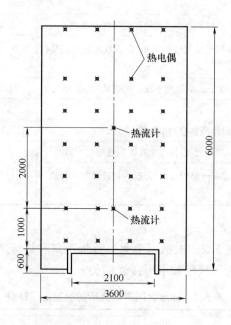

图 5.18　全尺寸墙面包覆材料试验装置正视图 (BRANZ)

表 5.3　墙面包覆材料全尺寸试验 (BRANZ)

墙面材料	性能与评价
纤维水泥板，7.5mm 厚	没有发生火焰蔓延，在直接受火作用的部位发生局部破坏
挤压发泡 UPVC 护墙板	火焰蔓延到试样的顶部，对墙体造成了严重破坏
胶合板，5 层松木	火焰蔓延到试样的顶部
可再生木护墙板	火焰蔓延到试样的顶部

5.2.4.4　瑞典 Lund 大学全尺寸试验

Lund 大学消防工程系采用一个三层楼高的建筑对几种外墙保温材料进行了试验。试验结果见表 5.4，性能判断标准如下：

（1）外墙保温系统没有大面积的垮塌。

（2）外墙表面火焰蔓延和保温层内火焰蔓延限制在第三层窗户底部以下，不允许出现能够点燃挑檐的火焰。

（3）火焰不能通过窗户传到二楼内，即窗户中心的热通量不超过 80kW/m²。

含有聚苯乙烯的保温层没有达到上述判断标准（见表 5.5）。

表 5.4　Lund 大学外墙保温层试验组成

保温层编号	保温系统的组成
1.1	压型钢板,沥青油毡,带有 95mm 厚玻璃棉隔热层,木立柱
1.2	压型铝板,贴有防风纸矿物棉织物,带有 95mm 厚玻璃棉隔热层,木立柱
3.2	100mm 厚发泡聚苯乙烯(20kg/m³)通过螺栓固定在墙上,19mm×19mm×1.05mm 的钢丝网固定聚苯乙烯泡沫,6mm 厚玻璃纤维增强砂浆,彩色石膏
3.4	加有有机助剂的黏性砂浆,60mm 厚发泡聚苯乙烯(20kg/m³),4mm×4mm 的玻璃纤维织物,4mm 厚黏性砂浆内层,3~4mm 厚聚丙烯酸表面涂层
3.5	加有有机助剂的黏性砂浆,60mm 厚发泡聚苯乙烯(15kg/m³),4mm×4mm 的玻璃纤维织物,填有珠光粉的 13mm 厚轻质石膏
3.8	55mm 厚聚氨酯泡沫(30~35kg/m³)通过黏合剂和塑料扣固定在墙上,6mm 厚含 30%水泥的聚乙烯基聚合物作底涂层,表面覆盖含 45%PVC 的 4mm×4mm 的玻璃纤维织物,2mm 装饰用合成聚乙烯基树脂(没有水泥),窗户上缘角铁支撑

表 5.5　Lund 大学外墙保温层试验结果

保温层编号	标准1(垮塌)	标准2(a)(表面蔓延)	标准2(b)(绝热层中蔓延)	标准3(热通量)
1.1	失败	失败	通过	失败
1.2	通过	通过	通过	通过
3.2	通过	通过	通过	失败
3.4	失败	失败	失败	失败
3.5	通过	通过	通过	失败
3.8	失败	通过	失败	失败
木板饰面	失败	失败	失败	失败

5.2.4.5　NFPA 285-SWRI 多层试验装置

NFPA 285 是评价外墙含可燃组分的非承重组合结构燃烧性能的标准试验方法。采用中等尺寸,多层试验装置。性能按以下四个方面判断:

(1) 组合体抵抗火焰沿外表面垂直蔓延的能力。

(2) 组合体抵抗火焰沿可燃内芯竖直蔓延到另一层的能力。

(3) 组合体抵抗火焰沿内表面竖直蔓延到另一层的能力。

(4) 组合体抵抗火焰横向蔓延的能力,即从起火点蔓延到邻近区域的能力。

组合体的抗火能力根据试验时的现象和温度参数确定。

6 个外墙组合体试样的构成见表 5.6。主要目标是评价以发泡塑料为隔热体的外墙非承

表 5.6　通过 SWRI 多层试验装置试验的组合墙体

组合墙体编号	组合体构成
A	100mm×50mm 的木立柱墙,在着火面有 3 层 16mm 厚石膏板,在非着火面有 2 层 16mm 厚 X 类型石膏板
B	112mm 厚玻璃纤维隔热的钢板
C	50mm 厚聚氨酯泡沫隔热钢板墙,内表面有一层 12.5mm 厚的隔热石膏板
D	用 50mm 聚氨酯泡沫隔热钢板墙,内表面无隔热石膏板(A 工厂提供)
E	50mm 聚氨酯泡沫隔热钢板墙,内表面无隔热石膏板(B 工厂提供)
F	钢立柱墙,内表面为 12.5mm 厚石膏板,外表面为优质石膏板,100mm 厚聚苯乙烯外墙保温系统(C 工厂提供)

重组合体的燃烧性能。试验结论如下：

（1）所使用的木垛火在 30min 内产生的火源基本满足 ASTM E 119 规定的时间-温度环境。

（2）所有试验中，在 30min 内没有火焰蔓延进入二层。

（3）所有试验中，隔热层内芯破坏长度都达到大约 3m 左右。

（4）所有试验中，火焰对二层以上隔热层均造成热损害。

（5）所有试验中，外墙表面均没有明显的火焰蔓延。

5.3 室内壁面和顶棚材料的燃烧性能试验

目前，室内壁面材料和顶棚材料的燃烧性能试验主要有小尺寸燃烧试验（锥形量热计试验，ISO 5660）、全尺寸燃烧试验（室内墙角火试验，ISO 9705）和中等尺寸燃烧试验（SBI 试验）。

5.3.1 欧盟的分级体系

欧盟国家主要依据单体燃烧试验（SBI 试验，EN 13823）中的 $FIGRA$ 指数对此类材料和制品进行分级。具体共分七级：A1（最好）、A2、B、C、D、E、F（最差）。对某种材料和制品进行分级，除了 SBI 试验，还要考虑不燃性试验、热值测定试验和小火焰点燃试验的结果。

5.3.2 日本的分级体系

日本主要依据锥形量热计试验结果对材料和制品进行分级。在分级试验中，除使用锥形量热计试验外，还使用了不燃性试验和三分之一尺寸的 ISO 9705 试验。对大多数此类材料和制品而言，日本的分级结果与欧盟的分级结果具有一致性。

5.3.3 澳大利亚的分级体系

澳大利亚以 ISO 9705 试验中室内发生轰燃时间为依据对此类材料进行分级。轰燃时间确定为热释放速率达到 1MW 的时间。此类材料和制品分为四级。具体为：

一级，在 20min 内没有发生轰燃；

二级，轰燃时间大于 600s；

三级，轰燃时间大于 120s 但小于 600s 内；

四级，轰燃时间小于 120s。

此外，修订后的澳大利亚建筑规范也允许以小尺寸试验（锥形量热计试验）为基础，使用相关数学模型预测材料在 ISO 9705 室内火灾试验时的轰燃时间，进而对材料进行分级。

5.4 夹芯板的燃烧试验

这里所说的夹芯板是指双面为金属板材，中间芯材为保温材料的建筑制品。芯材与两面的金属板材紧密结合固定在一起，具有一定的承重能力。通常，夹芯墙板采取直立自支撑方式安装。此类制品安装简便，并具有较好的耐候性和一定承重能力，因此，在建筑工程中应用非常广泛。但近些年来，有关夹芯板材的火灾事故时有发生，夹芯板的火灾安全性问题引起了人们的重视。

5.4.1　对火反应

建筑制品对火反应的基本性能包括着火性、火焰蔓延、热释放速率、烟气的生成以及燃烧滴落物的产生。对夹芯板而言，金属面的存在，会有效延迟可燃芯材的引燃时间，燃烧也只局限在夹芯板开口部位，例如板与板之间的接缝、电气线路及管路的穿孔部位等。芯材一旦被点燃，火焰传播取决于开口部位密封的牢固程度和热分解产生的可燃气体逸出金属层的难易。显然，夹芯板的燃烧行为与整体结构和安装方式密切相关。因此，小尺寸燃烧试验并不能完全反映夹芯板材的对火反应行为，只有全尺寸火灾试验才更接近实际。

5.4.2　板材的耐火性

对夹芯板进行耐火性试验，可以评价墙板暴露在充分发展的火灾条件下其抵抗火焰的能力。和对火反应一样，接缝的设计和安装固定方式对板材的耐火性也有重要影响。因此，夹芯板的耐火性试验必须对应材料在结构中的最终应用状态。常用的试验方法有 ISO 834、EN 13501-2、EN 1363-1、ASTM E 112。

5.4.3　燃烧试验方法

5.4.3.1　ISO 13784-1 对火反应试验（中型装置）

该标准试验类似房间墙角火试验（ISO 9705），如图 5.19 所示。墙角火试验方法最初由美国材料与试验协会于 1982 年提出，随后北欧技术试验协作机构于 1986 年也提出了该方法。最终国际标准 ISO 9705 于 1993 年发布。ISO 9705 标准规定了一种在良好通风条件下从只有单一门的房间内墙角开始发生火灾的试验方法。这种试验方法通过使用单个燃烧的物体作为点火源，例如废纸篓、家具等，评价建筑材料燃烧性能。最主要的试验结果是确定能否发生轰燃，以及轰燃发生的时间。同时还可以测量火灾热释放速率（HRR）以及产烟速率（SPR）。房间的三面内墙和天花板都是由被测材料构成。

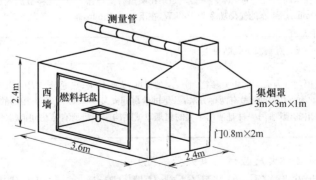

图 5.19　墙角火试验（ISO 9705）

图 5.20　ISO 13784-1 试验

对夹芯板按 ISO 9705 试验时，试样置于室内，存在以下不足：

（1）由于房间尺寸已经固定，房间内空间的大小取决于试验材料的厚度。例如在冷库中的夹芯板，其厚度大部分都远大于 30cm，如果按此厚度进行试验，就意味着房间的体积将减小很多。

（2）在很多情况下，夹芯板接缝处对燃烧性能有很重要的影响。因此，需要研究各种不同接缝对燃烧性能的影响，在试验中必须按实际使用状态模拟真实的接缝状态。

（3）在墙角试验中部分试验现象无法从建筑外部进行观察，比如有焰燃烧和结构变形等。

针对这些不足，ISO TC 92 SC1 委员会公布了 ISO 13784-1，即小室试验场景，如图 5.20 所示。

ISO 13784-1 实质上是 ISO 9705 的一种变体，它将墙角火试验方法引入夹芯结构墙板的试验中。试验中墙板有较好的隔热性，采取直立自支撑或机械固定的方式安装。因此，墙板自身将作为试验房间的建筑材料或固定在支撑系统上的墙体材料。试验具体要求与 ISO 9705 十分相似，见表 5.7。

表 5.7　ISO 13784-1 试验规定

项目	具体要求
试样	房间内部尺寸为 3.6m×2.4m×2.4m，设有一个 0.8m×2m 大小的门。四面墙以及天花板均采用试样材料
试样位置	试样安装既可以自支撑自立，也可以作为活动墙板和天花板安装在支撑骨架上。支撑体既可在室外，也可在室内，并且在实际中要求对支撑物进行防火保护
点火源	放置在房间角落处的气体燃烧器。如果在墙角有支撑架，则燃烧器被放置在靠近接缝的后墙。在开始的 10min，燃烧器的输出功率为 100kW，在下一个 10min，输出功率为 300kW
试验时间	20min 或者直到发生轰燃为止
测量与结果	可以得到室内火灾的相关参数：烟气层的温度、火焰传播、热通量、HRR、SPR 和轰燃发生的时间。对于 HRR 和 SPR 的测量有两种方法：一是试验房间安装与 ISO 9705 中相同的标准集烟罩，但只能采集从门流出的烟气；另一种是使用更大的集烟罩或结构来采集所有从房间流出的烟气

5.4.3.2　ISO 13784-2 对火反应试验（大型装置）

由夹芯墙板构建的建筑物一般都具有较大体量，因此，也需要有代表性的大型尺寸的火灾场景试验。ISO 13784-2 是对夹芯板材料进行大型尺寸火灾燃烧试验的方法。试验装置如图 5.21 所示，试验规定见表 5.8。

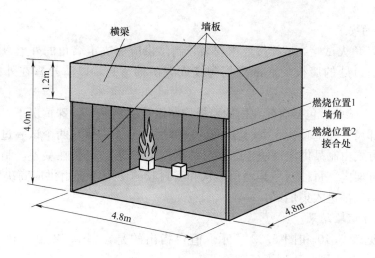

图 5.21　ISO 13784-2 夹芯墙板大型燃烧试验

表 5.8　ISO 13784-2 试验规定

项目	具体要求
用于搭建试验房间的试样	试验房间由夹芯墙板构成,包括四面成直角的墙壁和一个天花板,立于不燃地面上。仅在正面墙体中央设一扇门,其他墙面无任何通风口。房间可以设在室外或室内
试样位置	试样安装既可以采用自支撑方式,也可以作为活动墙板或天花板安装在支撑骨架上。支撑体既可在室外,也可在室内,并且在实际中要求对支撑体进行防火保护
点火源	燃烧器安置于对面西墙角地面上,直接接触试样。如果在墙角有支撑架,则燃烧器被放置在靠近接缝的后墙。在开始的 5min,燃烧器的热输出功率为 100kW;在其后的 5min,其输出功率为 300kW;如果试样没有点燃或没有持续燃烧,则在下一个 5min 增大到 600kW
试验时间	直到发生轰燃,或者结构倒塌,或者最长 15min 为止
结论	可以得到室内火灾的相关参数——温度、火焰传播和结构失效。HRR 和 SPR 的测量并不是必须进行的,但可以自选。不过,需要使用比 ISO 9705 更大的集烟罩

5.4.4　夹芯板燃烧试验结果比较

欧盟 Nordtest 项目采用 ISO 9705 、ISO 13784-1 和 EN 13823 规定的试验方法对夹芯板的燃烧特性进行了对比试验。

5.4.4.1　试验材料

表 5.9 列出了项目研究中所选用的试样材料。

表 5.9　试样的编号、种类、厚度和应用场所

试样编号	保温材料	墙板厚度(mm)	应用场所
I	石棉板	100	工厂或冷库
II	聚苯乙烯	100	冷库
III	聚异氰脲酸酯	100	冷库
IV	聚氨酯	100	冷库

5.4.4.2　试样的安装

ISO 9705 墙角火试验：试样按要求安装，制品供应商决定墙角的外形以及是否使用密封胶。在靠近门口处的墙板的底部要用陶瓷或者矿棉密封，以防暴露在外的内芯材料被点燃。

ISO 13784-1 试验：包括含门在内的墙板均使用被测制品。特殊情况下，可以设置支撑结构。房间外部尺寸和 ISO 9705 试验房间的内部尺寸一样，故在两个试验过程中体积是常数。最终安装方式由制品供应商决定。铁支撑框架呈 U 形，安装在室外，制品通过使用自攻螺丝固定在框架内。每种制品其墙角形状和密封胶的使用情况由供应商决定。如图 5.19 所示，试验时烟气都进入集烟罩。

5.4.4.3　全尺寸试验结果

试验结果见表 5.10 和图 5.22 所示。值得指出的是，图 5.22 中材料 Ⅱ 和 Ⅲ 在 ISO 13784-1 试验中，几乎同时达到了轰燃阶段。

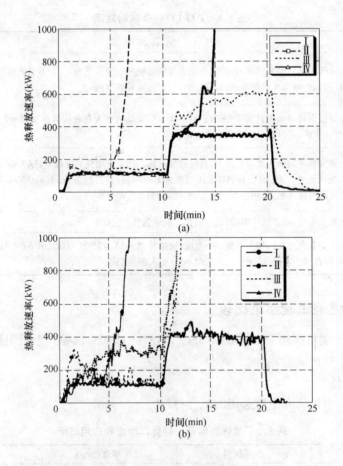

图 5.22　试样在 ISO 9705 试验（a）和
在 ISO 13784-1 试验（b）中的热释放速率曲线

表 5.10　四种试样全尺寸试验结果

轰燃时间(达到 1MW 的时间)(min:s)				
	I	II	III	IV
ISO 9705	未发生轰燃	6:54	未发生轰燃	14:42
ISO 13784-1	未发生轰燃	12:08	11:44	7:04
最大热释放速率(kW)0~20min(不包括点火源)				
	I	II	III	IV
ISO 9705	74	>900*	317	>700*
ISO 13784-1	195	>700*	>700*	>900*
根据 ISO 9705 划分等级(欧洲)				
ISO 9705	≥B	D	≥B	C
ISO 13784-1	≥B	C	C	D

* 包括点火源在内的热释放速率超过 1MW(轰燃的情况)。

5.4.4.4　EN 13823 试验（SBI 试验）结果

为了得到上述两种试验方法和 SBI 方法之间的联系，Nordtest 项目进行了一系列的 SBI 试验。试验结果见表 5.11。如果进行附加试验 ISO 1182 和 ISO 1716，材料 A 将被划分为 A1 或 A2 等级。

表 5.11　四种试样的 SBI 试验结果

样品	$FIGRA$	THR_{600s}	$SMOGRA$	TSP_{600s}	滴落物	欧洲等级*
I **	0	0.4	4	46	无	Bs1d0
II	92	1.8	38	87	无	Bs2d0
III	60	5.5	30	377	无	Bs3d0
IV	36	2.9	16	164	无	Bs2d0

* 不考虑小火源试验结果（EN ISO 11925-2）；

** 三次试验结果的平均值。对于一次试验，TSP_{600s} 为 51m²。

三种试验结果的比较参见表 5.12。

表 5.12　不同试验方法得到的材料燃烧性能分级结果

	I	II	III	IV
ISO 9705	≥B	D	≥B	C
ISO 13784-1	≥C	C	C	D
SBI	Bs1d0	Bs2d0	Bs3d0	Bs2d0

5.4.4.5　试验结论

（1）ISO 13784-1 允许采用和实际一样的安装方式，不论有无支撑结构。而且可以使用大型量热计测量 HRR 和 SPR。

（2）ISO 13784-1 试验过程比 ISO 9705 试验更为苛刻。

（3）夹芯墙板的接缝及安装方式对墙板的燃烧性能有重要影响。因此，ISO 13784-1 试验因其允许采用和实际使用中一样的安装和接缝方式而更加符合实际。

（4）ISO 13784-1 试验中试样的安装比 ISO 9705 试验的安装和拆卸更为简便。

（5）SBI 试验结果与全尺寸试验的相关性不大。按 SBI 试验所得制品的燃烧性能等级都比 ISO 9705 试验得到的等级高。所以，对夹芯墙板按 SBI 试验和小火焰试验进行分级仍值得商榷。

5.5　软包家具和床垫的燃烧试验

5.5.1　软包家具和床垫的燃烧特性

软包家具和床垫是住宅、宾馆、饭店火灾中常见的可燃物，它们的燃烧性能直接影响室内火灾的发展过程和危害后果。

现有试验表明，软包家具和床垫的燃烧行为大致可以划分为火焰蔓延、烧穿、池状燃烧和烧尽（熄灭）四个阶段。图 5.23 给出了外表为羊毛织物、内部为软质聚氨酯泡沫的软包椅燃烧发展的四个阶段，以及软包椅的质量变化和 HRR。

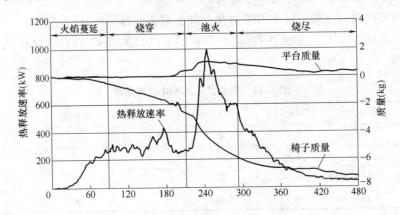

图 5.23　外表为羊毛织物、内部为软质聚氨酯泡沫的软包椅燃烧的
质量变化和 HRR（家具量热计试验）

5.5.2　软包家具和床垫的标准试验

目前软包家具和床垫的标准试验一般可分为三类。一类是针对单一组成（即填料和织物）而言的小尺寸试验，例如 TB 117。此类试验采用小火源作用下没有辐射热反馈，因此，不能代表真实的火灾场景。另一类是采用家具模型进行的标准试验，例如 BS 5852（1990），但此类试验判据过于简单。更为可信的一类是采用实物进行的标准试验，并使用耗氧量热计（家具量热计）评价其火灾危险性。下面介绍有代表性的标准试验。

5.5.2.1　软包家具可燃性标准试验（BS 5852）

该标准试验的目的是评价软包家具的可燃性。标准试验中设置了八种点火源，分别为一支阴燃的香烟，三种小型丁烷火焰，四种小型木垛火。点火源强度相当于一根火柴燃烧火焰或四张报纸燃烧的火焰。试验采用的是家具模型，如图 5.24 所示。

（1）香烟引火试验。点燃的香烟放在水平坐垫和竖直靠背之间的接合处，试验持续

60min。如果没有观察到明显的引燃和阴燃，则将香烟在同一样品的其他位置重复进行试验，若反复试验均无明显的引燃和阴燃的发生，则认为该家具为"不被引燃"。

（2）小型丁烷火试验：三种火焰的高度以及作用时间分别为 35mm/20s、145mm/40s 和 240mm/70s。试验位置和判断标准同（1）。

（3）小型木垛火试验。四种木垛的大

图 5.24　BS 5852 软包家具试验

小分别为：由 5 层 6.5mm 的木棒堆积成的 40mm² 的木垛；由 10 层前述木棒堆成的木垛；由 4 层 12.5mm 的木棒堆积成的 80mm² 的木垛；由 9 层前述木棒堆积成的木垛。木垛被放置在沙发的水平坐垫上，判断标准同（1）。

5.5.2.2　公共场所软包家具燃烧试验（TB 133）

（1）应用范围：公共场所的软包座椅（监狱、医疗机构、公共礼堂以及旅馆）。

（2）测试场景：3m×3.6m×3m 的房间，有一道 0.95m×2m 的门。待测的全尺寸家具单体放置在门对面的墙角。

（3）点火源：输出功率为 18kW 的气体火源，作用时间 80s。

（4）试验结束条件：所有的燃烧都已停止；或超出 1h；或即将喷出火焰（发生轰燃）。

（5）判据：

① 利用房间内温度、气体浓度和质量损失判断，超出以下任一要求即为不通过：在顶棚处温度的升高值≥111℃；或距地面 1.2m 处的温度升高值≥ 28℃；或 5min 内一氧化碳的浓度≥1000ppm；或前 10min 内燃烧的质量损失≥1.36kg。

② 利用耗氧型量热计进行测试，以下任一要求不能满足即为不通过：最大放热速率≥80kW；或前 10min 总放热量≥25MJ；或在 1.2m 处的烟消光度≥75%；或 5min 内一氧化碳的浓度≥1000ppm。

5.5.2.3　床垫和坐垫香烟引火试验（CAL TB 106）

试验要求使用待售的成品进行测试。点火源为燃着的香烟，分别放置在床面、边带、缝合处、缀饰处，每处放置 3 支香烟。

以下任一情况发生即为不通过：发生明显的有焰燃烧；或香烟熄灭后阴燃持续时间超过 5min；或从香烟处向任何方向烧焦长度超过 50mm。

图 5.25　CAL TB 603 明火作用下床垫燃烧试验

5.5.2.4　床垫/弹簧床垫明火引燃试验（CAL TB 603）

试验对象为床垫和床座底。试验采用气体燃烧器，分别放在床垫上面（19kW/70s）和侧面（10kW/50s），模拟燃烧的床上用品对其施加热通量。试验如图 5.25 所示。

（1）试验条件：开放式量热计；房间

2.4m×3.6m×2.4m 或 3.05m×3.66m×2.44m。

(2) 测试时间：30min，除非所有燃烧迹象停止或火势衰减到可以自熄。

(3) 判据。以下任何一种情况发生即为不通过：最大放热速率≥200kW；或在测试的前 10min 总放热量≥ 25MJ。

在评价家具的火灾危险性时最重要的考虑因素是火焰在家具表面是否传播。如果可以传播，那么火焰将传至整个表面并烧掉绝大多数的软质可燃材料。如果不能传播，一旦点火源被移开或熄灭，火将不能维持而自熄，留下很多未燃软质可燃物。CBUF 的试验结果表明，不传播火焰的椅子着火，其热释放速率在20~100kW 之间。这和 TB 133 中采用的 80kW 的判据结果一致。不传播火焰的家具单体和 CBUF 锥形量热计的试验数据相关性较好。

不传播火焰的单体的总热释放速率和产烟速率与家具量热计的测量结果很相近。试验结果表明，不传播火焰的家具，热释放速率和热辐射水平较低，不足以对住户造成伤害，除非住户与火焰密切接触。因此，可认为真正安全的软垫家具是不能传播火焰的家具。

不过值得注意的是，对于可以传播火焰的家具单体，在家具量热计中得到的 *HRR* 和产烟速率仅是实际火灾中的下限值。因为在实际火灾中它可以使邻近的可燃物卷入燃烧，而在试验中并没有考虑这一点。

5.6　电缆的燃烧试验

5.6.1　电缆的火灾危险性

从功能上看，电缆分为动力电缆和通信电缆。一旦起火，会导致停电或信号失控，从而造成重大损失。此外，电缆火灾本身也具有一定的危险性。对丁敷设有很多电缆的多层桥架，一旦着火，火势将达到很高强度，同时会产生大量的烟和有毒气体。图 5.26 是在敷设有三层电缆的桥架内进行的火灾试验。上面两层桥架猛烈燃烧，火焰蔓延到 3.5m 处，热释放速率达 2000kW，相当于一般居室内发生轰燃时的热释放速率。这样的大火将危及人员的生命安全，也会妨碍人员从火场中的疏散。如此大的火势很容易蔓延至整栋建筑，酿成大火。

图 5.26　电缆桥架火灾试验
（第三层电缆被上层燃烧滴落物引燃）

5.6.2　燃烧特性

电缆通常以盘状方式敷设，或者以桥架集中敷设。它们在使用时可以成捆扎在一起，也可以是松散、无序的网状铺设。电缆的数量有时很大，而且由于电缆的绝缘和护套材料多是采用聚乙烯、聚丙烯、聚苯乙烯、聚氯乙烯、有机玻璃、环氧树脂、乙丙橡胶、丁丙橡胶、丁苯橡胶、丁腈橡胶和丁基橡胶等高聚物可燃材料，所以着火时，放热量比较大。研究表明，电缆的火灾特性和它的敷设方式密切相关。如果电缆敷设相对松散，火势发展明显快于密集盘状电缆，如图 5.27 所示。

分开敷设的电缆火灾足以在 3min 内在小室内造成轰燃，而且很快便会发展为充分发展的火灾。其火灾增长速率和一个废纸篓引燃木质浴室的火灾增长速率一样。而扭曲盘状敷设的电缆在 17min 后才达到热释放速率峰值，且其峰值较低，这样火势不足以引燃其他物品，最终自熄。

在某些环境中，当大型电缆只有被点火源作用一段相对较长的时间后，才会达到较高的热释放速率并开始燃烧。这是因为只有经过一段时间后热量才能传到到电缆内部，使更多可燃物发生热分解，开始燃烧。图 5.28 所示为一根大型输电电缆在 30kW 点火源作用下的燃烧试验结果。从图 5.28 可见电缆在火源作用下，超过 30min 后，其热释放速率出现明显增长。这说明电缆的燃烧需要相对较长的加热时间。因此，仅靠耐火试验并不能严格地划分电缆的耐火等级。

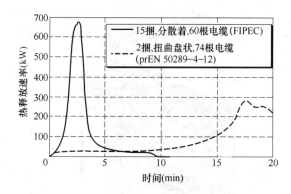

图 5.27 电缆不同敷设方式
的燃烧试验

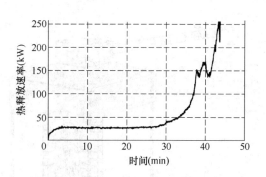

图 5.28 大型输电电缆燃烧试验
（火源输出功率 30kW）

上述例子说明，在评估电缆火灾特性时，电缆的放置方式和试验条件的选择至关重要。电缆的结构影响着其火灾特性，松散分开的电缆更易着火。因此耐火试验一定要紧密结合实际敷设情况，试验条件也应反映实际的火灾场景。

5.6.3 电缆耐火性试验

关于电缆耐火性试验，目前广泛使用的试验方法有：IEC 60332-1 单股绝缘电缆的小规模垂直燃烧试验；IEC 60332-3 垂直安装的成束电缆的大规模垂直燃烧试验。这两个试验设计完善，并被诸多国家采纳作为国家规范。IEC 60332-1 要求在本生灯作用下，测试单根绝缘电缆被引燃和火灾蔓延的趋势。IEC 60332-3 中要求将电缆安装在竖直的电缆桥架上，使用输出功率约为 20kW 的气体火源。分级的判据是电缆烧毁的长度。

ISO TC 92 防火安全技术委员会也提出了一种试验方法，可以用来测试暴露在火灾条件下电缆的热释放速率、可燃性、火焰蔓延、产烟量以及气体的产率和毒性。

CENELEC 制定了欧洲标准。其中较为重要的有：EN 50265-2-1 小火焰试验、prEN 50399-2-1 和 prEN 50399-2-2 竖直安装的成束电缆的大规模试验。分别和 IEC 60332-1、IEC 60332-3 相应。然而，prEN 50399-2-1 和 prEN 50399-2-2 配有一个专门测量火灾中热释放速率和产烟速率的系统。由于可以定量地得到火灾增长过程中相关的参数值，并与实际火灾进行对比，说明这个分级体系有一定的实用性。

5.6.4 欧盟国家对电缆的火灾试验及分级

5.6.4.1 参考场景

由欧盟委员会成立的消防管理欧洲小组（FRG），一直以来都在围绕制定消防方面的法规开展工作。FRG 提出了电缆火灾试验的电缆参考场景和电缆装置应达到的火灾特性。参考场景不可能完全真实，但必须有代表性。FRG 以欧盟行业基金资助的电缆火灾特性研究（FIPEC）项目为基础，提出了欧盟关于电缆的火灾试验和分级体系。该项目研究内容包括对欧洲电缆安装方式的调查、大量的火灾试验、试验步骤的评估和火灾模型研究等

FIPEC 项目使用的两个有代表性的参考试验场景，如图 5.29 和图 5.30 所示。

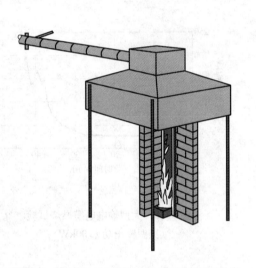 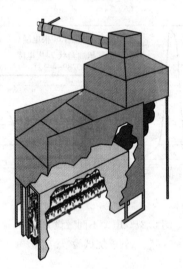

图 5.29　FIPEC 项目中的竖直参考场景　　　图 5.30　FIPEC 项目中的水平参考场景

在竖直场景中，电缆桥架安装在竖直的拐角处。使用丙烷燃烧器作为点火源，其输出功率在前 5min 为 40kW，随后燃烧器按照 ISO 9705 中的要求变换输出功率，在随后的 10min 升高到 100kW，在最后的 10min 为 300kW。在水平放置电缆的场景中，三个电缆桥架上下分层水平设置。点火源输出功率和竖直场景中一样依次改变，并将底层电缆的一端引燃。点火源的变化过程是根据调查结果得到的，以此来反映真实的火源。在上述两个场景中未设置强迫通风。

这两个场景足以代表了目前欧洲电缆的实际安装方式。FIPEC 项目组根据这两个参考场景提出了试验标准，并以此对电缆进行分级。这个试验标准就是 prEN 50399-2，它有两个次级试验。该试验经过改进，还可测量热释放速率和产烟速率。

欧盟消防法规协会将 FIPEC 项目中的竖直和水平场景定为欧盟电缆规范中的参考场景。此外，建议将修改后的 FIPEC 项目中的试验作为分级试验程序。根据试验结果建议将电缆分为 A、B1、B2、C、D、E 和 F 七级。通过热释放速率和火焰蔓延的数据描述被测样品的

火灾特性。附加分类是针对烟气的产生、燃烧滴落物和产烟毒性。这个建议的分级体系基于两个试验程序，使用同样的试验仪器测量热释放、产烟量和燃烧滴落物，即判定 B1 级按 prEN 50399-2-2 进行试验，判定 B2、C 和 D 级按 prEN 50399-2-1 进行试验。因此，这两个试验程序分别叫做 FIPEC 场景 2 和场景 1，试验装置如图 5.31 所示。

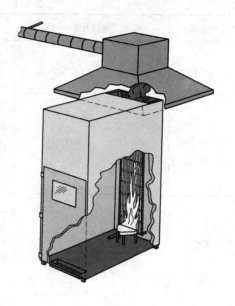

图 5.31　prEN 50399-2-2 和
prEN 50399-2-1 试验装置
（试验房间高 4m）

prEN 50399-2-1 要求丙烷燃烧器输出功率约为 20kW，prEN 50399-2-2 要求丙烷燃烧器输出功率约为 30kW。被测电缆长 3.5m，被竖直安装在标准桥架（EN 50266-1 着火条件下电缆的通用试验方法）的前面。电缆的下半部分要比燃烧器的下沿低 20cm，电缆安装在支架的中间部位（相对横向而言）。试验时间为 20min。在此期间，使用耗氧型量热仪测量热释放速率，同时测量产烟速率，并记录可能出现的燃烧滴落物或颗粒。通过试验可以得到火灾增长指数、总放热量和总烟气产生量。B1 至 E 级都要求进行小火焰试验（EN 50265-2-1）。附加分级根据 EN 50267-2-3（在着火条件下电缆的一般测试方法）的 pH 值划分。

5.6.4.2　分级体系

A 级：能够达到该级的制品被视为不燃制品。因此，可以利用潜热值作为唯一的判据，判断制品不能燃烧。

B1 级：在 40kW、100kW、300kW 的点火源作用下，在竖直和水平参考场景中，制品没有持续的火焰蔓延，热释放速率有限。另外，要求在 FIPEC 场景 2 中进行输出功率为 30kW 的 prEN 50399-2-2 试验。

B2 级：当制品分别在竖直参考场景中于 40 的点火源作用下，或在水平参考场景中于 40～100kW 的点火源作用下，没有持续的火焰蔓延。当在 FIPEC 场景 1 中于 20kW 的点火源作用下没有持续的火焰传播，火势增长速率有限，热释放量有限。

C 级：制品在水平参考场景中于 40～100kW 点火源作用下没有持续的火焰传播，或在 FIPEC 场景 1 中于 20kW 的点火源作用下，没有持续的火焰传播，火势增长速率有限，热释放量有限。

D 级：制品的耐火性能比普通的、未经过阻燃处理的聚乙烯好，近似于在参考场景中对木材进行试验得到的火灾特性。在 FIPEC 场景 1 中进行试验时，制品表现出连续的火焰传播，但是火势增长速率以及热释放速率为中等水平。

E 级：在水平参考场景中于 40kW 的点火源作用下，制品表现出持续的火焰传播。此类制品还要求进行 EN 50265-3-1 试验。

基于这些性能的要求、国际规范和制造商的建议，欧盟消防法规协会于 2004 年 1 月提出了电缆的分级体系，见表 5.13。

表 5.13 电缆的分级体系（建议）

等级	测试方法	分级判据	附加分级
A_{ca}	EN ISO 1716	$PCS \leqslant 2.0MJ/kg^{(1)}$ 且 $PCS \leqslant 2.0MJ/kg^{(2)}$	
$B1_{ca}$	FIPEC$_{20}$ Scen 2[6] 且 EN 50265-2-1	$FS \leqslant 1.75m$ 且 $THR_{1200s} \leqslant 10MJ$ 且 Peak $HRR \leqslant 20kW$ 且 $FIGRA \leqslant 120W/s$ 且 $H \leqslant 425mm$	产烟等级[3],[7] 且燃烧滴落物/微粒[4] 且酸性[5]
$B2_{ca}$	FIPEC$_{20}$ Scen 1[6] 且 EN 50265-2-1	$FS \leqslant 1.5m$ 且 $THR_{1200s} \leqslant 15MJ$ 且 Peak $HRR \leqslant 30kW$ 且 $FIGRA \leqslant 150W/s$ 且 $H \leqslant 425mm$	产烟等级[3],[8] 且燃烧滴落物/微粒[4] 且酸性[5]
C_{ca}	FIPEC$_{20}$ Scen 1[6] 且 EN 50265-2-1	$FS \leqslant 2.0m$ 且 $THR_{1200s} \leqslant 30MJ$ 且 Peak $HRR \leqslant 60kW$ 且 $FIGRA \leqslant 300W/s$ 且 $H \leqslant 425mm$	产烟等级[3],[8] 且燃烧滴落物/微粒[4] 且酸性[5]
D_{ca}	FIPEC$_{20}$ Scen 1[6] 且 EN 50265-2-1	$THR_{1200s} \leqslant 70MJ$ 且 Peak $HRR \leqslant 400kW$ 且 $FIGRA \leqslant 1300W/s$ 且 $H \leqslant 425mm$	产烟等级[3],[8] 且燃烧滴落物/微粒[4] 且酸性[5]
E_{ca}	EN 50265-2-1	$H \leqslant 425mm$	酸性[5]
F_{ca}	无性能定义		

(1)对于制品整体,不包括金属材料。

(2)对于制品任意外部部件。

(3)产烟等级根据 FIPEC 试验结果进行划分,但也要根据隧道营运商的要求进行所谓的 $3m^3$ 即 EN 50268-2 试验。

(4)对于 FIPEC$_{20}$ Scen 1 和 2:d0＝在 1200s 内无燃烧滴落物/微粒的产生;d1＝在 1200s 内产生燃烧滴落物/微粒的时间不超过 10s;d2＝不符合上述 d0 和 d1 判据。

(5)EN 50267-2-3:a1＝导电性$<2.5\mu$S/mm 且 pH>4.3;a2＝导电性$<10\mu$S/mm 且 pH>4.3;a3＝不符合 a1 和 a2 要求。未声明即为无性能定义。

(6)室内空气流动应设置为 8000＋800L/min。

FIPEC$_{20}$ Scen 1＝pr EN 50399-2-1(摆设和固定方式根据 FIPEC 要求);

FIPEC$_{20}$ Scen 2＝pr EN 50399-2-2(摆设和固定方式根据 FIPEC 要求)。

(7)产烟等级为 $B1_{ca}$ 的电缆必须进行 FIPEC$_{20}$ Scen 2 试验。

(8)产烟等级为 $B2_{ca}$,C_{ca},D_{ca} 的电缆必须进行 FIPEC$_{20}$ Scen 1 试验。

标志说明:PCS—总热值;FS—火焰传播(破坏长度);THR—总放热量;HRR—热释放速率;$FIGRA$—燃烧增长率指数;TSP—总烟产量;SPR—产烟率;H—火焰蔓延长度。

5.7　家用电器产品燃烧试验

5.7.1　家用电器的燃烧特性

尽管软包家具和床垫的可燃性是造成室内火灾发展和导致人员伤亡的主要原因，而家用电器火灾约占住宅火灾的 20％，也是室内火灾损失的主要原因。

室内火灾发展的一般过程是：点火源引燃第一个物品；接着引燃第二个物品，或引燃内装饰材料；再进一步引燃其他物品；最后整个房间卷入燃烧，或者发生轰燃。所以要控制火势，关键在于当第一个物品被引燃时打破连锁反应。

一般而言，外部点火源即为上述连锁反应中的关键点。这里所说的外部点火源都是小的明火火焰，包括火柴火、打火机火焰、蜡烛火焰等。对家用电器而言，还存在内部点火源。电视机火灾中可能的内部点火源有：焊点老化形成电弧；接触不良的开关电源；显像管内的负压；电路元件失衡导致过热；电容故障；行输出变压器；主要的导线，等等。其他家电产品也具有类似的内部点火源。以往的规范标准（即要求使用特殊材料、特定的最小距离或者防火外壳）并不能有效地消除内部点火源带来的潜在火灾危险性。

就电子类消费品（CE）和信息（IT）技术产品而言，多数情况是外部点火源引燃的。IEC TC 108 委员会负责音频、视频、信息技术和通信技术领域中电子设备的安全并制订出相应的安全标准。这一标准反映了 CE 和 IT 产品在外部点火源作用下的燃烧性能。

5.7.1.1　CE&IT 产品

表 5.14 总结了欧洲市场两种规格为 69cm（27 英寸）的显像管电视机（CRT TV）和液晶电视机（LCD TV）全尺寸火灾试验数据。试验设备为家具量热计，使用小的明火火焰点燃，火焰强度大约与一支燃烧蜡烛相当。

表 5.14　两种电视机全尺寸火灾试验数据

参　　　数	显像管电视机	液晶电视机
平均时间(min)	5～50	2～23
点火源功率(kW)	1	1
点燃时间(s)	30	30
峰值热释放速率(kW)	240	60
平均热释放速率(kW)	60	30

试验结果表明，电视机塑料外壳在点火源作用 30s 后开始燃烧。其 *HRR* 曲线如图 5.32 和图 5.33 所示。在点火源作用 2min 后，*HRR* 才出现明显的大幅度增长。这是因为在明火点燃电视机外壳 1.5min 后，火势才开始明显发展。这就意味着居住者有大约 1.5min 的反应时间并将其扑灭。

目前，关于 IT 产品的火灾燃烧特性的文献并不多见。图 5.34～图 5.36 给出了几种外壳为 UL94HB 等级的 IT 产品的火灾燃烧特性（*HRR* 和失重）。图 5.32～图 5.36 中都是使用小火焰引燃样品得到的数据。显然这些产品很易被引燃，具有一定的火灾危险性。

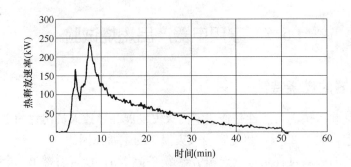

图 5.32　69cm（27 英寸）显像管电视机的质量损失和热释放速率

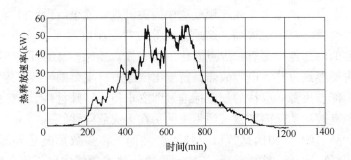

图 5.33　液晶电视机热释放速率

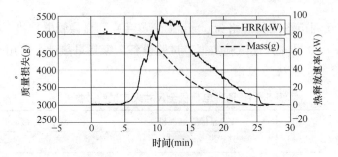

图 5.34　喷墨式打印机的质量损失和热释放速率曲线

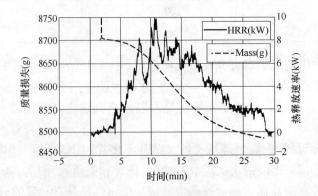

图 5.35　CPU 的质量损失和热释放速率曲线

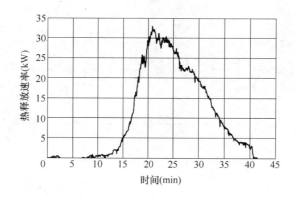

图 5.36 键盘热释放速率曲线

5.7.1.2 大型家用电器

统计数据表明，电冰箱、洗衣机和洗碗机等大型家用电器所引发的室内火灾也占有一定的比例。芬兰和瑞典在 1999 年发布的统计数据表明，有 10％的住宅火灾是由洗衣机和洗碗机引起，3％是由电冰箱和电冰柜引起。图 5.37～图 5.39 分别给出了洗衣机、洗碗机和电冰箱的热释放速率曲线。

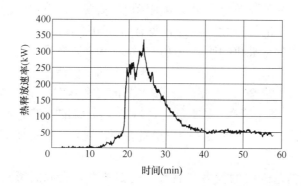

图 5.37 洗衣机热释放速率曲线（点火源为 1kW 的管状燃烧器，置于塑料缸内）

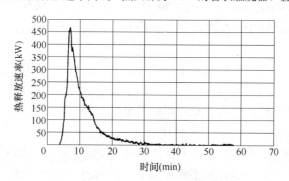

图 5.38 洗碗机热释放速率曲线（点火源为 1kW 的管状燃烧器，置于塑料壳下面）

从图 3.37～图 3.39 三个曲线图中可以看出，洗衣机和洗碗机的峰值热释放速率不足以引发轰燃，但很容易引燃其他可燃物导致火灾的蔓延发展。电冰箱的峰值热释放速率高达 2000kW，足以引起轰燃，因此具有很高的火灾危险性。

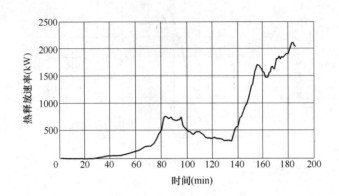

图 5.39　电冰箱/冰柜热释放速率曲线（点火源为 1kW 的
管状燃烧器，置于压缩机外壳之间）

5.7.2　相关标准与规范

关于电气电子类产品的相关标准主要由国际电工委员会（IEC）制订，该委员会旨在促进电气、电子工程领域中的标准化。此外，还有欧洲电工标准化委员会（CENELEC），它旨在协调欧洲有关国家的标准机构所颁布的电工标准和消除贸易上的技术壁垒。

电视机和 IT 产品属 IEC TC 74 和 TC 92 委员会的工作范围。IEC TC 74 即"信息技术设备的安全和能量效应委员会"，主要负责 IT 产品的安全标准；IEC TC 92 即"音频、视频和类似电子设备的安全委员会"，主要负责电视机安全标准。随着产品界线越来越模糊，2001 年两个委员会合并为 TC 108 委员会，负责音频、视频、信息技术和通信技术领域中电子设备的安全标准。

鉴于该委员会管辖范围内的很多产品都会受到外部点火源的影响，在 TC 108 成立之初，便决定产品制造商要考虑关于诸如小火焰之类的外部点火源的作用，并对产品进行阻燃处理。由于外部点火源不是产品制造商可以预见的，所以在之前的 IEC 文件中没有提及。但在对低压电器规范的修订中，已将产品制造商要考虑的火灾危险性列入其中，例如被室内小火焰引燃的危险。

就洗衣机、烘干机和洗碗机而言，主要由 IEC TC 59 即"家用电器的性能技术委员会"负责制订安全标准。IEC TC 59 的安全标准反映了在有点火源存在的条件下采用防火或阻燃处理后，电器产品的燃烧特性和内部点火源的最低危险性。

TC 61 委员会是从 TC 59 委员会中分离出来的，因为 TC 59 委员会无法覆盖所有的家用电器。IEC TC 61 即"家用电器安全专业委员会"，主要负责电冰箱/冰柜安全标准，重点研究压缩机和内燃机的安全问题，而不包括这些部件材料的选择，也不考虑对外部点火源的阻燃措施。显然，关于电冰箱/电冰柜的安全标准具有很大的局限性。从已有的火灾试验结果看，此类产品也是室内主要的火灾载荷。因此，还需要进一步研究此类产品的火灾燃烧特性、点燃条件和火焰蔓延特征，在相关标准中加入火灾安全内容。

6 交通运输领域的火灾试验

6.1 交通隧道火灾试验

6.1.1 隧道火灾试验概述

交通隧道包括公路隧道和铁路隧道。隧道火灾试验的目的主要是研究不同车辆着火后火灾在隧道内的发展规律、隧道通风系统对火灾烟气和温度的分布的影响及火灾对隧道结构的影响等。采用大尺度隧道火灾试验所得结果与真实隧道火灾近似，可以为交通隧道的防火设计提供技术支持和指导。

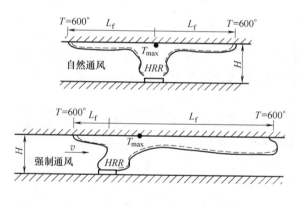

图 6.1 在大型隧道试验中主要参数的定义

据统计，从 1960 年以来，国际上已完成了不少于 12 个大型隧道火灾试验。这些隧道火灾试验的差异主要集中在试验规模、火源种类、火势大小、试验设施、监测方法、隧道几何形状和通风条件等方面（表 6.1）。

在表 6.1 中可以看到，所列试验都提到了最大热释放速率、环境温度、最大顶棚温度和最大水平火焰长度。以测量顶棚温度确定最大水平火焰长度（设定火焰顶端的温度为 600℃）。大型隧道中主要参数的定义如图 6.1 所示。

下面重点介绍 20 世纪 90 年代以来的几次有影响的大型隧道火灾试验。

表 6.1 1960 年以来国际上有详细报道的隧道火灾试验

试验地址，年份	试验次数	火源	截面面积 (m^2)	高 (m)	长 (m)	测量值	峰值 HRR 的范围 (MW)	备注
瑞士的 Ofenegg，1965	11	汽油池（$6.6m^2$，$47.5m^2$，$95m^2$）	23	6	190	T, CO, O_2, v，能见度	$11\sim80$	单轨道铁路，尽头处，喷淋系统
Glasgow，1970	5	柴油池（$1.44m^2$，$2.88m^2$，$5.76m^2$）	39.5	5.2	620	T, OD	$2\sim8$	废弃的铁路隧道
澳大利亚的 Zwenberg，1974～1975	30	汽油池（$6.8m^2$，$13.6 m^2$）；木材和橡胶	20	3.9	390	T, CO, O_2，NO_x, CH, O_2，v, OD	$8\sim21$	废弃的铁路隧道

续表

试验地址,年份	试验次数	火源	截面面积(m^2)	高(m)	长(m)	测量值	峰值HRR的范围(MW)	备注
日本的P.W.R.I,1980	16	汽油池($4m^2$, $6m^2$);客车,出租车	57.3	~6.8	700	T, CO, O_2, CO_2, O_2, v, OD, 辐射热	油池为9~14,出租车和客车不知	特殊的试验隧道,喷淋系统
日本的P.W.R.I,1980	8	汽油池($4m^2$);客车	58	~6.8	3277	T, CO, O_2, CO_2, O_2, v, OD, 辐射热	油池为9,客车不知	使用中的公路隧道,喷淋系统
芬兰的TUB-VTT,1985	2	木床(模拟地铁客车和两辆车的碰撞)	24~31	5	140	HRR, T, m, CO, O_2, CO_2, O_2, v, OD	1.8~8	废弃的洞穴
挪威的EUREKA 499, 1990~1992	21	木床,庚烷池,汽车,地铁车辆,火车,拖车和实体模型	25~35	4.8~5.5	2300	HRR, T, CO, O_2, CO_2, O_2, SO_2, C_xH_y, NO, 能见度,烟气浓度,m, v	2~120	废弃的货运隧道
美国的Memorial, 1993~1995	98	燃料油(4.5~45m^2)	36和60	4.4和7.9	853	HRR, T, CO, CO_2, 能见度,v	10~100	废弃的公路隧道,喷淋系统
日本的Shimizu 3号隧道,2001	10	汽油池($1m^2$, $4m^2$, $9m^2$);客车,出租车	115	8.5	1120	T, v, OD, 辐射热	2~30 *	新型的公路隧道,喷淋系统
新西兰的第二Benelux隧道,2002	14	庚烷和甲苯,汽车,客货车,载重汽车	50	5.1	872	HRR, T, CO, CO_2, m, v, 能见度,OD, 辐射热	3~26	新型隧道,喷淋系统
挪威的Runehamar, 2003	4	纤维,塑料,家具	32~47	4.7~5.1	1600	HRR, T, PT, CO, CO_2, O_2, HCN, OD, 异氰酸酯类化合物,辐射热	70~203	废弃公路隧道

* 客车的热量相当于20MW的对流热量和30MW的总热量。

注:m为质量损失率,PT为油盘温度,HCN为烃,OD为光密度。

6.1.2 大型隧道火灾试验

6.1.2.1 EUREKA EU 499火灾试验(1990~1992年)

EUREKA EU 499隧道火灾试验利用的是挪威的一条废弃隧道。隧道长为2.3km,坡度小于1%,南北走向,截面为马蹄形,顶棚为矩形。隧道宽为5.3~7.0m之间,中心处的最大高度在4.8~5.5m之间。

从1990年到1992年,该项目分别做了21个大型隧道火灾试验。从表6.2中可以看到试验的主体部分是1992年完成的。试验主要目的是研究包括真实汽车在内的不同燃料的火灾行为,分析逃生和救援的可能性,以及火灾对隧道结构的影响。

　　EUREKA EU 499 项目在测量真实汽车火灾的热释放速率时，第一次将氧消耗装置应用到大型隧道火灾试验中。试验中也精心设计了几种火源，例如木垛火、庚烷池火，这对于结果分析很有价值。试验结果表明，一般汽车主体开始熔化时，隧道顶棚温度能达到 800～1000℃ 之间，热释放速率为 30～50MW，例如铝合金结构的公共汽车和学校班车（试验7、试验11 和试验14）。钢结构为主体的列车热释放速率小于 19MW，火灾持续时间长，顶棚温度小于 800℃（试验4、试验5、试验12 和试验13）。对于小轿车，最高温度在 210～480℃ 之间，热释放速率为 6MW（试验3 和试验20）。表 6.2 列出了每次试验的条件和结果。

表 6.2　EUREKA EU 499 火灾试验数据表

试验代号	试验日期	燃料荷载	u (m/s)	E_{tot} (GJ)	Q_{max} (MW)	T_0 (℃)	T_{max} (0m) (℃)	T_{max} (距离中心10m)(℃)	L_f 通向入口	L_f 通向通风管道
1	1990-12-07	1 号木垛	0.3	27.5	NA	～5	NA	500	—	—
2	1991-07-24	2 号木垛	0.3	27.5	NA	～5	NA	265	—	—
3	1991-08-08	私人汽车（钢结构）	0.3	6	NA	～5	210	127	—	—
4	1991-08-19	地铁车辆 F3（钢）	0.3	33	NA	4.5	480	630	—	～17
5	1991-08-29	半铁路车 F5（钢）	0.3	15.4	NA	1.7	NA	430	—	—
6	1992-04-09	半铁路车 F6（钢）	0.3	12.1	NA	4	NA	NA	—	—
7	1992-08-23	学校班车	0.3	40.8	29	3	800	690	0	～17
8	1992-08-28	3 号木垛	0.3	17.2	9.5	～8	NA	480	—	—
9	1992-08-30	4 号木垛	3～4	17.9	11	8.2	NA	440	—	—
10	1992-08-31	5 号木垛	6～8	18	12	10.4	NA	290	—	—
11	1992-09-13	1.5 铁路车 F2Al＋F7	6～8/ 3～4	57.5	43	3.3	980	950	0	～20
12	1992-09-25	铁路火车 F2St（钢）	0.5	62.5	19	4.7	650	830	0	～20
13	1992-10-07	铁路火车 F1（钢）	0.5	76.9	13	2.2	450	720	0	～20
14	1992-10-14	地铁 F4（铝）	0.5	41.4	35	1.6	810	1060	～11	～22
15	1992-10-23	混装模拟货车	0.5	63.3	17	～0	NA	400	—	—
16	1992-10-27	1 号 1m² 庚烷池	0.6～ 1.0	18.2	3.5	～0	NA	540	—	—
17	1992-10-28	2 号 1m² 庚烷池	1.5～ 2.0	27.3	3.5	～0	340	400	—	—
18	1992-10-29	3 号 3m² 庚烷池	1.5～ 2.0	21.2	7	～0	NA	NA	—	—

续表

试验代号	试验日期	燃料荷载	u (m/s)	E_{tot} (GJ)	Q_{max} (MW)	T_0 (℃)	T_{max} (0m) (℃)	T_{max} (距离中心10m)(℃)	L_f 通向入口	L_f 通向通风管道
19	1992-10-29	4号 3m² 庚烷池	2.0~2.5	54.5	7	~0	NA	NA	—	—
20	1992-11-04	私人汽车 (塑料)	0.5	7	6	—	480	250	—	—
21	1992-11-12	重载卡车	3~4	87.4	128	0	925	970	~19	38

6.1.2.2 Memorial 隧道火灾试验（1993~1995 年）

Memorial 隧道试验项目通过一系列大型火灾试验，研究了不同形式、不同结构的通风系统对隧道内烟气和温度的影响程度。Memorial 隧道试验的隧道为双车道，长 853m、宽 8.8m，建于 1953 年，1987 年废弃。隧道为南北走向，坡度为 3.2%。隧道最初为横向通风系统，包括南口的供风机房和北口的抽风机房，路面上方 4.3m 处有由混凝土构成的通风管道，用垂直水泥挡板分割成供风和抽风两个部分。在部分试验中拆除原有顶棚，将 36.2m² 的正方形截面改为 60.4m²，高为 7.8m 马蹄形截面，以便将 24 个涡轮风机按照三个一组的要求安装在隧道内。这些风机的动力是 41.19kW，排风速度为 34.2m/s。风机能够耐 300℃ 的高温。

整个试验项目按通风方式、规模大小和喷淋系统的不同组合，设计了 98 个试验。设置的通风系统包括：全横向通风系统、部分横向通风系统、单出口部分横向通风系统、多排气口部分横向通风系统、自然通风系统、涡轮风机纵向通风系统。表 6.3 列出了不同通风条件下的试验数据。

表 6.3 不同通风条件下的试验数据

试验代号	通风方式	u (m/s)	T_0 (℃)	H (m)	Q_{max} (MW)	T_{max} (℃)	L_f 通向北出口	L_f 通向南出口
101CR	全横向		21	4.4	10	574	—	—
103	全横向		19	4.4	20	1361	10	10
113A	全横向		20	4.4	50	1354	37	0
217A	部分横向(PTV)		13	4.4	50	1350	45	6
238A	双区域-PTV		23	4.4	50	1224	21	13
239	双区域-PTV		21	4.4	100	1398	54	15
312A	单点抽风-PTV		13	4.4	50	1301	42	7
318A	点送风和点抽风		11	4.4	50	1125	22	20
401A	多消耗端口 PTV		21	4.4	50	1082	21	12
605	纵向通风	2.2	6	7.9	10	180	—	—
607	纵向通风	2.1	6	7.9	20	366	—	—
624B	纵向通风	2.3	14	7.9	50	720		21
625B	纵向通风	2.2	15	7.9	100	1067		85
501	自然通风		13	7.9	20	492	—	—
502	自然通风		10	7.9	50	923	27	—

隧道中安装获取数据的仪器设备，测量空气流速、温度、CO、CO_2、碳氢化合物的浓度，仪器设备分布在隧道的 12 个开口处。试验中大约共有 1400 个测试点，每一个测试点每一秒记录一次数据（试验时间大概为 20～45min），7 个记录设备上的可遥控照相机记录烟气产生、运动和能见度的变化。

测量放热量的试验分别是 10MW、20MW、50MW、100MW 的火灾，分析通风系统对烟气和温度控制的有效性。燃料的面积分别为 $4.5m^2$、$9m^2$、$22.2m^2$，平均热释放速率为 $22.5MW/m^2$，油池装有低硫 2 号汽油，另外改变火灾的大小、空气流量、火场纵向通风速度、每个通风系统的通风时间各不相同。

由于试验数量多，本文未列出所有试验数据。表 6.4 给出了部分试验的 T_0、T_{max} 和 L_f 的值。机械通风启动后，开始记录数据。全横向、纵向和自然通风系统的 HRR 值为 10MW、20MW、50MW、100MW。

根据试验结果得到以下主要结论：

(1) Memorial 隧道火灾试验发现，起火点附近的纵向通风与抽吸排烟同等重要。制定的应急通风准则应该考虑隧道的物理特点和通风系统的影响。

(2) 使用涡轮风机纵向通风，可以控制烟气和热释放。对于 100MW 的火灾，当纵向通风速率约为 3m/s 时，可以防止烟气沉底。

表 6.4　Memorial 试验数据

试验代号	T_0(℃)	H(m)	Q_{max}(MW)	T_{max}(℃)	L_f 通向北出口(m)	L_f 通向南出口(m)
101CR	21	4.4	10	281	——	——
103	19	4.4	20	1053	8	7
217A	13	4.4	50	1169	8	9
239	21	4.4	100	1210	41	17
606A	6	7.9	10	152	——	——
618A	11	7.9	20	378	——	——
624B	10	7.9	50	829	10	7
615B	8	7.9	100	957	27	9

6.1.2.3　Shimizu 3 号隧道试验（2001 年）

2001 年在日本的 New Toumei 高速路的 3 车道 Shimizu 3 号隧道中，做了 10 个火灾试验。隧道长 1120m，由西向东坡度为 2%，横截面积为 $115m^2$，宽为 16.5m，高为 8.5m，截面的形状为半圆形。试验目的是为了研究大截面的隧道火灾行为，包括燃烧效率、烟气层形成、纵向通风与烟气分散的相互作用、水喷淋对烟气层的作用和火势蔓延的危险性，等等。

火源包括 $1m^2$、$4m^2$ 和 $9m^2$ 的汽油池火。$1m^2$ 的油池火灾，不使用强制通风；$4m^2$ 的油池火灾，含有强制通风和无强制通风两种。强制通风包括速度为 2m/s 和 4m/s 的由西向东的两种纵向通风。$9m^2$ 的油池火灾的纵向通风风速为 2m/s。当没有纵向通风时，西口被堵截。此外，还做了以 3 部小轿车作为火源，纵向通风速度为 5m/s 的试验，以及以单部大型公共汽车为火源，纵向通风风速为 2m/s 的试验。安装在西口的涡轮风机产生隧道纵向气流，在隧道内布置了 91 个不同测温点，57 个光学烟密度测试点。并在位于火源西侧 30m 位置布置热流计测量热通量，在火源东侧 100m 处布置风速计测量风速。表 6.5 列出该试验的部分试验数据。

表 6.5 2001 年 Shimizu 3 号隧道试验数据

试验代号	试验代码	火源(m^2)	u(m/s)	Q_{max}(MW)	ΔT_{max}(℃)
1	1G-0	1	0	2.4	110
2	4G-0	4	0	9.6	577
3	4G-0	4	4	9.6	144
4	4G-0	4	5	9.6	58
5	4G-0	4	0	9.6	—
6	4G-2	4	2	9.6	—
7	4G-5	4	5	9.6	—
8	9G-2	9	2	21.6	300
9	—	3 部小轿车	5	—	—
10	—	单部大客车	2	30	283

6.1.2.4 Runehamar 隧道火灾试验（2003 年）

Runehamar 隧道是位于挪威境内的一座被废弃的双车道沥青路面公路隧道。长为 1600m，高为 6m，宽为 9m。坡度在 10％～3％之间变化，隧道截面积在 47～50m^2 之间。在隧道内共做了 4 个装满货物的货车起火燃烧试验。试验中货车装载的可燃货物分别是木质货架、PE 塑料货架、PS 塑料和 PUR 纸板箱。其中，有 3 个试验使用了不同种类的纤维素和塑料材料混合物；在另一个试验中，使用了家具和装饰物，用聚酯纤维帆布覆盖货物。货车车斗长 10.4m、宽 2.9m、高 4.5m，挂斗距地面 1.2m。表 6.6 列出了试验结果。

表 6.6 Runehamar 隧道火灾试验结果

试验代号	火源	引燃目标物	E_{tot} (GJ)	u (m/s)	T_0 (℃)	Q_{max} (MW)	T_{max} (℃)	L_f 下游
1	360 个 1200mm×800mm×150mm 的木质货盘，20 个 1000mm×800mm×150mm 的木质货盘和 74 个 1200mm×800mm×150mm 的 PE 塑料货盘	32 个木质货盘和 6 个 PE 货盘	240	2～3	12	203	1365	93
2	216 个木质货盘和 240 个 PUR 床垫，尺寸为 1200mm×800mm×150mm	20 个木质货盘和 20 个 PUR 床垫	129	2～3	111	158	1282	85
3	家具和混合物,10 个 800kg 的橡胶轮胎	货盘上的沙发和扶手	152	2～3	9.5	125	1281	61
4	600 个起皱的纸箱，尺寸为 600mm×400mm×500mm 和 1800 个聚苯乙烯含量为 15％的杯子和 40 个木质货盘，尺寸为 1200mm×800mm×150mm	无	67	2～3	11	70	1305	37

注：引燃目标物距火源 15m。

6.2 民航飞机相关材料及部件的燃烧试验

目前，国际上关于民航飞机材料及部件的燃烧性能要求以美国联邦航空局（FAA）制定的规范标准最具代表性。事实上，几乎所有国家都直接或间接采用了FAA所制定的此类规范和标准。本节简要介绍FAA制定的相关燃烧试验标准。

6.2.1 机舱内部材料燃烧试验

FAA制定的机舱内部材料的燃烧性能试验数目多且复杂。性能要求主旨是，如果内部材料被点燃，材料本身能够限制火焰传播。主要的试验方法和性能标准见表6.7。试验装置如图6.2～图6.10所示。

表 6.7　机舱内部构件的燃烧性能试验

试验方法	性 能 标 准
12s 垂直本生灯试验	燃烧长度≤20.3cm；自动熄灭时间≤15s；滴落物熄灭时间≤5s
60s 垂直本生灯试验	燃烧长度≤15.2cm；自动熄灭时间≤15s；滴落物熄灭时间≤3s
45°本生灯试验	无火焰蔓延；自动熄灭时间≤15s；增长时间≤10s
6.4cm/min 水平本生灯试验	燃烧速率≤6.4cm/min
10.2cm/min 水平本生灯试验	燃烧速率≤10.2cm/min
60°本生灯试验	燃烧长度≤7.6cm；自动熄灭时间≤30s；滴落物熄灭时间≤3s
OSU 热释放试验	最大热释放速率≤65kW/m²；前 2min 总的热释放量≤65kW·min/m²
NBS 烟气释放试验	光密度≤200
油料坐垫燃烧试验	燃烧长度≤43.2cm；质量损失≤10%
油料货仓燃烧试验	没有火焰蔓延；水平样品上 10.4cm 处的峰值温度≤400°F
逃生舱热辐射试验	到织物失效的时间≤90s
绝热地毯辐射面板试验	火焰传播≤5.2cm；每种样品的自动熄灭时间≤3s
绝热地毯辐射面板试验	没有火焰蔓延
不适用	实际辐射条件下标准试验火

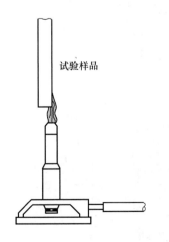

图 6.2　12s 和 60s 垂直本生灯试验

图 6.3　45°本生灯燃烧试验

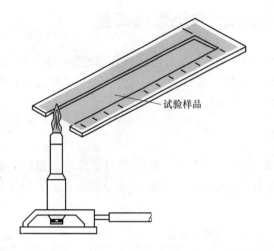

图 6.4　本生灯燃烧试验

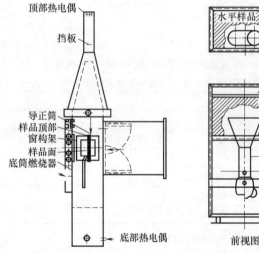

图 6.5　60°电缆绝缘层的本生灯试验

图 6.6　OSU 热释放试验

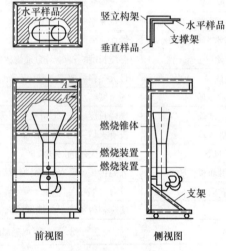

图 6.7　货舱油品燃烧试验

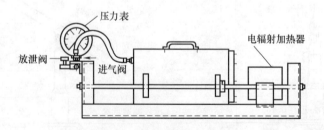

图 6.8　逃生舱辐射热试验

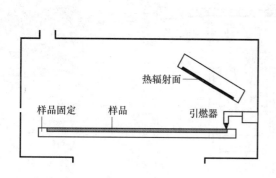

图 6.9 隔热、隔声材料热辐射试验

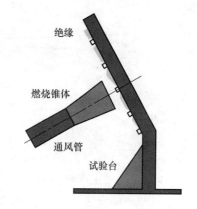

图 6.10 隔热、隔声材料油品燃烧试验

6.2.2 对机身外部结构材料的燃烧试验

FAA 对机身以外的结构[如携带可燃液体(液压油)的部位]提出了火灾安全的要求。这些部位被称为指定燃烧区域,包括发动机、辅助电力系统(当主发动机不能工作时,它可作为涡轮发电机提供电力),以及其他由可燃液体提供燃料的区域。制定这些要求的前提是假定可燃液体有泄漏的可能,并且一旦发生泄漏可以采取一定措施来保护飞机的结构,不影响正常运行。这些措施包括将泄漏的可燃液体及时排出,或泄漏的可燃液体着火后采取的保护飞机结构的措施。前者不涉及燃烧试验,后者涉及燃烧试验。为了保证飞机结构和诸如液体胶管、电气设备等重要部件在此类区域不受燃烧破坏,必须设置防火隔墙。除了新的对绝热、隔声材料烧穿试验要求以外,在燃烧试验时,机身外部构件比机身内部构件试验条件更苛刻。

6.2.3 机身外部构件燃烧试验及标准

设定燃烧区域内的构件燃烧试验程序和执行标准见表6.8。

表 6.8 机身外部构件燃烧试验

试 验 类 型 及 方 法	性 能 标 准
防火墙,耐火性(方法见图 6.11)	试验 5min,无烧穿现象
防火墙,耐火性(方法见图 6.11)	试验 15min,无烧穿现象
防火墙上电气连接件的耐火性 (方法见图 6.12)	试验 20min,无烧穿、漏电、短路回燃现象
A 类软管的耐火性(方法见图 6.13)	试验 15min,无液体泄漏现象
B 类软管的耐火性(方法见图 6.13)	试验 5min,无液体泄漏现象
电线绝缘材料的耐火性 (方法见图 6.14)	绝缘:无过度剥落,阻值≥10000Ω,火焰仅在外部绝缘材料传播,导体可承载电流>2A

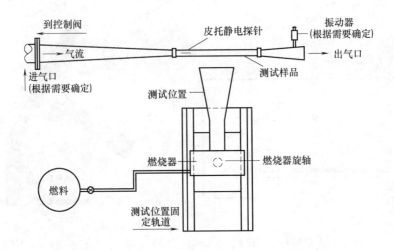

图 6.11 耐火、阻燃防火墙试验装置

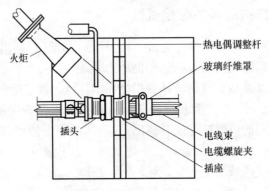

图 6.12 电气连接元件阻燃性能试验装置

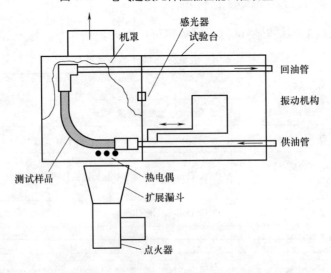

图 6.13 A类和B类软管阻燃性能试验装置

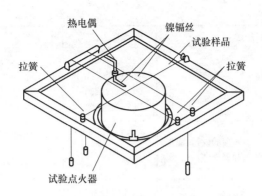

热电偶　镍镉丝　试验样品　拉簧　拉簧　试验点火器

图 6.14　电线绝缘材料阻燃性能试验装置

6.2.4　机身外构件的要求

适用于飞机没有压力区域的防火要求，同样适用于存在液体引发火灾危险的区域。设定的燃烧区域有：发动机供电部位；发动机辅助设备；所有在发动机供电部位和辅助设备间没有隔热保护的整个供电系统（除往复发动机外）；所有辅助供电系统，所有燃料燃烧的加热器和其他燃烧设备；涡轮发动机的压缩机和辅助设备；涡轮发动机的燃烧器、涡轮和尾管（用于传输可燃液体和气体的管线和构件）。

燃烧加热器区域：某些部件如防火墙，要求具有耐火性，即该部件暴露在丙烷或燃油火焰中时耐火时间不低于 15min（构件不被烧穿）。

可燃液体可能泄漏的区域：此部分的规定主要是为了在设计上预防可燃液体的积聚。主要的部件，如胶管、电线和连接部件要具有耐火和耐高温的特性。必要时需进行耐火性试验、电气连接部位燃烧试验和耐火 15min 的电线绝缘性能试验。

飞行控制器、发动机支架以及其他的飞行构件：安装在设定燃烧区的飞行控制器、发动机支架和其他飞行构件也会受到燃烧的影响，因此，必须由耐火材料构成或采取防火防护措施。试验包括防火墙试验和 15min 耐火试验。

6.3　旅客列车材料燃烧试验

6.3.1　美国的规范要求

美国旅客列车车厢材料的防火规范标准，主要由联邦铁路局（FRA）、美铁公司（Amtrak）、联邦运输局（FTA）、美国消防协会（NFPA）制定。表 6.9 列出了 NFPA 所制定的关于旅客列车车厢材料的燃烧性能标准。这些标准都以两个小尺寸标准试验为基础，一

表 6.9　火车车厢内材料燃烧和产烟性能试验程序和性能标准

类别	材料用途	试验方法	性能标准
靠垫，床垫	所有	ASTM D 3675 ASTM E 662	$I_s \leqslant 25$ $D_s(1.5) \leqslant 100$ $D_s(4.0) \leqslant 175$

续表

类别	材料用途	试验方法	性能标准
面料织物	所有	14 CFR 25，附录 F，第一部分（垂直试验）ASTM E 662	有焰燃烧时间≤10s 燃烧长度≤152mm $D_s(4.0)≤200$
车厢内饰构件	座椅和床垫的框架，墙和顶的内衬、面板，座椅和洗手间护套，餐盘和餐桌，隔墙，货架	ASTM E 162 ASTM E 662	$I_s≤35$ $D_s(1.5)≤100$ $D_s(4.0)≤200$
	不透明的挡风玻璃，可燃标志 用于扶手、座椅和床垫的弹性泡沫	ASTM D 3675 ASTM E 662	$I_s≤25$ $D_s(1.5)≤100$ $D_s(4.0)≤175$
	隔热、隔声	ASTM E 162 ASTM E 662	$I_s≤25$ $D_s(1.5)≤100$
	暖通空调管道	ASTM E 162 ASTM E 662	$I_s≤25$ $D_s(1.5)≤100$
	地板	ASTM E 648 ASTM E 162	$CFR≤5kW/m^2$ $D_s(1.5)≤100$ $D_s(4.0)≤200$
	灯光漫射器，窗户和透明塑料挡风玻璃	ASTM E 162 ASTM E 662	$I_s≤100$ $D_s(1.5)≤100$ $D_s(4.0)≤200$
橡胶	车窗密封条，门收口，车厢内部隔板和顶板	ASTM C 1166 ASTM E 662	平均火焰传播距离≤101.4mm $D_s(1.5)≤100$ $D_s(4.0)≤200$
车厢外部构件	密封盖，屋顶罩，发音波纹管，外部壳体，构件箱和盖	ASTM E 162 ASTM E 662	$I_s≤35$ $D_s(1.5)≤100$ $D_s(4.0)≤175$
电线和电缆	所有	UL 1581，CSA C22.2，UL 1685，ANSI/UL 1666，NFPA 262，ASTM E 662	
	控制和低压线缆	ICEA S-19/NEMA WC3，UL 44，UL 83	
	火灾报警线缆	IEC 60331-11	
结构构件	地面和其他	ASTM E 119	

注：1. NFPA 标准中包含了试验方法和可接受标准的详细内容。
　　2. 所有的电线电缆应具有阻止火焰传播及产烟量较小的性能。

个是 ASTM E 162（辐射热源作用下材料的表面燃烧性能试验），另一个是 ASTM E 662（固体材料烟密度试验），还有一些针对单一材料设备的补充性的标准试验。

6.3.2　基于热释放速率的规范要求

热释放速率是评价材料和制品燃烧性能及火灾危险性最重要的性能指标。尽管许多典型的火灾案例说明有毒气体是导致死亡的重要原因，但是，与可燃气体的潜在毒性相比，热释放速率能更好地预测火灾危险。热释放速率是材料在燃烧时单位时间内所释放的能量，是评价材料燃烧性能的关键性指标。在有限空间内，随着热释放速率的不断增加，火势不断加强，并达到火灾的最高温度，尽管乘客没有直接接触到火焰，但是由于暴露在高温热流和有毒气体中，仍然会受到伤害。因此，这些材料的火灾危险与实际火场中材料的热释放速率密切相关。

6.3.2.1　小尺寸燃烧试验

锥形量热计试验（ISO 5660-1/ASTM E 1354），可同时获得试样的热释放速率、总热释放、质量损失速率、比消光面积（产烟量）和燃烧产物的产率。

FRA 规范中引用的很多试验可用于测定材料的火焰传播能力（ASTM E 162、D 3675、E 648），或者被引燃/自熄能力（FRA 25.853，ASTM C 542）。ASTM E 162 和 D 3675 测量试样在近似垂直放置时火焰向下的传播情况（试样与垂直线成 30°角，且底部距辐射板更远些）。ASTM E 648 测量试样在水平放置时火焰的水平传播能力，由于该试验是专门为研究铺地材料而设计的，因此它是唯一可以描述材料在实际使用条件下火灾燃烧性能的试验方法。FRA 25.853、ASTM C 542 是小尺寸燃烧试验，用于测量小尺寸试样的阻燃性能。

由于不同材料有不同的使用目的，因此，并不是每一种材料都要进行相同的试验。表6.10 列出了 FRA 研究的试验材料。其中，有 23 种材料需要进行 ASTM E 162 或 D 3675 试验，并获得了 21 种材料的试验数据。

表 6.10　FRA 研究中使用的旅客列车材料

种类	试样编号	材料描述
座椅和床的配件	1a、1b、1c、1d	座椅靠垫，织物/PVC 罩（泡沫、内衬材料、织物、PVC）
	2a、2b、2c	座椅靠垫，织物罩（泡沫、内衬材料、织物）
	3	石墨填充泡沫
	4	座椅支撑板，氯丁橡胶
	5	座椅支撑板，阻燃棉
	6	座椅护套，PVC/腈纶
	7	座椅扶手垫，客车坐席（金属支架上安有泡沫）
	8	脚蹬垫，客车坐席
	9	座椅套，氯丁橡胶
	10a、10b、10c	床垫（泡沫、内衬材料、褥罩织物）
	11a、11b、11c	褥子（泡沫、内衬材料、褥罩织物）

种类	试样编号	材料描述
墙和窗的表面	12	墙面装修，羊毛地毯
	13	墙面装修，羊毛织物
	14	空间分割物，聚碳酸酯
	15	墙面材料，玻璃钢/PVC
	16	墙板，玻璃钢
	17	玻璃窗，聚碳酸酯
	18	玻璃膜，聚碳酸酯
门帘、窗帘和织物	19	乘客卧铺间门帘和窗帘，羊毛/尼龙
	20	窗帘，聚酯纤维
	21	毛毯，羊毛织物
	22	毛毯，腈氯纶纤维
	23a、23b	枕头，棉纤维/聚酯纤维填充物
地板覆盖材料	24	地毯，尼龙
	25	橡胶垫，丁苯橡胶
杂项	26	咖啡/休息室/餐桌，酚醛树脂/木材层压板
	27	通风管道，氯丁橡胶
	28	管道保温泡沫
	29	车窗密封条，氯丁橡胶
	30	车门密封条，氯丁橡胶

锥形量热计试验所使用的热辐射通量是 $50kW/m^2$，这一热辐射强度与车厢火灾实际基本相符。表 6.11 列出了锥形量热计试验结果。由表 6.11 可以看到，热释放速率峰值从试样 10b-薄的纤维衬里材料的 $25kW/m^2$，变化到试样 13-墙体纤维材料的 $725kW/m^2$，且座椅和床垫的泡沫材料的热释放速率峰值较小，从 $65\sim80kW/m^2$，而墙体的表面材料从 $120\sim745kW/m^2$，而其他纤维和薄片材料的数值居中，这一性能与 FRA 的规范要求是一致的。该规范对座椅泡沫材料的火焰传播指数最严格（如在 ASTM E 162 试验中 $I_s=25$），最宽松的是窗户材料（在 ASTM E 162 试验中 $I_s=100$），而其他大部分材料的要求居中（在 ASTM E 162 试验中 $I_s=35$）。

表 6.11 个别材料的锥形量热仪的热释放速率数据

试样编号	点燃时间 (s)	热释放速率峰值时间 (s)	热释放速率峰值 (kW/m²)	180s 时热释放速率均值 (kW/m²)	比消光面积峰值 (m²/kg)	180s 时比消光面积均值 (m²/kg)
1a	15	25	75	40	210	30
1b	5	15	25	5	—	420
1c	10	20	425	30	420	230
1d	5	10	360	30	1040	780
2a	15	25	80	40	210	30

续表

试样编号	点燃时间（s）	热释放速率峰值时间（s）	热释放速率峰值（kW/m²）	180s时热释放速率均值（kW/m²）	比消光面积峰值（m²/kg）	180s时比消光面积均值（m²/kg）
2b	5	15	25	5	—	420
2c	10	35	269	50	600	390
3	10	10	90	45	430	50
4	30	55	295	115	1780	1390
5	5	10	195	10	1350	490
6	30	350	110	95	1420	490
7	15	170	660	430	1130	780
8	25	100	190	95	1420	490
9	20	40	265	205	1250	1140
10/11a	10	20	80	20	280	80
10/11b	5	10	25	<5	—	70
10/11c	5	10	150	5	140	80
12	30	95	655	395	860	510
13	20	35	745	90	460	260
14	110	155	270	210	1960	1010
15	25	40	120	100	1330	700
16	55	55	610	140	930	530
17	95	245	350	250	1170	1000
18	45	70	400	110	720	680
19	15	20	310	25	480	380
20	20	30	175	30	1090	800
21	10	15	170	10	2440	560
22	15	25	20	<5	—	—
23	25	60	340	110	660	570
24	10	70	245	95	770	350
25	35	90	305	180	1600	1400
26	45	55	245	130	250	80
27	30	55	140	70	1100	810
28	5	10	95	40	1190	690
29	30	330	385	175	1390	1190
30	40	275	205	175	1470	1200

　　锥形量热计测得的有关烟的数据采用"比消光面积"来表示。与 ASTM E 662 试验中的烟密度类似，比消光面积也是一种表示烟粒子减光能力的试验参数。试验结果表明，不同材料的比消光面积与热释放速率具有类似的变化趋势。

对于大部分材料而言，锥形量热计的试验结果与 FRA 规范中的相关标准试验结果具有很好的一致性。但是，也有例外，例如个别材料在 ASTM E 162 试验中测得的 I_s（火焰传播指数）数据比较低，而使用锥形测得的热释放速率却比较高；也有个别材料热释放速率不高，而 I_s 却比较高。对比分析的主要结论如下：

（1）ASTM E 162/D 3675 试验与锥形量热计试验的对比结果显示，材料达到热释放速率最大值时 I_s 也将增加，除了一种特殊的座椅泡沫材料外，具有较低热释放速率的材料均具有较低的 I_s。

（2）FRA 25.853 本生灯试验是一个自熄性试验，用来评价材料在小火源下的阻燃性能，而基于锥形量热计试验所获得的点燃时间与最大热释放速率的比值，与本生灯试验所获的炭化长度具有很好的相关性。

6.3.2.2 大尺寸火灾试验

FRA 采用城市轻轨列车的成套设施材料进行了大尺寸的家具量热计试验。与小尺寸的锥形量热计试验类似，该试验主要测量的数据是整套装置在点火源作用下材料的热释放速率。表 6.12 列出了试验结果。总热释放速率的最大值的变化范围为 30～920kW，其中包括点火源的热量，如果减去点火源的热量，变化范围为 15～800kW。24 小时运营的城市列车内的垃圾袋被认为是现有点火源中能量较大的一种，热释放速率可达 55～285kW。密实垃圾袋的热释放速率小于疏松垃圾袋，原因是前者的燃烧不完全。在许多整套装置的试验中，使用装有报纸垃圾袋作为点火源，其热释放速率的最大值为（200±35）kW。试验获得了座椅、床、墙、窗帘、窗户等成套设施的热释放速率的最大值。这些成套设施热释放速率的最大值，从在 17kW 的气体点火器作用下座椅的 30kW 到以装有报纸的垃圾袋为点火源的上下铺的 920kW 不等。

表 6.12 家具量热计试验测得的热释放速率峰值

材料/试验部件	点火源 （kW）	热释放速率峰值 （kW）
质量为 1.8～9.5kg 的垃圾袋	25	30～260
座椅部件（泡沫垫，羊毛/尼龙装饰，PVC/丙烯酸树脂罩）	17～200	15～290
带有床品和枕头的下铺	200	550～640
带有床品和枕头的上、下铺	200	720
墙上的毛毯或墙和顶，羊毛窗帘/个人门帘	50	290～800
羊毛/尼龙	25	40～170
墙/窗部件，玻璃钢和聚碳酸酯	50～200	80～250

注：1. 不包括点火源的热量。
　　2. 测量中热释放速率峰值的误差范围计为 2%～17%。

试验的主要结论如下：

（1）列车车厢内的垃圾袋产生的净热释放速率的最大值为 30～260kW。

（2）所有试验材料都具有很好的阻燃性，点燃需要初始火源强度为 17～200kW，部分材料即使在高强度点火源的作用下仍然不会发生燃烧。

（3）座椅、床、墙、窗帘、窗户等成套设施的热释放速率的最大值从在 17kW 的气体点火器作用下的座椅的 30kW 到以装有报纸的垃圾袋为点火源的上下铺的 920kW 不等。墙上的毛毯和玻璃窗虽然引燃比较困难，但是一旦被点燃具有较高的热释放速率。

（4）与座椅试验相比，卧铺包厢内的相似材料由于被封闭在一个较小的空间内，它的热释放速率比座椅大很多。

6.3.2.3 全尺寸试验

为了更好地了解列车火灾中材料的燃烧特性，FRA 曾采用一节实体轻轨列车车厢进行了火灾燃烧试验。试验车厢的内部长度为 22.1m，宽度为 2.7m，走道中间座椅部位顶部的高度为 2.2m，从火车两个端部向内延伸 2.7m 的范围内的顶的高度是 2m，中部走道的两侧有 10 排座椅，车厢的总长度为 26m。试验车厢的内部结构如图 6.15 所示。

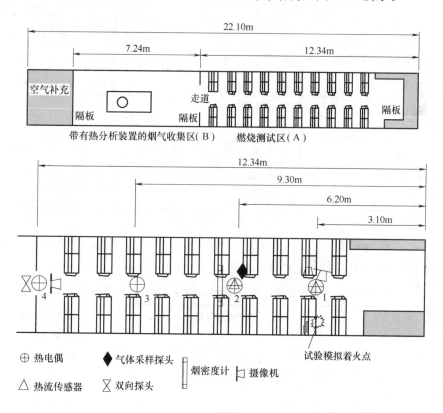

图 6.15 实体试验所用车厢内部构造和测量仪器的布置情况图

1、2、3、4—4 个数据测量点

从车厢比较靠上的位置开始，中心顶板是由密胺和铝皮组成的胶合板，在顶棚和墙的弯曲部分，有毛绒布（试样 12）作为保护套，毛绒布料粘贴在有孔的金属板上，其表面再贴硬质 PVC 板（试样 6）。窗户由玻璃纤维增强的聚碳酸酯（试样 18）构成。在行李架的下方，有一层薄的泡沫，其上覆盖有一层乙烯纤维材料，PVC 板和乙烯纤维相连。行李架的顶部有金属板，毛毯覆盖了墙的下部以及端部整个间壁（试样 12），地板上覆盖的是泡沫和尼龙毯（试样 24）。坐垫由橡胶/聚氨酯泡沫组成，包覆有棉纤维衬里和纤维/乙烯装饰材料（试样 1a 到 1c）。座椅的支撑板（平弹簧）是由氯丁二烯弹性体（试样 4）制成的，框架是金属的，并有 PVC 作覆盖物（试样 6），扶手是金属支架，其上覆盖着氯丁二烯弹性体。窗户由聚碳酸酯（试样 17）制成并由氯丁二烯弹性体垫圈（试样 29）固定在车厢上，毛/尼龙窗帘（试样 20）也在试验材料之内。表 6.13 列出了本次试验的主要数据。

表 6.13　整节车厢全尺寸火灾试验结果

试验项目	气体温度(℃)				热流 (kW/m²)		气体浓度(体积分数)					
	上层		下层				O_2		CO_2		CO	
	峰值	时间 (s)	峰值	时间 (s)	峰值	时间 (s)	最小值	时间 (s)	峰值	时间 (s)	峰值	时间 (s)
t^2 慢速气体点火器	398	600	106	600	19	625	16	630	3.0	620	0.02	—
t^2 中速气体点火器	331	320	81	315	16	317	17	330	2.4	325	0.01	—
t^2 快速气体点火器	376	155	79	155	15	155	16	170	2.8	190	0.01	—
t^2 超快速气体点火器	372	80	73	80	14	80	17	95	2.3	95	0.03	—
25kW 点火器的窗帘	53	510	32	600	0.31	540	20	600	0.31	—	0.01	—
垃圾袋为火源的墙角试验(墙上毛毯和玻璃钢板)	183	300	61	320	9	270	17	290	3.7	300	0.2	280
座椅上有 TB 133 点火源	47	600	32	365	0.24	560	21	—	0.23	—	0	—
座椅上有 25kW 点火源	53	565	31	255	0.46	505	21	—	0.32	—	0	—
座椅上有垃圾袋	363	270	131	260	27	90	12	285	6.6	290	1.4	285

注：试验条件与实际环境条件一致或接近，且试验整个过程保持不变。

表 6.14 对旅客列车材料的锥形量热计试验和全尺寸试验结果进行了对比，除了坐垫外，材料的相对等级的划分还是比较一致的。

表 6.14　使用锥形量热计和家具量热计对材料火灾危险的分级比较

火灾危险性变化	锥形量热计试验分级	家具量热计试验分级
依次减小	墙上的毛毯	墙上的毛毯
	窗户的构件	窗户的构件
	个人用门帘	座椅部件
	窗帘	个人用门帘
	座椅部件	窗帘

上述全尺寸火灾试验的主要结论如下：

气体点火器试验的可重复性很好，在慢、中、快、特快等着火形式下，上层温度的变化率在 3.1%～10.8%之间。

采用 3 个功率较低的点火源（25kW、TB 133 点火器作用座椅，25kW 点火器作用窗帘）试验时，每项试验在 6min 后会产生比环境稍高的温度和产物浓度。使用垃圾袋作为点火源的试验（垃圾袋放置在墙角或座椅上），表现出持续的火焰传播和扩大，产生的高温和产物的浓度足以在 100s 左右使整个空间都陷入火灾。

从上述 5 个火焰传播的试验中可以看到，功率在 25～200kW 的点火源足以引起火焰传播。如果点火源功率更大，将产生难以控制的火势。

6.4 船舶材料燃烧试验

国际现行的有关船舶的消防规范与标准的宗旨是预防乘员因火灾事故受到伤害和死亡。与建筑物相同，船舶也应采用一系列的防火措施实现乘员的安全。主要的防火措施包括火灾探测、灭火设施、防火构件以及控制使用不易燃烧、产烟量和毒气生成量较低的可燃材料。对船舶中的分隔构件、疏散通道的围护构件、内装饰、保温材料、屋内陈设品、电线电缆、管道及竖井围护结构等必须有燃烧性能的要求。对于这些不同构件和制品的燃烧性能的要求，根据船舶的大小和功能，不同规范的要求不尽相同。

6.4.1 规范及标准

目前国际上最常用的有关船舶的消防技术规范和标准由国际海事组织（IMO）和美国消防协会（NFPA）制订。

IMO 规范包括海上生命安全规范（SOLAS）和高速船舶规范（HSC）。SOLAS 主要规范了客船、货船和油轮。HSC 规范了到达避风港不超过 4h 的国际客船以及到达避风港不超过 8h、总重超过 500t 的国际货船。SOLAS 和 HSC 都没有对战舰、军用船只、非机械力驱动船只、木船、非商用旅游船和渔船作出规定。火灾试验程序规范（FTP）包括了 SOLAS 和 HSC 允许使用的可燃材料对火反应的试验和标准。

NFPA 规范包括了商业船只火灾安全规范（NFPA 301）、旅游和商用内燃机船只防火标准（NFPA 302）。NFPA 301 规范的对象包括油轮、货轮、拖船和各种客船，但没有包括游轮和小于 300t 的商船，这两者是 NFPA 302 规范的对象。

除了 NFPA 302 外，所有规范都提倡在船只构造中使用不燃材料。在这些规范中，不燃材料是指不能被点燃，也不放热的一类材料。IMO 更加明确地定义不燃材料是指在加热到 750℃时，既不燃烧也不释放可燃蒸气的一类材料。

IMO 的 FTP 规范要求不燃材料要通过 ISO 1182：1190 试验，达到如下标准：

（1）加热炉和表面热电偶的平均温升要小于 30℃；

（2）平均稳定持续燃烧时间不超过 10s；

（3）平均质量损失不超过 50%。

如果材料通过 ISO 1182 的标准试验，达到 IMO 认定的上述标准或达到 46CFR164.009 标准要求，NFPA 301 也认定材料为不燃材料。

6.4.2 分隔构件

分隔构件是指将船只分隔成许多单元的舱壁和甲板。分隔构件一般是由钢材及类似的不燃材料构成。IMO 和 NFPA 都将其分为 A、B、C 三级。等级划分不但用于划分舱壁和甲板的防火级别，也为可燃材料的使用提出了限制。A 级分隔物必须由钢或与之相当的材料构成。与之相当的材料必须是不燃材料，可以是自身不燃也可以是利用绝热材料实现不燃，并且要求暴露于设定的火灾后仍具有钢结构的完整性。B 级和 C 级分隔物由不燃材料构成，但允许有可燃表层。

对于特定类型的船只，IMO 和 NFPA 都允许可燃构件的使用。IMO 的 HSC 规范中规定了构件耐火等级划分，这可以应用于限制性使用的可燃材料。在 IMO ResolutionmSC. 40（64）中，限制性使用材料要求通过 ISO 9705 室内墙角火灾试验。试验中，后墙、两侧墙以及顶棚内侧由试验材料构成。后墙角设置气体火源（以丙烷为燃料），开始 10min，火源功率为 100kW，其后 10min，火源功率改为 300kW。表 6.15 列出了试验标准，要求限制性材料具有较小的热释放速率、较低的燃烧速率和距初始火焰 1.2m 范围内无燃烧液滴和残灰。

NFPA 301 允许四类和五类客船使用可燃材料。对这些船只的燃烧性要求见表 6.16。如果船只每天的乘客不满 150 人，并且留宿乘客不超过 12 人，则四类船只允许使用可燃构件。每天乘客不超过 450 人并且无留宿乘客的五类船只，满足 HSC，达到以上标准的分隔构件允许使用阻燃材料。

表 6.15　IMO HSC 限制性使用材料燃烧性能的 ISO 9705 试验标准

性能参数		标　准
热释放速率	测试平均值	≤100kW
	峰值 30s 平均值	≤500kW
产烟量	测试平均值	≤1.4m²/s
	峰值 60s 平均值	≤8.3m²/s
火焰在墙面蔓延		当火焰蔓延至离初始火焰所在角落 1.2m 远时，其离地板的距离不能接近 0.5m
燃烧滴落物或残渣		离初始火焰所在角落 1.2m 以远不能有任何燃烧滴落物和残渣

表 6.16　NFPA 301 可燃分隔构件燃烧特性要求

船只类别	每日乘客数量		测试方法	标准
	总数	过夜人数		
四类	150	12	NFPA 255 或 ASTM E 84	$FSI < 100$
五类	450	0	ISO 9705	见表 6.15

6.4.3　疏散通道围护结构

对于疏散通道构造材料、内装饰和陈设物，都有燃烧性能的要求。

对于内装饰和陈设物品的燃烧性能要求在后面两节中介绍。用于构造安全出口的材料通常使用不燃构件。SOLAS 要求设置在住宿场所、服务场所、控制室的楼梯和电梯厢应当由钢质材料构成。在 HSC 中，楼梯可以由不燃或阻燃材料构成。对于阻燃材料燃烧性能的要求见表 6.15。在 NFPA 301 中，连接 3 层以上甲板的楼梯、平台和停留台必须是不燃的。

6.4.4　内装饰材料

内装饰材料涉及分隔构件材料，并且包括船舱壁、船舱吊顶、甲板的装饰材料。舱壁和吊顶材料的试验方法和要求相同，对甲板的要求略有不同，有时需要在水平方向进行试验。

6.4.4.1　舱壁和吊顶

SOLAS 和 HSC 标准要求内装饰材料应具有较低火焰传播特性，并且按照 IMO Resolution A. 653（16）试验时应满足表面可燃性要求。火焰横向传播试验装置如图 6.16 所示。

试验中，垂直试样暴露于辐射热流中，热通量的大小随试样长度而改变，热通量峰值为

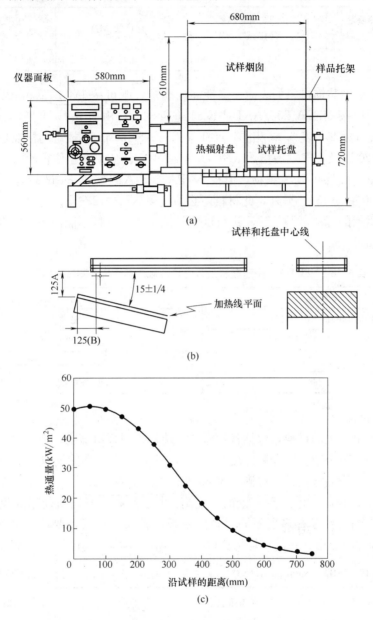

图 6.16　IMO Resolution A. 653（16）和 ASTM E 1317 火焰水平传播测试

（a）仪器前视图；（b）燃烧物和试样俯视图；（c）热通量随试样长度的变化量

$50kW/m^2$。试验数据包括点燃时间、火焰在试样上随时间向前传播距离，以及烟囱内气体温度。气体温度是试样热释放速率的一个指标。表 6.17 列出了舱壁和吊顶材料的燃烧性能标准。除了这些要求外，材料禁止产生燃烧滴落物和由于胶黏剂而引起的射流火焰。若材料暴露于热流中 10min 后仍未点燃，或自动熄灭，试验结束。试验持续最长时间为 40min。如果按 ISO 1716 测得的总热值低于 $45MJ/m^2$，则此类可燃饰面材料允许使用。

表 6.17　IMO Resolution A. 653（16）中舱壁和吊顶内装饰材料燃烧特性标准

熄灭时的临界热通量 （kW/m²）	维持燃烧所需热量 （MJ/m²）	总释热量（MJ）	极限热释放速率 （kW）
≥20.0	≥1.5	≤0.7	≤4.0

NFPA 301 对内装饰材料的表面燃烧性能的要求，既可按 IMO Resolution A. 653（16）进行试验，也可以按 NFPA 255/ASTM E 84 进行试验。由表 6.18 可见，IMO Resolution A. 653（16）试验标准与表 6.17 相同。NFPA 255/ASTM E 84 规定的标准是火焰传播指数（FSI）不超过 20 以及烟气发展指数（SDI）不超过 10。如果客船住宿舱内安装了水喷淋灭火系统，其舱壁内装饰可以为织物，但按 NFPA 255/ASTM E 84 试验时，FSI 应不超过 75，并且 SDI 不超过 450。另外，此材料还必须按照 NFPA 286《评价墙体、顶棚内装饰对室内火灾发展贡献的标准试验方法》进行试验。试验中，材料不能使房间内发生轰燃，并且总发烟量不能超过 1000m²。

表 6.18　NFPA 301 中舱壁和吊顶内装饰材料燃烧特性测试方案及标准

测 试 方 案	标　准
IMO Resolution A. 653(16)	见表 6.17
NFPA 255/ASTM E 84	FSI≤20 且 SDI≤10
NFPA 255/ASTM E 84	FSI≤75 且 SDI≤450
NFPA 286	无轰燃,烟气释放总量不超过 1000m²

6.4.4.2　甲板覆盖物

直接应用于甲板上的材料，包括各种涂料，统称为甲板覆盖物。在主甲板上既有地板层也有甲板装饰层。甲板覆盖层和装饰层在 SOLAS 中都有燃烧性能要求。甲板覆盖层和装饰层都要进行垂直燃烧测试，并且应满足表 6.19 的要求。除此之外，甲板覆盖层不能产生燃烧滴落物，装饰层不能产生多于 10 处的燃烧滴落物。同样，材料所使用的胶黏剂在试验中不能产生射流火焰。对于有多层不同材料的甲板覆盖层，每层都要单独进行试验。NFPA 301 对甲板装饰和覆盖层材料的燃烧特性也提出了相应标准，具体见表 6.20。

表 6.19　IMO Resolution A. 653（16）中甲板覆盖物及甲板装饰材料燃烧特性标准

熄灭时的临界热通量 （kW/m²）	维持燃烧所需热量 （MJ/m²）	总释热量（MJ）	极限热释放速率 （kW）
≥7.0	≥0.25	≤1.5	≤10.0

表 6.20　NFPA 301 中甲板装饰及覆盖层的燃烧特性测试

测 试 方 法	标　准
IMO Resolution A. 653(16)	见表 6.19
NFPA 253/ASTM E 648	临界辐射通量不低于 4.5kW/m²

6.4.5　保温材料

用于墙体周边的保温材料也有燃烧性能要求。在 SOLAS 和 HSC 中，保温材料必须有较低火焰传播性能［按 IMO Resolution A.653（16）测定］。应达到的标准与内装饰材料相同，空调管道的保温材料也应满足较低火焰传播性能。

NFPA 301 规定，用于构件边界的保温材料应满足 46CFR164.007。冷气管道上的保温材料应按 NFPA 255/ASTM E 84 进行试验。其中规定，该类材料 FSI 不超过 25，SDI 不超过 50，并且无燃烧滴落物。应用于竖井和管道的保温材料按 NFPA 255/ASTM E 84 试验的 FSI 不超过 20，SDI 不超过 10。

NFPA 302 对机舱的内装饰也有燃烧性能要求。保温和隔声材料用于室内或内燃机和热源的外表面时应按 NFPA 255/ASTM E 84 进行试验。如表 6.21 所示，其 FSI 不应超过 75。

表 6.21　NFPA 302 中用于内燃机或热源外表面保温和隔声材料燃烧特性标准

方　　法	标　　准
NFPA 255/ASTM E 84	$FSI \leqslant 75$

6.4.6　家具设备

6.4.6.1　柜式家具

对于柜式家具，SOLAS 要求为不燃材料；HSC 要求不燃或阻燃。按 ISO 1716 试验，总热值低于 45MJ/m² 的可燃外表也可以使用。

NFPA 301 允许柜式家具由不燃或可燃材料组成。对于厚度小于 3mm 的可燃外表面的柜式家具，其外表面按 NFPA 255/ASTM E 84 试验时的 FSI 不应超过 20，SDI 不应超过 10。对于可燃装饰，构件材料必须通过 ISO 9705 房间墙角火试验，见表 6.22。

表 6.22　ISO 9705 中与 NFPA 301 中关于柜式家具可燃构件燃烧性能要求

性 能 参 数		标　　准
轰燃		房间未达到轰燃
热释放速率	测试平均值	$\leqslant$100kW
	峰值 30s 平均值	$\leqslant$500kW
产烟量	测试平均值	$\leqslant$1.4m²/s
	峰值 60s 平均值	$\leqslant$8.3m²/s

6.4.6.2　软垫家具

SOLAS 和 HSC 对软垫家具的骨架和软体部分的燃烧性能有规定要求。SOLAS 要求骨架非燃；HSC 要求骨架非燃或阻燃。软垫部分应按 IMO Resolution A.653（16）测定。在试验中，软垫应置于试验座椅骨架的背部或底部。试样与烟头火源或丁烷火源接触。如果在 1h 内不论在哪个火源下出现渐强的火焰或冒烟，则不合格。

NFPA 301 要求软垫家具应符合 NFPA 266《软垫家具暴露于点火源中标准试验方法》、ASTM E 1537《软垫家具标准火灾试验方法》或 UL 1056《软垫家具火灾试验》，满足表

6.23 所列的极限热释放速率标准。

表 6.23 软垫家具火灾测试及标准

规　范	测 试 方 法	标　准
SOLAS HSC Code	IMO Resolution A.653(16)	暴露 1h 后未出现渐强的火焰或阴燃
NFPA 301	NFPA 266	最大热释放速率不超过 80kW
	ASTM E 1537,UL 1056	开始 10min 内总热释放小于 25MJ

6.4.6.3　其他装饰

SOLAS 要求所有装饰除软垫家具（椅子、沙发、桌子）外，都应由不燃材料制成。HSC 要求，所有的无软垫家具应由不燃或阻燃材料制成。

NFPA 301 没有对其他家具作出要求，但对座椅的堆放有要求。如果有超过 3 把座椅高度的座椅堆，必须满足单独的要求。除满足表 6.23 的要求外，还必须通过大尺寸火灾试验，证明其不会引起轰燃。

6.4.6.4　卧具

SOLAS 和 HSC 要求卧具满足 IMO Resolution A.688（17）的试验要求。卧具包括床垫、枕头、床罩、羊毛毯和床单。卧具试样尺寸为 450mm×350mm，枕头为全尺寸。在床垫试验中，试样包括床垫支撑骨架外的垫子。试样置于试验平台上并且用点火源点燃试样上表面。如果试样在试验要求的 1h 中没有出现试验方法中定义的逐渐冒烟和有焰燃烧，则将其划为不易点燃类物品。

NFPA 301 只对床垫、缓冲垫、带底座的垫子有规定，不针对所有的卧具。床垫、缓冲垫和带底座的垫子必须符合 CFR 1632、NFPA 267、ASTM E 1590、UL1895，以及表 6.24 的要求。

表 6.24 卧具火灾试验及标准

规　范	试 验 方 法	标　准
SOLAS HSC Code	IMO Resolution A.688(17)	暴露 1h 后未出现渐强的火焰或阴燃
NFPA 301	16 CFR 1632	通过
	NFPA 267 ASTM E 1590	最大热释放速率不超过 100kW
	UL 1895	开始 10min 内最大释热总量小于 25MJ

6.4.6.5　帘子

SOLAS 和 HSC 要求此类材料按 IMO Resolution A.563（14）进行试验并且满足表 6.25 的标准。试验中，样品置于较小的火焰中，火焰可以在试样底部，也可以在其中心部位。火焰作用 5s 后试样不能持续燃烧，仅有有限的炭化长度，不能烧过试样边缘，燃烧滴落物不能引燃试样下方的棉花。试样应经过适当的老化和洗涤。

NFPA 301 要求帘子应满足表 6.25 所列标准。

表 6.25   垂直悬挂窗帘所用材料的燃烧特性试验及标准

规　范	测　试　方　法	标　　准
SOLAS HSC Code	IMO Resolution A. 563(14)	暴露 5s 无火焰； 炭化长度不超过 150mm； 未烧至试样边缘； 未引燃试样下方的脱脂棉； 表面火焰传播距离引燃点不超过 100mm
NFPA 301	IMO Resolution A. 563(14)	同上
	NFPA 701	见 NFPA 701

6.4.7　电线和电缆

SOLAS 和 HSC 标准对其没有燃烧性能的规定。但 NFPA 301 对于电线和电缆仅有一般性的规定。

6.4.8　管道和竖井

管道和竖井允许使用可燃材料。SOLAS 和 HSC 标准要求具有可燃危险性的竖井和管道必须使用"低火焰传播速度"的材料。该类材料必须按照 IMO A.653（16）进行试验并且满足表 6.17 的标准。如果竖井内外由不同材料组成，则内外两侧都应按 IMO A.653（16）进行试验。

NFPA 301 规定，当按 NFPA 255/ASTM E 84 试验时，可燃管道和竖井的 FSI 不应超过 20，且 SDI 不应超过 10。

6.4.9　燃烧试验的发展

随着纤维增强复合材料在船舶中的应用越来越多，关于船舶材料的燃烧试验也在不断改进和发展。人们对大尺寸的房间墙角火试验（ISO 9705）的结果认可度越来越高，但是，大尺寸火灾试验的高额费用，给新材料的燃烧性能试验带来极大限制。通过费用相对较低的小尺寸火灾燃烧试验（如锥形量热计试验），应用越来越广泛。关于锥形量热计试验数据与墙角火试验结果之间的相关性，人们已经做了很多富有成果的研究。使用锥形量热计试验数据建立数学模型对新材料的火灾危险进行预测和评价，是对材料燃烧性能试验的重要补充。

研究表明，在 ISO 9705 试验中发生轰燃的可能性和热释放速率与试验材料燃烧性能参数有关。材料燃烧性能参数（F）可使用锥形量热计试验数据（辐射热通量 $50kW/m^2$）按下式进行计算：

$$F = 0.01\dot{Q}'' - (t_{ig}/t_{burn}) \tag{6.1}$$

式中，$\dot{Q}''$ 为试验平均热释放速率，kW/m^2；t_{ig} 为引燃时间，s；t_{burn} 为燃烧持续时间，s。

从理论上看，$F < 1.0$ 表明材料将不传播火焰，而 $F > 1.0$ 按照预测是可以传播的。Beyler 等人通过将 ISO 9705 中的平均和极限热释放速率与燃烧特性参数进行比较得出以下分析结果。经测试，$F < 0.0$ 的材料可以达到阻燃要求；$F > 0.5$ 的材料不能达到阻燃要求；$0.0 < F < 0.5$ 的材料具有波动，有时某些可以通过，某些不能通过。理论上偏离 1.0 归因于

ISO 9705 房间内部热烟气层的产生，它将预热材料并且强化火焰传播。因此，在 ISO 9705 试验中以低 F 值便可以观察到材料的火灾传播。改变房间尺寸、初始火焰或房间门的尺寸都会影响 F。

Lattimer 和 Sorathia 对表 6.26 中材料的燃烧特性参数进行了计算。表 6.27 为所得的燃烧特性参数与墙角火试验中是否发生轰燃和热释放速率的对比结果。F 近似小于 0 的材料可以满足阻燃材料热释放速率的要求并且不会导致房间发生轰燃。

表 6.26　聚合物材料的锥形量热计试验数据

编号	材料/临界热通量（kW/m²）	辐射热通量（kW/m²）	点燃时间（s）	持续燃烧时间（s）	试验平均热释放速率（kW/m²）	总放热量（kJ/m²）	试验平均熔变（kJ/kg）
1	阻燃酚醛树脂/49	50	324	241	19	4.6	4.9
		75	78	385	50	19.4	9.1
		100	16	604	41	24.6	9
2	阻燃材料/54	50	未点燃				
		75	78	270	26	7.1	11.3
		100	14	261	35	9.1	8
3	阻燃多元酯纤维/18	50	249	189	59	11.2	10.9
		75	65	703	64	44.7	11.4
		100	27	704	72	51	11.5
4	阻燃乙烯酯/18	50	306	203	75	15.2	12.8
		75	75	983	67	65.5	12.9
		100	34	782	85	66.4	14.5
5	阻燃环氧树脂/20	50	123	90	60	5.4	10
		75	59	436	41	17.7	8.8
		100	36	419	35	14.7	5.8
6	防水阻燃环氧树脂/34	50	68	37	24	0.9	7.9
		75	30	410	32	13	8
		100	20	310	34	10.4	7.1
7	多元酯纤维/17	50	123	558	109	60.9	22.9
		75	30	355	193	68.5	21.3
		100	16	292	189	55.1	20.6
8	阻燃改性丙烯酸树脂/19	50	462	426	50	21.3	11.5
		75	93	1031	47	47.6	13
		100	62	1057	51	54.4	12.3
9	阻燃酚醛树脂 1391/34	50	615	587	26	15	5
		75	211	691	41	28	10.8
		100	163	781	36	27.8	10.9
10	阻燃酚醛树脂 1407/32	50	340	350	43	14.1	11.6
		75	163	363	48	20	12.7
		100	62	325	60	20	13.9

表 6.27　燃烧特性参数与 ISO 9705 试验结果之间的关联性

材料编号	达到轰燃时间(s)	ISO 9705 热释放速率(kW)			燃烧特性参数,F
		试验平均值	30s 平均值	通过/不通过	
1	未达到	62	159	通过	−1.15
2	未达到	31	112	通过	无值(未引燃)
3	342	203	677	不通过	0.54
4	300	224	798	不通过	0.6
5	1002	125	454	不通过	−0.07
6	未达到	31	82	通过	−0.41
7	102	170	402	不通过	1.39
8	682	127	657	不通过	0.42
9	未达到	60	104	通过	−0.79
10	未达到	59	123	通过	−0.54

假设满足 ISO 9705 阻燃材料热释放速率要求的起始值是 $F<0$,式(6.1)可变为:

$$0.01\dot{Q}''<(t_{ig}/t_{burn}) \tag{6.2}$$

设总放热量 Q'' 为平均热释放速率 $\dot{Q}''$ 与燃烧持续时间 t_{burn} 的乘积,则式(6.2)变为:

$$Q''<100t_{ig} \tag{6.3}$$

材料引燃时间越长,达到轰燃所需释放的热量越多,越不容易出现轰燃。

单位时间允许放热量随点燃时间的增大而增大。其只适用于 ISO 9705 试验条件(初始 10min,100kW;后 10min,300kW)。如果初始火焰、房间尺寸、房间开口尺寸改变,则式(6.3)不再适用。

Lattimer 和 Sorathia 使用计算模型对表 6.26 中的 10 种材料进行了预测。表 6.28 列出了试验数据和对应的模型预测结果。模型能较好地判定某材料是否满足热释放速率的要求,但对烟气生成速率的预测偏高。

表 6.28　火灾模型计算结果与实验数据的比较

材料编号	达到轰燃时间(s)		热释放速率(kW)				产烟速率(m²/s)			
			平均值		30s 平均值		平均值		60s 平均值	
	试验	模型	试验	模型	试验	模型	试验	模型	试验	模型
1	未达	未达	62	75	159	202	1.5	3.1	5.4	5.2
2	未达	未达	31	23	112	84	0.2	2.6	0.5	4.2
3	342	475	203	248	677	971	9.4	16.1	21.7	43.9
4	300	370	224	298	798	1020	10.2	22.1	26.3	56.2
5	1002	978	125	135	454	940	6.7	5	26.4	18.2
6	未达	未达	31	45	82	190	1.4	3.3	3.5	6.7
7	102	44	170	167	402	241	2.3	3.8	2.7	3.8
8	682	332	127	216	657	770	0.5	2.1	4.8	4.3
9	未达	未达	60	63	104	180	0.3	3.3	0.7	5.9
10	未达	未达	59	78	123	208	0.4	3.7	0.6	7.8

参 考 文 献

[1] 赵成刚，曾绪斌，邓小兵，金福锦. 建筑材料及制品燃烧性能分级评价［M］. 北京：中国标准出版社，2007.

[2] Apte Vivek B. Flammability testing of materials used in construction，transport and mining［M］. Cambridge England：Woodhead Publishing Limited，2006.

[3] 朱春玲. 季广其. 建筑防火材料手册［M］. 北京：化学工业出版社，2009.

[4] 欧育湘，李建军. 材料阻燃性能测试方法［M］. 北京：化学工业出版社，2006.

[5] Harrper C. A. 建筑材料防火手册［M］. 公安部四川消防研究所，译. 北京：化学工业出版社，2006.

[6] 深圳市计量质量检测研究院. 我国与欧美材料燃烧安全体系研究［M］. 北京：中国标准出版社，2010.

[7] 胡芄，陈则韶. 量热技术和热物性测定. 第2版［M］. 合肥：中国科学技术大学出版社，2009.

[8] 贺宗琴. 表面温度测量［M］. 北京：中国计量出版社，2009.

[9] 范维澄，王清安，姜冯辉，周建军. 火灾学简明教程［M］. 合肥：中国科学技术大学出版社，1995.

[10] 罗惕乾. 流体力学. 第3版［M］. 北京：机械工业出版社，2008.

[11] 杨建国，张兆营，鞠晓丽，谭建宇. 工程流体力学［M］. 北京：北京大学出版社，2010.

[12] 梁冰. 分析化学. 第2版［M］. 北京：科学出版社，2009.